アウトルック最強 時短 仕事術

メール処理をスグに片付けるテクニック

守屋恵一 著

技術評論社

　本書は、Windowsでアウトルックをメールアプリとして使っている人に向けて、どのようにメール仕事の時短を達成すればよいかを解説した本です。

　まず挙げておきたいのは、**アウトルックの時短の方法は、エクセルとはかなり異なることです**。エクセルの時短は、機能の使い方を覚えることで可能になります。たとえば、オートフィルを使えば、一定の規則でセルに数値や文字列をかんたんに入力することができます。また、Ctrl + R を押せば、アクティブセルの左のセルをコピー＆ペーストでき、Ctrl + C や Ctrl + V を押す必要がありません。エクセルの時短にどのくらい成功するかは、このようなテクニックをいくつ知っているかで、ある程度決まってきます。

　一方で、**アウトルックの時短はそのようなテクニックは多くなく、あらかじめ設定しておくことで手順を減らせるものが多いといえます**。そのため、1つのテクニックを実行するだけで時短にそのままつながるものは、あまり多くはありません。エクセルの時短本をよく読んでいる人は注意してください。

どの時間を時短すればよいのか

　アウトルックを使ったメール仕事で、減らしたい時間は3種類あります。**最初に減らしたいのが、マウスやトラックパッドといったポインティングデバイスを使っている時間です**。マウスを使ってアイコンやボタンをクリックすることで、メニューをいちいちたどる時間を短縮できますが、右手がマウスとキーボードとの間を往復する時間がかかります。これを減らすには、ショートカットキーを覚えるのが早道です。よく利用する機能の大半にはショートカットキーが用意されており、複数のキーを同時に押すことでマウス操作の代わりになります。

　じゃあ、**ショートカットキーをたくさん覚えれば、それだけ時短に近づけるのではないかと思うかもしれませんが、それは早計です**。人間の記憶力には限界があります。アウトルックには、普通の人では覚えきれないく

らいの数のショートカットキーが用意されており、マウスで実行する操作の大半はキーボードからできるといってもいいでしょう。しかし、業務で覚えておきたいことはほかにもたくさんあります。大きく時短につながるショートカットキーなら、ぜひ覚えておきたいところですが、たまにしか使わないものを覚えても記憶力の無駄遣いでしかありません。

　さらにいうと、実際にキーボードから操作したから時短につながるとは言い切れません。たとえば、Enter を押して実行したい対象のボタンは、Tab を押して切り替えることができますが、切り替え操作を何度もおこなう必要があったり、どういう順番で切り替わるのかが分からなかったり、そもそもどのボタンに切り替わったのかが画面から見て取れないことがあります。

　ショートカットキーによる時短は、「自分が頻繁に使う機能をマウス操作からショートカットキーに置き換えていく」という考え方をすべきです。たとえば、返信メール画面を表示する Ctrl + R、検索ボックスにフォーカスを移動する Ctrl + E、スケジュール機能に切り替える Ctrl + 2 などは使うべきです。

文字入力の時間を短縮する

　次に短縮すべきは、メールの文章を入力している時間です。文字入力にかかる時間は一般的に短縮が難しいといえます。入力が難しい社名や人名を単語登録したり、あいさつを定型文登録すれば、多少は速くなりますが、キー入力が必要なことは変わりありません。

　メール本文の入力時間の時短には、テンプレートを利用するのが最適です。担当している業務内容にもよりますが、特定の指示や依頼に対して特定の反応を返せばよいものであれば、テンプレートを作っておいて返信に利用すれば時短効果が得られます。

　アウトルックには、テンプレート作成機能が複数用意されています。最もテンプレートらしいのが「マイテンプレート」で、文章を貼り付けるだけです。もう少し高機能なのが「クイックパーツ」で、入力した文字列を入れ替えて文章を貼り付けられます。さらに、「クイック操作」を利用すれば、本文に加え、宛先やBCCなども設定可能です。添付ファイル付きのメ

ールなら、「Outlookテンプレート」機能でテンプレート化できます。アウトルックの機能ではありませんが、スニペットと呼ばれるツールをインストールすれば、数回キーを押すだけで「○○様」から「よろしくお願いします」までの必要な定型文を入力できます。

すべてを使用する必要はありませんが、いくつかを使い分けるだけで、毎回内容が異なる本文を入力するまでにかかる時間は大幅に減らすことができるはずです。

操作を実行している時間を短縮する

最後に短縮したいのは、アウトルックを操作している時間そのものです。 新規メールを送信するまでの時間を考えてみましょう。まず新規メール画面を表示して、宛先のメールアドレスを入力し、件名を入力します。本文を入力できたら、ファイルを添付して送信ボタンをクリックします。ショートカットキーを使用したとしても、操作の時間は若干少なくなるにしても、このステップの数そのものは変わりません。

もし100人に同じ文面のメールを送信したいとき、BCCが使えれば問題ありません。しかし、BCCでは受信者のフィルターに引っかかって届かない可能性があります。全員に同じ文面を送るため、誰宛のメールかを本文に記載できず、「まちがって送られてきたのか」と思われる可能性も否定できません。そうかといって、1通ずつ本文と件名をコピー&ペーストしていては、大変な労力がかかってしまいます。もちろん、こういう用途のためのメールサービスも存在しますが、無料というわけにはいきません。

そこで導入を検討したいのがマクロです。**マクロを使えば、100人に同じ文面を送付しても、短時間で操作は完了します。** 本書で紹介したエクセルとアウトルックを組み合わせるマクロでは、エクセルに宛先のメールアドレスを100人分入力し、件名と本文に同じ文章をコピー&ペーストすれば、あとはエクセルからマクロを起動するだけです。メール作成画面を開いたり、いちいち送信操作をする必要はありません。

マクロはセキュリティの関係で社内では使えないという場合は、「仕分けルール」の活用も考えてみましょう。 仕分けルールは、特定の条件に当てはまるメールにさまざまな操作をおこなうもので、特定の相手から届いた

メールのみ自動的にフラグを付けたり、特定の文字列を含むメールのみ通知を表示したりできます。

時短に最も重要なことは何か

　本書を手に取った人は、アウトルックでのメール仕事に何らかの問題を感じていることでしょう。本書はそういう人に役立つテクニックを集めていますが、じつは時短の実現に最も重要なことはここに書かれていることではありません。**「常に時短を意識しつつ、やり方を改良していくこと」こそ、時短につながる道筋なのです。**

　「今とりあえずできているから、多少時間や手間がかかっても、やり方を変えないほうがいい」という判断は、短期的には正解でも、長期的に見たときには最悪の選択です。1時間かけて設定した機能で10秒の時短が計れるとしたら、毎日6回使う機能なら60日で元が取れます。時短とは、このような考え方の積み重ねなのです。

　アウトルックは、これまであまり時短と関連付けて語られてきませんでした。本書で取り上げている多くの時短術を初めて知ったという人も多いでしょう。そういった人のメール仕事にかかる時間が少しでも減らせることを心より望んでいます。

守屋　恵一

本書の読み方

とにかくさっさと時短術を知りたい人は、第4章のショートカットキーやテンプレートの使い方をマスターしてください。メールで指示されたことを忘れてしまいがちな人は第3章でミスをなくす方法を学び、受信した大量のメールに困っている人は第2章のメール整理・検索をお読みください。準備から腰を落ち着けてしっかりやりたい人は第1章の設定から、連絡先の使い方を改善したいなら第5章、スケジュール機能を使ってみたいなら第6章、アドインやマクロを使える環境にあれば第7章に目を通してください。

Contents

アウトルックでのメール仕事の第一歩

メールの整理方法はこれが最善手

Contents

第3章 メール仕事に関わるミスをゼロにする

第4章 メール仕事の作業時間を劇的に短縮する

第5章 連絡先を整理してアウトルックを倍速にする

第6章 スケジュールとタスクを使いこなす

Contents

第7章 アウトルックをさらに便利にするテクニック

第1章

アウトルックでの
メール仕事の第一歩

前書きで、アウトルックのメール仕事で短縮したい時間を3種類挙げました。本章では、それを実現するために必要な準備を紹介します。必要最小限のものに限っているので、残らず実行するようにしてください。

準備は、大きく分けて2つです。本章で扱うのは初期設定の変更で、メールを読んだり書いたりするのを高速・快適にするためのものです。メールをテキスト形式で送信するようにしたり、返信時に引用するメールにインデント記号を付ける設定にしたり、あるいは閲覧ウィンドウの表示／非表示を切り替えたりします。署名を登録して、必要に応じて使い分けできるようにするのも、そのひとつです。

また、それに加えて、「読みやすいメールとはどういうものか」ということについても少し触れておきます。どういうメールを書くべきかは、メール仕事の時短には直接つながらないかもしれませんが、メールを使った業務全体を改善するためには必須の知識といえます。

なお、メール仕事を時短するためのもうひとつの準備は、第2章で扱います。

時短
20分

最初に変更しておくべき設定はこれだ!

ここでは、アウトルックを効率的に使いこなしたいときに、必ず設定しておくべき項目をいくつか挙げます。特にメールの送信をおこなう前に、ここで挙げた設定をおこなってください。

✉ 3つの初期設定を変更する

<u>アウトルックに関する時短の第一歩は、初期設定の変更です。</u>なぜ、いきなり初期設定の変更なのでしょうか。ショートカットキーを1つでも覚えたほうがいいのではないか、そう思う人もいるかもしれません。

これがエクセルなら話は変わります。エクセルを本格的に使いこなしたいとき、最初に設定を変更する作業は必要ありません。もちろん、使いこなしていくうちに、気になる初期設定は順次変更していくことになりますが、エクセルの場合は設定によってワークシートの中身が変わることはほとんどありません。

しかし、<u>アウトルックは設定によって送信されるメールの中身の一部が変わってしまいます</u>。初期状態では、メールを受信した相手に迷惑がかかってしまうこともあるわけです。そのため、いくつかの設定変更は必須といってもいいでしょう。

まず、<u>送信メールを「テキスト形式」に変更しておきます</u>。「テキスト形式」では、文字そのものの情報以外はメールの中に含まれないため、文字を大きく表示したり、文字色を変更したり、メールの途中に画像を配置したりできません。重要な情報をまちがいなく伝えるために、文字色や文字のサイズを変更したくなるかもしれませんが、メールを読む相手の環境（メールアプリの種類、スマホなのかパソコンなのか、など）によって、正しく伝わるとは限りません。

● 送信メールをテキスト形式に設定する

[ファイル]タブ→[オプション]をクリックし、[Outlookオプション]ダイアログを開く。左側の項目から[メール]をクリック（❶）。[メッセージの作成]にある[次の形式でメッセージを作成する]のプルダウンメニューをクリックし（❷）、[テキスト形式]を選択して[OK]をクリックすればよい（❸、❹）

　次に、**受信者に表示する自分の名前を設定しておきましょう。**「@outlook.jp」などで終わるMicrosoftアカウントのメールアドレスと、そのほかのメールアドレスでは、設定方法が異なるので注意してください。まずは、Microsoftアカウントでの設定方法を説明します。

● ウェブ版のOutlookへアクセス

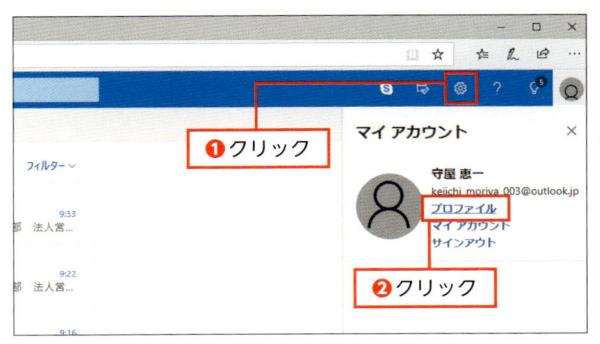

「～@outlook.jp」など、Microsoftアカウントの名前を変更するには、ウェブ版のアウトルック（https://outlook.live.com/mail/）にログインする。右上の歯車アイコンをクリックし（❶）、表示されたメニューから「プロファイル」をクリックする（❷）

●「名前の編集」から表示名を変更する

プロフィール画面が表示されるので、[名前の編集] をクリックすると任意の名前に変更できる。（❶）

次に、**プロバイダーのメールアカウント**などで**自分の名前の表示を変更しておきます**。

● POPやIMAPアカウントの表示名を変更する場合

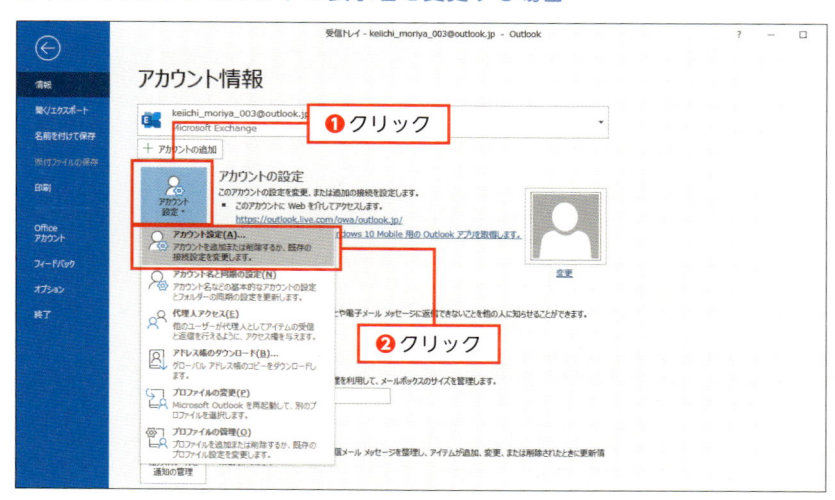

Microsoftアカウント以外の一般のPOPやIMAPアカウントでは、メールアドレスの表示名はアカウントの設定から変更できる。まず、[ファイル] タブ→ [情報] → [アカウント設定] → [アカウント設定] をクリックする（❶、❷）

● 表示名を変更したいアカウントを選ぶ

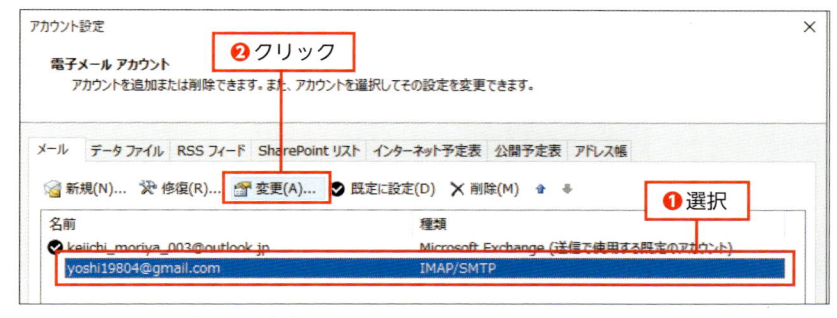

[アカウント設定] ダイアログが表示されるので、表示名を変更したいメールアカウントを選択し (❶)、[変更] をクリックする (❷)

● 表示名を変更する

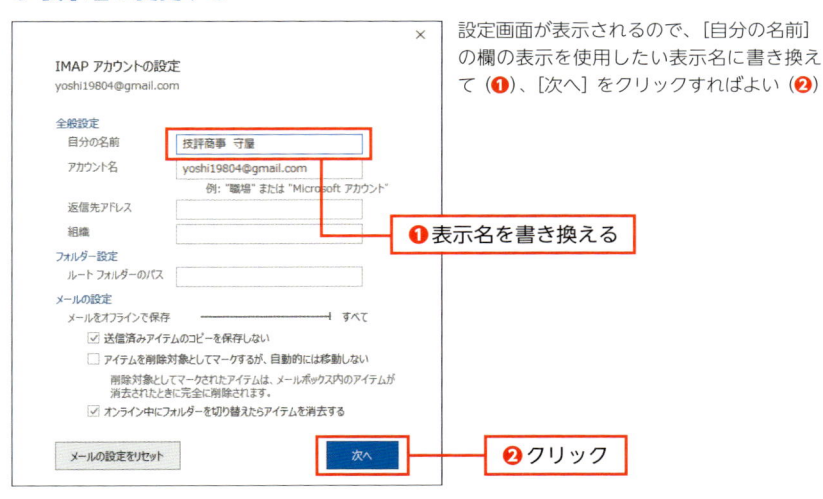

設定画面が表示されるので、[自分の名前]の欄の表示を使用したい表示名に書き換えて (❶)、[次へ] をクリックすればよい (❷)

Point

ここで設定する名前は、受信相手のメールアプリによっては設定したとおりに表示されることがあります。自分の名前を好きなように表記するのではなく、相手にわかりやすいように書いておくことがビジネスでは重要です。ローマ字表記にするなら、たとえば「keiichi moriya」ではなく、「Keiichi MORIYA」あるいは「MORIYA Keiichi」とするのがいいでしょう。ちなみに、ローマ字表記での姓名の順番は、姓を先に表記する方向に徐々に変わりつつあります。

アウトルックの時短環境を整える

　ここからは、自分のアウトルックの環境改善に関係する設定変更です。

　まず、**「アーカイブフォルダー」を作成します**。くわしくはP41で触れますが、受信したメールは以下の4種類に分けるとき、

①**対応が必要（「ボール」が自分の手元にある）**
②**対応は不要だが進行中（「ボール」は相手が持っている）**
③**対応は完了したが削除不可（あとで必要になる可能性がある）**
④**不要なので削除可能（迷惑メール・重複メール・まちがいメール）**

　①と②はすぐに見える場所、③は専用のフォルダーに保存し、④は削除してゴミ箱に移動します。アーカイブとは③のメールをアーカイブフォルダーに移動することをいいます。まずはここで移動先のフォルダーを作っておくわけです。

● 一般のPOPやIMAPアカウントにアーカイブフォルダーを設定

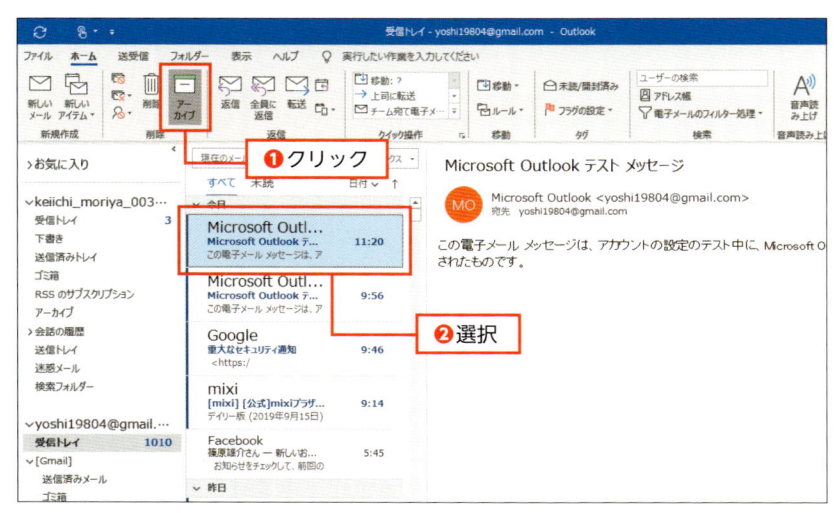

outlook.jpのアカウントには自動的にアーカイブフォルダーが追加されている。一方、それ以外のアカウントにアーカイブフォルダーを作成したい場合は、まず整理したいメールを選択し（❶）、[ホーム] タブの [アーカイブ] をクリックする（❷）

● アーカイブフォルダーを作成する

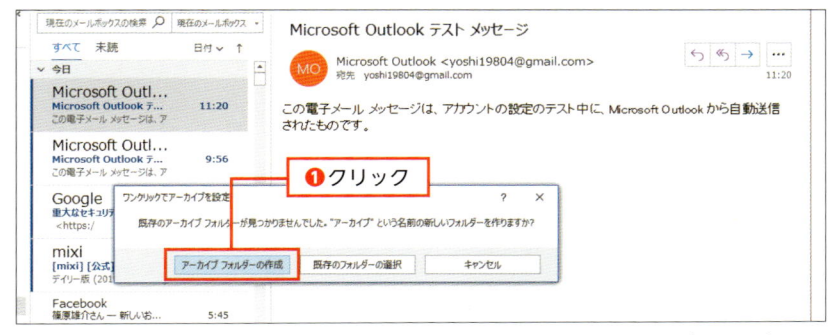

[ワンクリックでアーカイブを設定] ダイアログが表示されるので、[アーカイブフォルダーの作成] をクリックする（❶）

● ［アーカイブ］フォルダーが追加される

このようにフォルダー一覧に［アーカイブ］が追加され、選択したメールが移動した（❶）。以降は［アーカイブ］をクリックすると、自動的にこのフォルダーに格納される

✉ **ATTENTION !**

アウトルック上でフォルダーを作成したとき、「@outlook.jp」などMicrosoftアカウントのメールやIMAPで接続するメールでは、サーバー上に同じ名前のフォルダーが作られます。一方で、POPでアクセスしているメールアカウントでは、パソコン上にのみフォルダーが作られます。そのため、前者は別のパソコンやメールアプリでアクセスしてもフォルダーが見えますが、後者はフォルダーは見えません。

次は、**表示に関する細かい設定を実行します**。アウトルックの動作そのものには影響がありませんが、使いやすさには大きな影響があるので、ぜひ設定を変更しておきましょう。

まず、**スレッド表示をオンにしておきます**。スレッドとは、関係のあるメールをまとめる機能のことで、特定の相手とのやりとりや特定のテーマに関するやりとりをまとめることができます。これにより、条件を指定して検索するなどの面倒な操作なしに、関係あるメールを次々に読むことができます。

● スレッド表示を有効にする

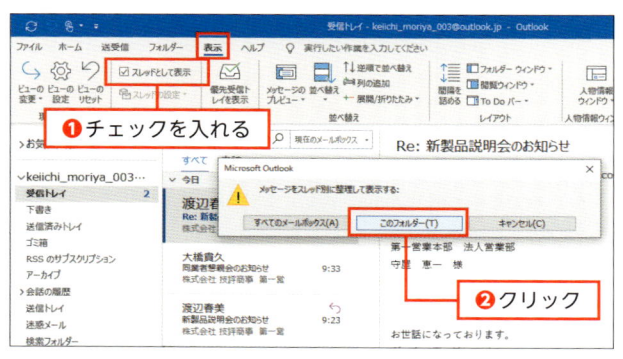

［表示］タブの［スレッドとして表示］をクリックしてチェックを入れる（❶）。［メッセージをスレッド別に整理して表示する］と表示されるので、［このフォルダー］をクリックする（❷）

● スレッドで一連のやりとりが見やすい

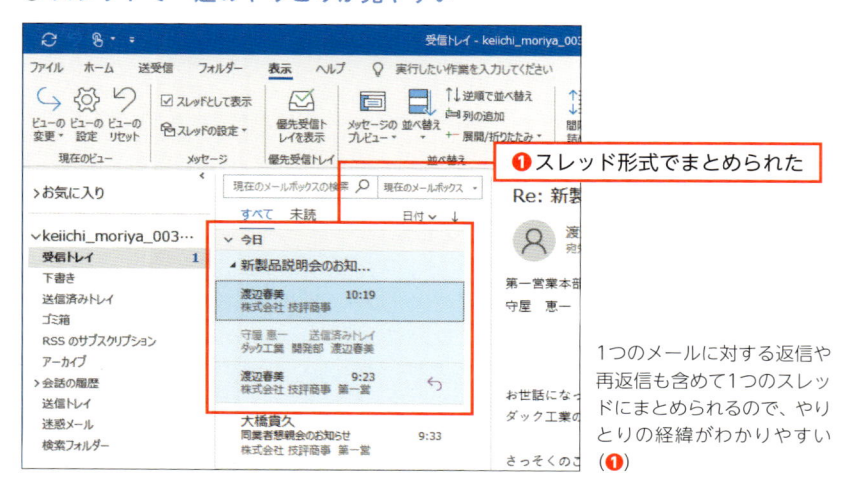

1つのメールに対する返信や再返信も含めて1つのスレッドにまとめられるので、やりとりの経緯がわかりやすい（❶）

最後に、<mark>メッセージ一覧の表示間隔を詰めます</mark>。より多くのメールの送信者やタイトルなどをメッセージ一覧に表示できるようになります。

● メッセージ一覧の間隔を詰める

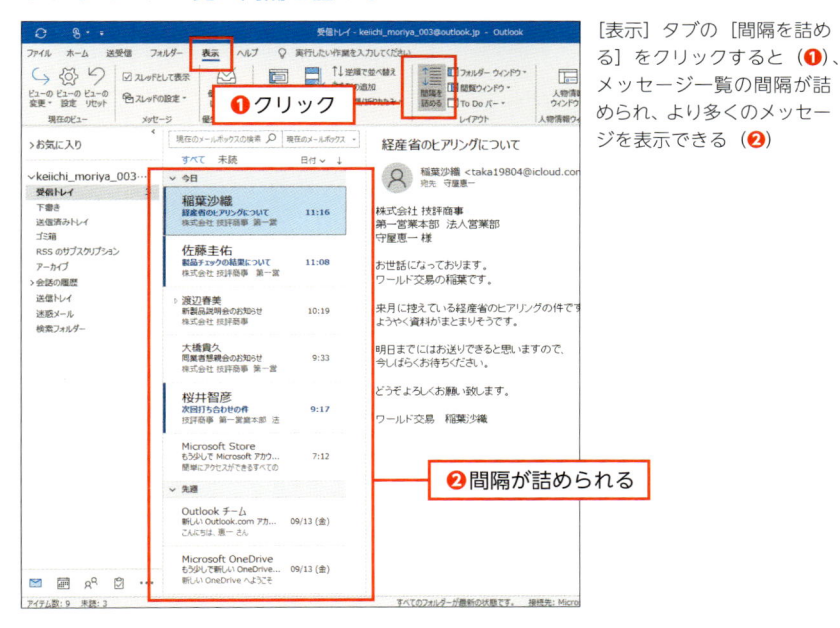

[表示] タブの [間隔を詰める] をクリックすると（❶）、メッセージ一覧の間隔が詰められ、より多くのメッセージを表示できる（❷）

 COLUMN
メール送信のタイミングも重要

　細かいことだと思うかもしれませんが、どういうタイミングでメールを送信するかも重要になる場合があります。メールをメインの連絡手段として、大半のことがメールで決まっていくような取引先と連絡を取り合うとき、相手のペースに合わせたほうが「仕事がしやすい」と感じるケースが多いでしょう。

　たとえば、午前中に返信してくることが多い相手には、相手が午前中に返信できるように前日の終業前に連絡をしておくとか、1時間おきに必ず反応がある相手には、1時間おきに返信が書けるように返事をしておくとか、ペースを合わせることができれば「やりやすい」と感じてもらえるでしょう。

　逆に、メールのペースが合わない相手とは、電話を交えたり、返信のペースをわざと緩めたりするほうが、お互いのフラストレーションがたまらず、うまくいきます。

閲覧ウィンドウを
見やすく変更する

27インチのモニターと13インチのモニターでは、適切なアウトルックの表示方法も異なります。ここでは、どのように設定すれば、最も効率が上がるのかを解説します。

✉ モニターのサイズによって画面表示を変更する

アウトルックは、エクセルやワードなどほかのオフィスソフトと異なり、画面表示の変更が可能です。これは、アウトルックの時短につながる重要なポイントでもあります。

アウトルックの初期設定では、画面上部にリボン、左にフォルダーウィンドウ、中央にメッセージ一覧、右に閲覧ウィンドウ、設定次第でさらに右にToDoバーが表示されます。パーツによっては、表示サイズの変更や表示／非表示の切り替えが可能です。基本的には、自分の好きなように変更すればいいのですが、ここでは時短につながる方針を挙げておきます。

まず知っておくべきことは、モニターの大小によって最適な設定が異なることです。27インチ、あるいはそれ以上の大きなモニターを使っていれば、必要になりそうなものはすべて表示し、一度に目に入る情報をなるべく多くするのが正解です。一方、13インチのノートパソコンでたくさんの情報を表示しておくのは、かえって効率の低下につながります。多少手間がかかっても、キーボード操作による画面の切り替えをある程度許容したほうが、効率がよくなります。

たとえば、メール本文を表示する「閲覧ウィンドウ」は、いかなる環境でも非表示にすべきだとはいえません。21インチや27インチといったモニターを使っていれば、閲覧ウィンドウを表示した状態でアウトルックのウィンドウを大きめに表示するほうが便利でしょう。

● レイアウトを見やすく変更できる

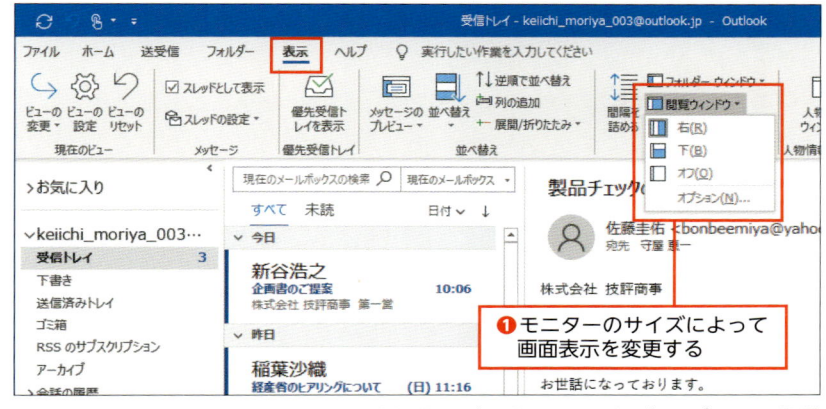

❶ モニターのサイズによって画面表示を変更する

アウトルックの閲覧ウィンドウの配置は、[表示] タブの [レイアウト] グループにある [閲覧ウィンドウ] をクリックして変更できる（❶）。基本は縦3列だが、必要に応じて配置を変更できる。また、[フォルダーウィンドウ] や [ToDoバー] の表示も変更可能だ

● 画面が小さい場合は閲覧ウィンドウを非表示に

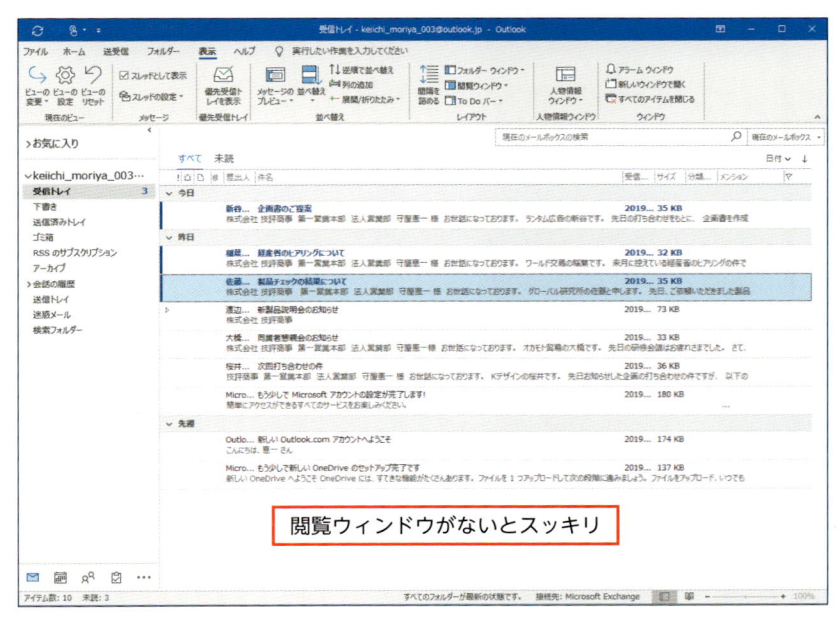

閲覧ウィンドウがないとスッキリ

[閲覧ウィンドウ] を [オフ] にすると、このように閲覧ウィンドウが非表示になり、スッキリ表示できる。ノートパソコンなど画面が小さい場合に適している形式だ。メール本文を読むには、カーソルキーでタイトルを選択して Enter を押す。すると、メール本文が別ウィンドウで表示される

近年、**いろいろなOSやアプリで画面の一部を暗く表示する［ダークモード］**と呼ばれる設定が取り入れられる傾向にあります。ダークモードでは、必要ない部分の明度を下げて目に入るブルーライトを減らし、目の健康を守ることができます。アウトルックでも、グレーを基調とした色合いに表示を変更することにより、目の疲れを抑える効果が期待できます。

● 画面の明るさなどに応じてテーマを変更

［ファイル］タブ→［オプション］をクリックし、［Outlookのオプション］ダイアログを開く。左側の項目から［全般］をクリックする（❶）。次に［Microsoft Officeのユーザー設定］にある［Officeテーマ］のプルダウンメニューをクリックし（❷）、好きなテーマを選択して［OK］をクリックすればよい（❸、❹）

● 長時間画面を見るときはグレーに

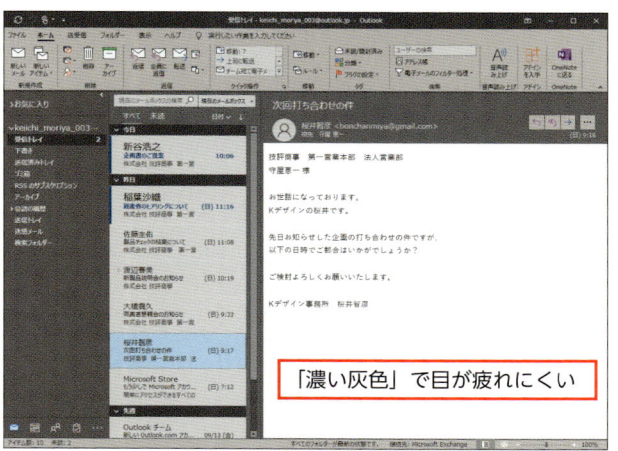

「濃い灰色」で目が疲れにくい

たとえば、画面がまぶしすぎるような場合は、テーマを［濃い灰色］に変更すると、このようにモノトーンで見やすい画面にできる

閲覧ウィンドウと関連する設定も挙げておきましょう。アウトルックでは、本文をまだ表示していない未読状態では、メッセージ一覧で送信者名とタイトルが太字で表示されます。本文を表示すれば既読状態となり、通常の文字の太さに変わるのですが、**何秒間本文を表示すれば既読になるのか、どのタイミングで既読に切り替えるのかを選択できます**。これは、自分の好みで設定すればよいのですが、本書ではメールを最初に表示したときに対応が必要かどうかを判断する（P40参照）ことを前提とするので、本文を表示したら即既読に変更するような設定にします。

● 閲覧ウィンドウのオプションを表示する

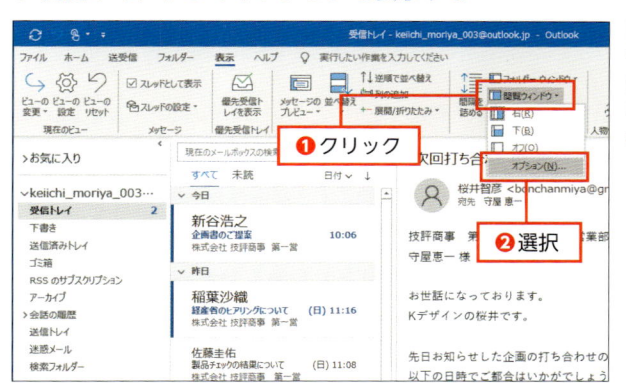

[表示] タブの [レイアウト] グループにある [閲覧ウィンドウ] をクリックし（❶）、[オプション] を選択する（❷）

● 既読にするタイミングを変更できる

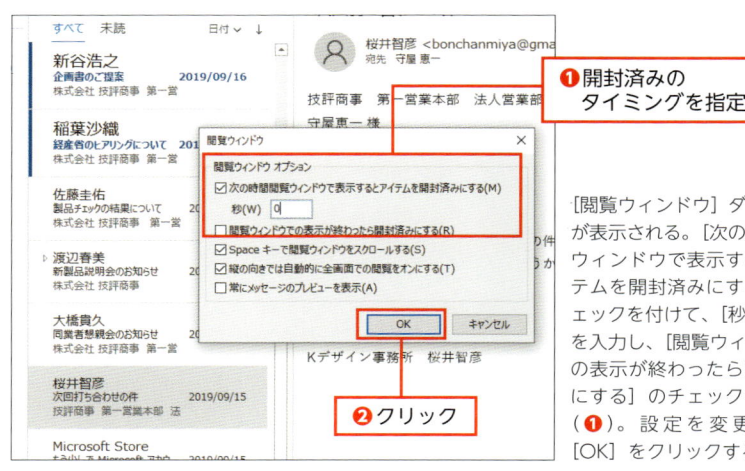

[閲覧ウィンドウ] ダイアログが表示される。[次の時間閲覧ウィンドウで表示するとアイテムを開封済みにする] にチェックを付けて、[秒] に「0」を入力し、[閲覧ウィンドウでの表示が終わったら開封済みにする] のチェックをはずす（❶）。設定を変更したら[OK] をクリックする（❷）

アカウントごとに
適切な署名を登録する

署名は、誰がこのメールを書いたのかを明示するための仕組みです。場合によっては、姓だけでも署名として十分かもしれませんが、社外に送信するメールでは所属先や連絡先など必要な情報を必ず入れるようにしましょう。

✉ 署名の情報はアカウントの性格に合わせる

アウトルックでは、複数のメールアカウントを操作できます。 たとえば、仕事用のメールとプライベートのメールを同じアウトルック上で管理したり、同じ仕事用であっても、個人宛のメールとチーム宛のメールを別々に管理したりすることが可能です。

また、署名を複数作ることもできるので、仕事用のメールには姓名・社名・部署を入れ、プライベートのメールにはニックネームだけを入れるという使い分けも考えられます。あるいは、仕事でも、個人宛なら自分の名前と部署名にダイヤルイン番号を入れ、チーム宛ならチームの名称と部署の代表電話の番号を入れる、といった工夫が可能です。

このように、**まずはアカウントごとに標準の署名を登録しましょう。** 単純に署名を複数設定して、メールを送信する前に選択することも可能ですが、ミスが起こりやすくなります。

● 署名の設定画面を表示する

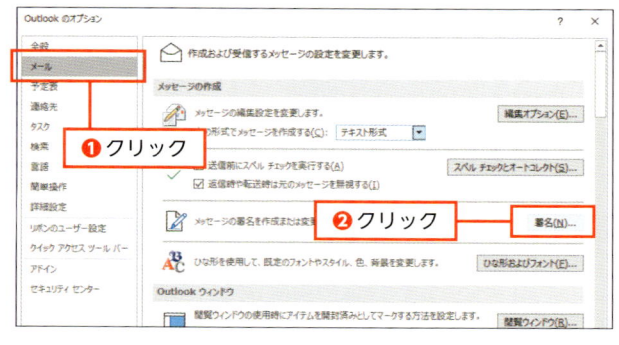

［ファイル］タブ→［オプション］をクリックし、［Outlookのオプション］ダイアログを開く。左側の項目から［メール］をクリック（❶）。［メッセージの作成］にある［署名］をクリックする（❷）

● アカウントを指定して新規作成

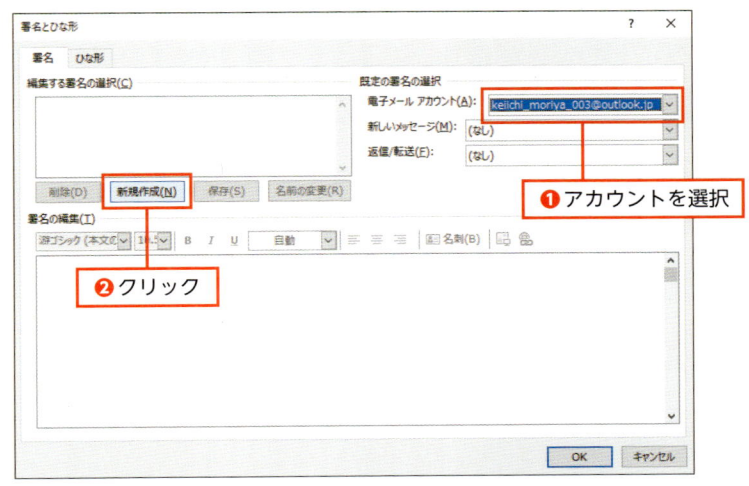

[署名とひな形] ダイアログが表示される。画面右側の「電子メールアカウント」で署名を登録したいアカウントを選択し（❶）、画面左側にある［新規作成］をクリックする（❷）

● 署名の登録名を設定する

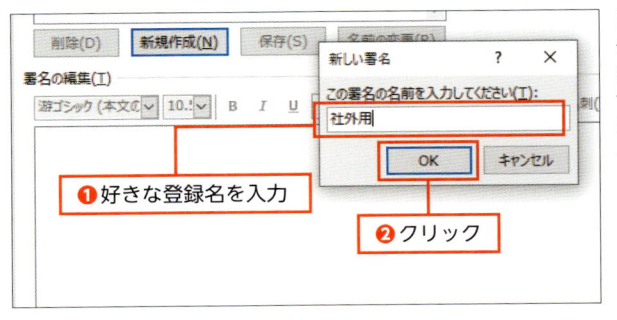

[新しい署名] ダイアログが表示されるので、好きな署名の登録名（ここでは「社外用」）を入力し（❶）、[OK] をクリックする（❷）

✉ **ATTENTION !**

相手が外注先など目下の場合は署名を入れず、自社のお客様など目上に対しては署名を入れるケースに出会うことがありますが、見ていてあまり気持ちのよいものではありません。どうしても差を付けたいなら、シンプルな署名を既定のものとしておき、目上には情報をすべて入れた署名を用意して使い分けるのがおすすめです。署名の使い分けについては、P28を参照してください。

● 自動的に既定の署名に設定される

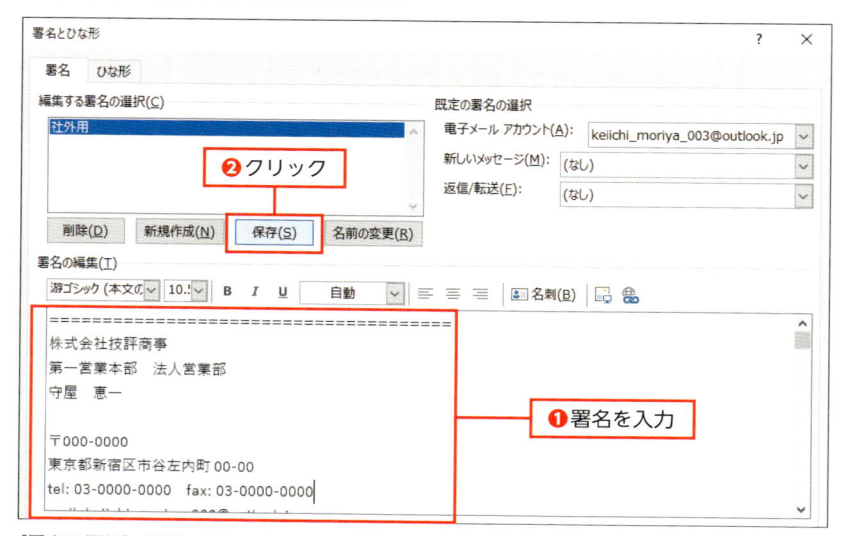

[署名の編集]の下にあるスペースに、登録したい署名を入力する（❶）。入力したら、[保存]をクリックする（❷）。なお、必要に応じて、1つのアカウントに複数の署名を登録することも可能だ

● 自動的に既定の署名に設定される

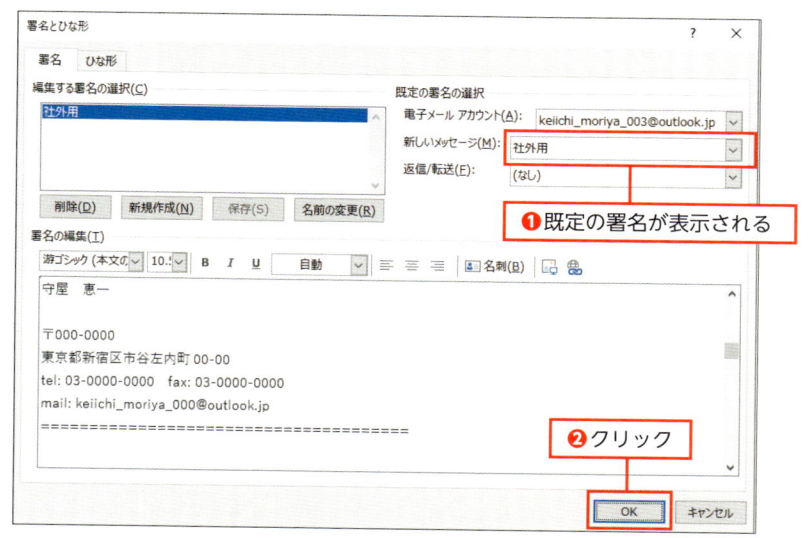

登録した署名は、自動的に［新しいメッセージ］の既定の署名として選択される（❶）。最後に［OK］をクリックして終了する（❷）

● メール作成時に自動的に署名が挿入される

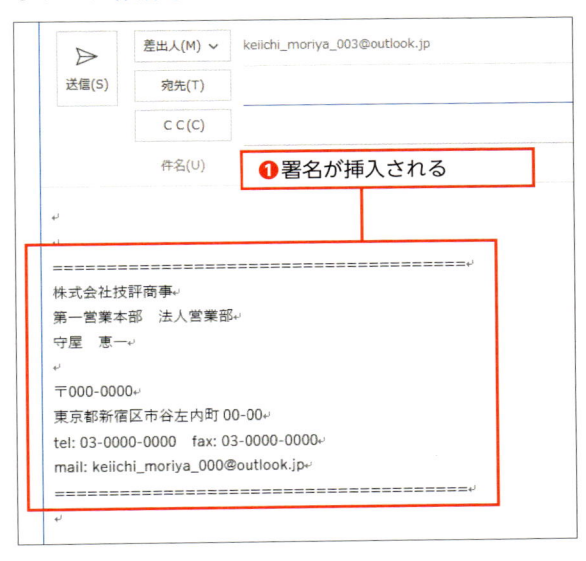

❶署名が挿入される

新しいメールの作成画面を
表示すると、このように自動
的に既定の署名が挿入され
る（❶）

COLUMN

署名には何を書くべきか

　署名に入れるべき最低限の情報は、社外の相手とのメールでは姓名・社名（会社員の場合）・部署名（大きな会社の場合）です。会社の住所・電話番号・郵便番号も入れておくと、何か荷物を送りたいときに便利に思われるでしょう。さらに、仕事用の携帯電話番号を入れるケースもあります。それ以外の宣伝（自社の新製品やイベントなど）、自分のモットーや座右の銘もときどき見かけますが、うっとうしく思う人もいるので、ビジネス用途では注意すべきです。

　署名は、最上部に「-- 」（半角ハイフン2つと半角スペース）だけの行を入れ、その次の行から社名や姓名を書くのが一応のルールです。ただし、最近ではそれにこだわらず、「＝」「*」「%」「#」などの記号を自由に使うことも増えています。一般的な環境で表示可能な記号なら、好きなものを使うといいでしょう。ただし、絵文字やいわゆる機種依存文字は、相手の環境によっては表示されないことがあるので、使用は控えます。

1 — ④

時短 20分

同じアカウントで複数の署名を使い分けるには

取引先に出すメールと部署内のスタッフに出すメールでは、署名で必要とされる情報も異なります。署名は複数用意しておき、必要に応じて使い分けるのがいいでしょう。

✉ 相手によって署名内容を変える

署名は、自分の姓名・所属・連絡先などを表示するためのものです。そのため、1種類で済ませても大きな問題にはなりませんが、**相手によって必要な情報は異なるため、複数の署名を使い分けると便利なことがあります**。たとえば、社外宛のメールには社名から会社の電話番号までしっかり書いておき、社内宛のメールでは部署と内線番号や携帯電話の番号のみにすることが考えられます。

● 使用する署名を切り替える

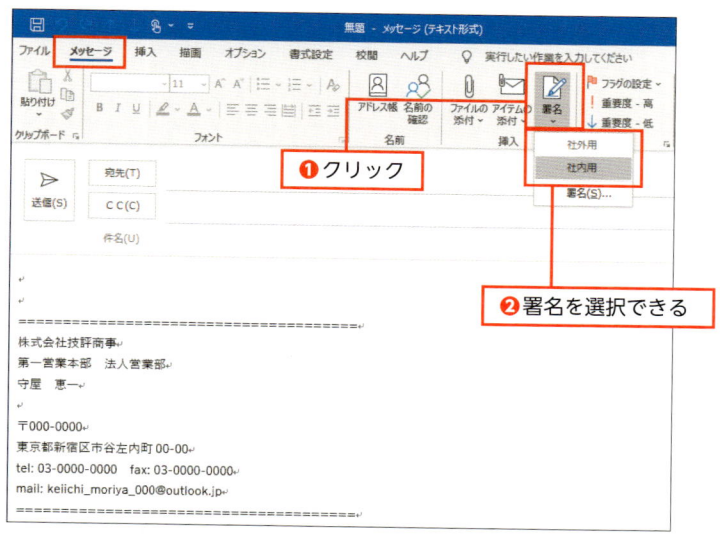

アカウントに複数の署名を登録してある場合は、メールの作成画面の［メッセージ］タブの［署名］をクリックし（❶）、利用する署名を選択できる（❷）

Point 署名をまだ1つしか登録していない場合は、1-03節（P24）を参照
して署名をあらかじめ複数登録しておきます。

● 既定の署名を変更する場合

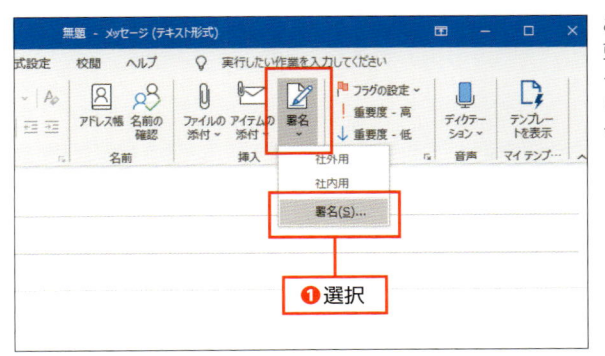

❶選択

あらかじめ既定の署名を変
更したい場合は、［メッセ
ージ］タブの［署名］をク
リックし、［署名］を選択
する（❶）

● 既定にしたい署名を選ぶ

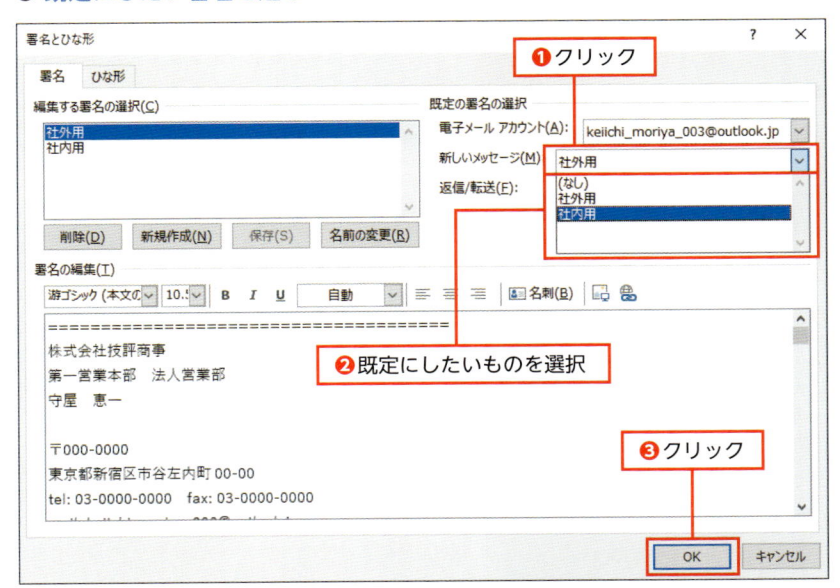

❶クリック

❷既定にしたいものを選択

❸クリック

［署名とひな形］ダイアログが表示される。画面右側の［既定の署名の選択］にある［新しいメ
ッセージ］のプルダウンメニューをクリックし（❶）、既定にしたい種類の署名を選択する（❷）。
最後に［OK］をクリックする（❸）。なお、既定の署名を使わず、その都度選択したいときは、
❷で［（なし）］にすればよい。

時短
10分

受信メールを確認しながら返信を書く

メールを返信する際、下に全文引用していたとしても、いちいち参照しながらメールを書くのは結構面倒なものです。そんなときは、別ウィンドウで返信を書くようにします。

✉ 返信は別ウィンドウで開く設定にする

　初期設定では、メールに返信を書こうとすると、閲覧ウィンドウに返信画面が表示されて元のメールは見えなくなります。返信の下に引用されるものの、元のメールが長文だと参照するのはかなり面倒です。スクロールをくり返さなければならないので、大変な時間のロスにつながります。

　この問題を解決したいなら、**返信を書く画面は別のウィンドウで開き、元のメールと並べて返信を書けるようにするのがおすすめです**。

● 新しいウィンドウが開くように設定を変更する

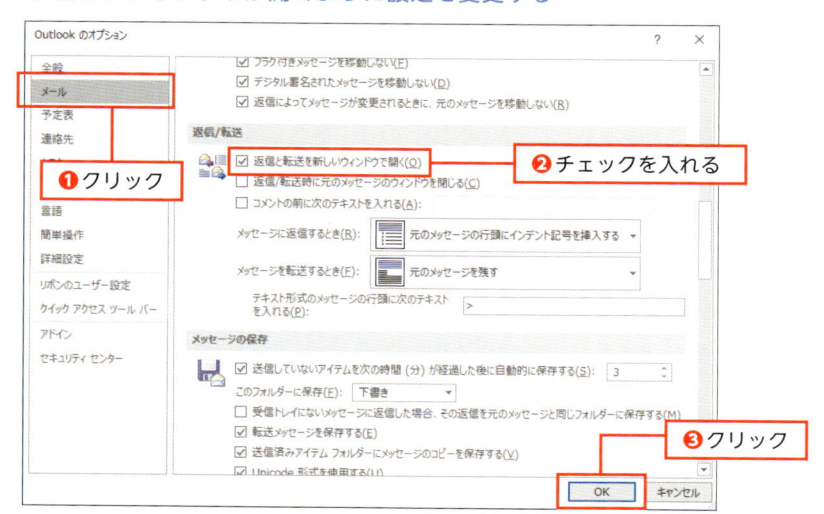

［ファイル］タブ→［オプション］をクリックし、［Outlookのオプション］ダイアログを開く。左側の項目から［メール］をクリック（❶）。［返信/転送］のところにある［返信と転送を新しいウィンドウで開く］にチェックを入れ（❷）、［OK］をクリックする（❸）

● 返信時に自動的にウィンドウが開く

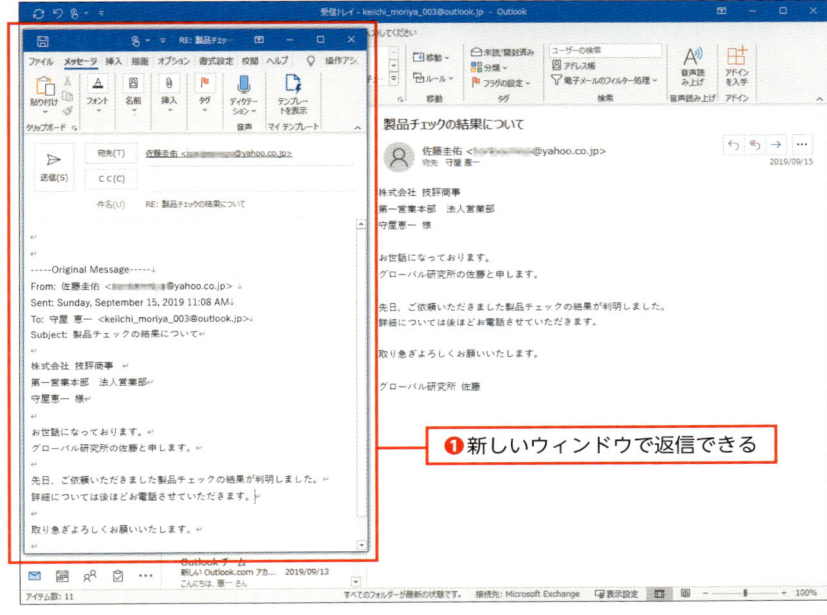

❶ 新しいウィンドウで返信できる

[ホーム] タブの [返信] や [全員に返信] をクリックすると、このように新しいウィンドウが
開いて返信メールを作成できる（❶）

COLUMN
モニターが小さいときはスマホを使おう

　ここで紹介したテクニックは、残念ながら、どんな環境でも推奨できるわけ
ではありません。モニターのサイズが小さく、デスクトップの解像度が低い場
合は、返信を書くためのウィンドウのサイズを調整する手間がかかってしまい、
かえって時間がかかることがあります。

　そんなときは、スマホやタブレットを横に置いて、そちらのメールアプリで
元のメールを表示しながら返信を書くという方法があります。スマホやタブレ
ットは、文章を入力する機器としてはあまり便利ではありませんが、高速なス
クロールや直感的な操作など、表示だけに限れば優れた機器だといえます。

読みやすいメールとは何かをおさらいしておこう

いうまでもありませんが、メールは自分の意思を他人に伝えるためのツールです。短時間で読めて、誤解なく正確に意思を伝えるには、どのようにメールを書くべきでしょうか。

✉ 読む人の側に立ち、望ましいメールを考える

　メール仕事の効率化を考えるとき、ついつい「自分の作業を効率化して時短できれば、それでいい」と考えてしまいがちです。しかし、私はそのような立場はとりません。メールに限りませんが、「**仕事の効率化では自分を含む関係者全体の作業時間の総和の短縮を考えねばならない**」というのが私の考え方です。

　そのために、メールを書くときには読む人のことを考えた書き方をすべきです。ここでは、件名、本文の改行・空行、箇条書きについて挙げます。

　まず、**件名は「お知らせ」「ご相談」「報告」「連絡」などのように、本文を読まないと「何について」なのか、テーマがわからないものはダメです**。さらにいえば、そのテーマについて「〜である」「〜する」「〜なのか？」までを書くようにすると、格段に伝わりやすくなります。

● 件名は具体的でわかりやすくする

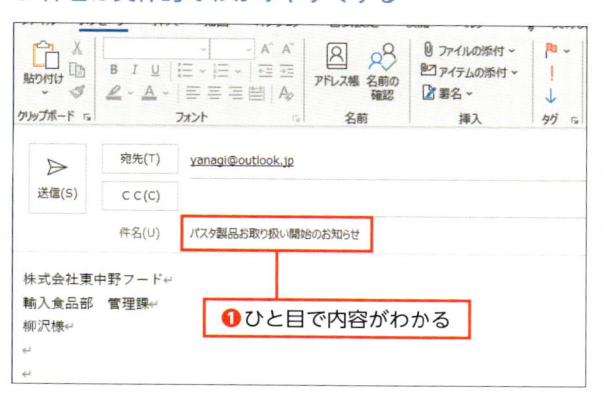

❶ひと目で内容がわかる

メールの件名で、単に「お知らせ」「ご相談」のようにしてしまうと、何に関しての内容なのかわかりにくい。「パスタ製品お取り扱い開始のお知らせ」のように、具体的でひと目で内容が伝わるにしよう（❶）

メールの構造は、宛名、挨拶、名乗り、導入、用件、締め、署名の順番で並べるようにします（挨拶と名乗りは逆でもかまいません）。また、本文では、一文が長くなりすぎないよう、複雑な構造にならないように簡潔になっているか注意します。

● 読みやすいメールの基本パターン

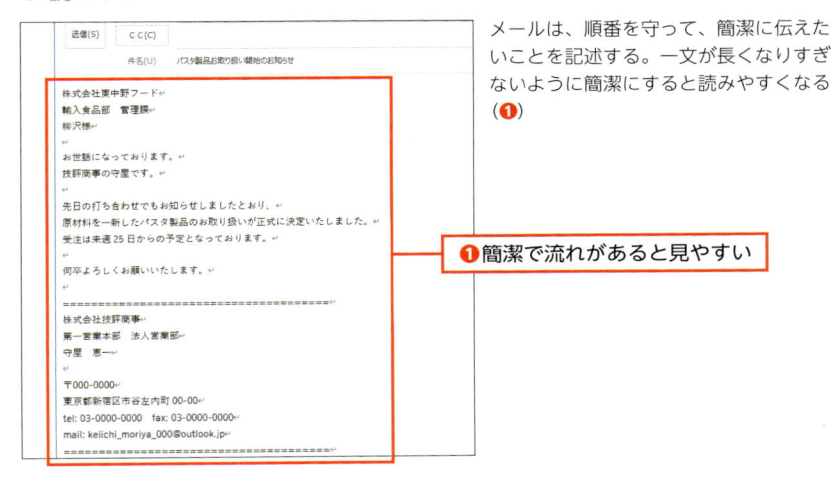

メールは、順番を守って、簡潔に伝えたいことを記述する。一文が長くなりすぎないように簡潔にすると読みやすくなる（❶）

❶簡潔で流れがあると見やすい

✉ ATTENTION！

メールに限らず、一般的にビジネス文書は簡潔なほうがよいとされます。しかし、「簡潔」の意味を取り違えて、必要な文言まで削らないように注意しましょう。文章を書き慣れていない場合は、誤解されないような書き方をまず最初に目指すべきです。たとえば、「10日まで不在です」と書くと、10日は不在なのかどうかで解釈が分かれてしまいます。「9日まで出張で、10日から出社します」と書けば、誤解はなくなります。

　メールの文章は内容だけでなく、見た目も整っていたほうが読みやすく、受信した人の理解する速度も上がります。最近は、スマホの普及で改行位置について気にしなくてよいケースも増えていますが、相手がパソコンで読む可能性があれば、長くても1行あたり40文字以内に収めるようにします。実際には30文字前後が読みやすいでしょう。

　また、複数の内容を含める場合、内容の切れ目で必ず空行を入れるようにしましょう。これにより、文章をかたまりで捉えることができます。

● 改行や空行がないと読みづらい

株式会社東中野フード
輸入食品部　管理課
柳沢様

お世話になっております。技評商事の守屋です。新製品のキャンペーンについての打ち合わせですが、10 月 23 日 15 時の日程でご都合はいかがでしょうか。当日は専門家もお招きして原材料についての解説をしていただく予定です。また、製品を使ったお料理も用意いたします。柳沢さまに実際の食味もご確認いただき、ご意見を賜りたく存じます。何卒よろしくお願いいたします。

文自体が短くても改行も空白行もないと、視線の移動が大きくなり、読みづらくなってしまう

● 改行と空行が適切に入っていると読みやすい

株式会社東中野フード
輸入食品部　管理課
柳沢様

お世話になっております。
技評商事の守屋です。

新製品のキャンペーンについての打ち合わせですが、
10 月 23 日 15 時の日程でご都合はいかがでしょうか。

当日は専門家もお招きして原材料についての解説をしていただく予定です。
また、製品を使ったお料理も用意いたします。

柳沢さまに実際の食味もご確認いただき、
ご意見を賜りたく存じます。

何卒よろしくお願いいたします。

先ほどのメールに、一文ずつ改行を入れ、内容ごとに空行を入れてみた。視線の移動が小さくなり、スッキリとして見やすくなる

　多くの内容をメールで正確に伝えたいとき、有効なテクニックの1つが箇条書きです。もし箇条書きにしたうえで、それぞれに解説を付け加えたいときは、見出しと解説のセットを必要なだけ並べるといいでしょう。

● ポイントが本文に紛れると伝わりにくい

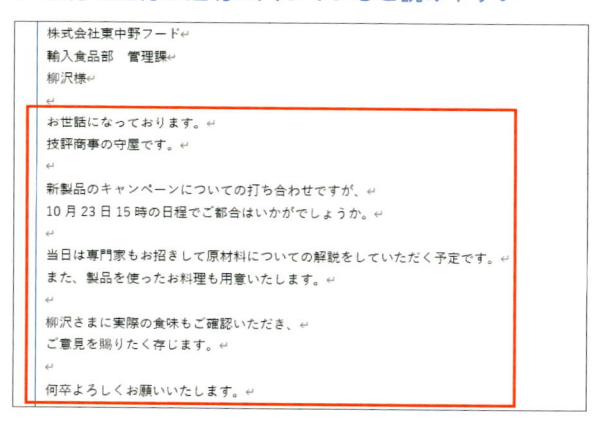

お世話になっております。
技評商事の守屋です。

弊社では、このたびスペイン産のオリーブオイルの取り扱いを始めることになりました。
この製品は、契約農場で栽培された厳選オリーブを使用しております。
収穫から搾油まで 20 時間以内で酸度が低く、風味まろやかでフルーティー、
クセがないので幅広い料理に合うのも特長です。

近日中に試食会も開催する予定です。
何卒よろしくお願いいたします。

通常の文章の中でポイントや特長を書いてしまうと、伝わりにくくなってしまう

● 箇条書きにするとひと目でわかる

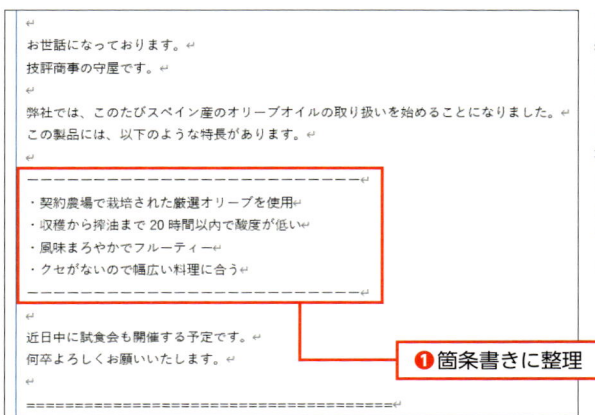

❶箇条書きに整理

アピールしたいポイントや特長は、このように箇条書きにすると、相手がひと目でわかりやすくなる。さらに注目させるために、箇条書き部分を罫線などで挟むと、より効果的だ（❶）。なお、箇条書きの先頭は「・」でもいいし、番号を振ってもいいだろう

COLUMN
時短は自分だけで達成できるわけではない

　もし自分の作業にかかる時間が短くなるだけでいいなら、極端な話、返信はなるべく短く、文章の推敲はせず、答えたくないことは何度質問されても答えず、必要なこともできるだけ省いて、トラブルが生じてから対処するといいでしょう。以前、私が勤務していた会社の上司がそういう人でしたが、メールを受け取った人がわざわざ対面で情報を確認しなければならなくなり、大変迷惑していました。

　仕事術の本の中には、「仕事はできるだけ他人に振る」を主なテクニックとして据えているものも見受けられますが、これは危険な思考法です。適切な割り当てであればいいのですが、「とりあえず誰かに任せて、自分の手が空けばよい」という思考法でスタッフに仕事を振っていると、全体の作業時間が増えるだけでなく、うまく行かずに仕事が戻ってきてしまい、自分の時間がより多く削られてしまうことになりかねません。

時短
10分

返信時に元のメールを
引用して残す

アウトルックに限らず、大半のメールアプリでは返信を書く画面を表示する
ボタン（「返信」などと書かれています）をクリックすると、元のメールが下
に表示されます。なぜだかわかりますか。

✉ 引用部分の行頭にはインデント記号を挿入する

　届いたメールに返信を書くとき、「返信」ボタンをクリックすると、メー
ルを書く画面の下半分に元のメールが挿入されます。これを返信メールに
おける「引用」といいます。多くの場合、行頭に「>」という記号が入っ
たり、引用の本文の上に元のメールの送信者名・タイトル・送信日時など
が挿入されたりします。

　**引用とは、これから書こうとしているメールがどのメールに対する返信
なのかを受信者に明示するためのものです**。そのため、「不要だろう」と思
って削除するのは基本的にNGです。何度もメールをやり取りしていると、
下に表示される引用メールがどんどん増えていきますが、**通常は削除しな
いほうがベター**です。

　引用部分であることを明示するためには、いくつかの方法がありますが、
もっとも一般的なのが引用部分の行頭に記号を挿入する方法です。ここで
は「>」を行頭に挿入する手順を紹介します。ほかに「|」が使われること
もありますが、使用頻度は非常に低く、ほとんど見かけません。

Point　引用部分の行頭に挿入する記号を選択できるのは、メールがテキス
ト形式の場合のみです。HTML形式では記号を選択できず、青い縦
線でインデントされます。また、HTML形式でインデントされた部
分をコピーしても、見た目のとおりに正しくコピーできないことが
あります。

● 行頭にインデント記号を入れる設定に変更

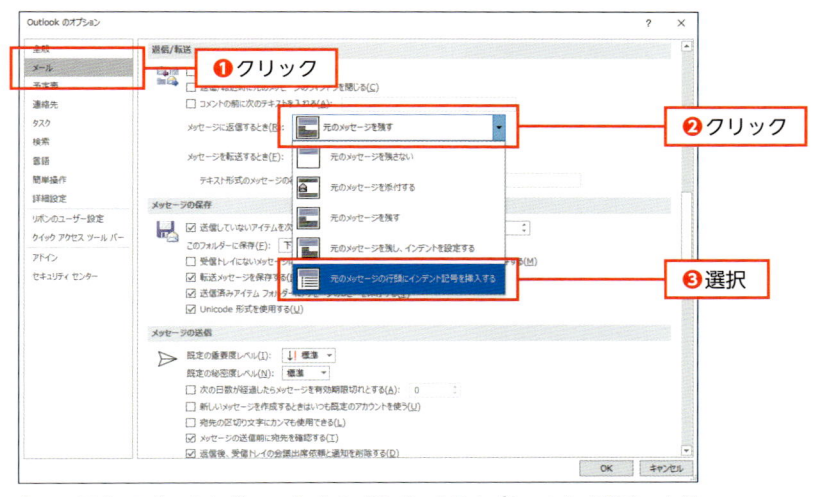

[ファイル] タブ→ [オプション] から [Outlookのオプション] を開き、左側の項目から [メール] をクリック（❶）。[返信/転送] にある [メッセージに返信するとき] のプルダウンメニューをクリックし（❷）、[元のメッセージの行頭にインデント記号を挿入する] を選択する（❸）

● インデント記号は任意の記号に変更が可能

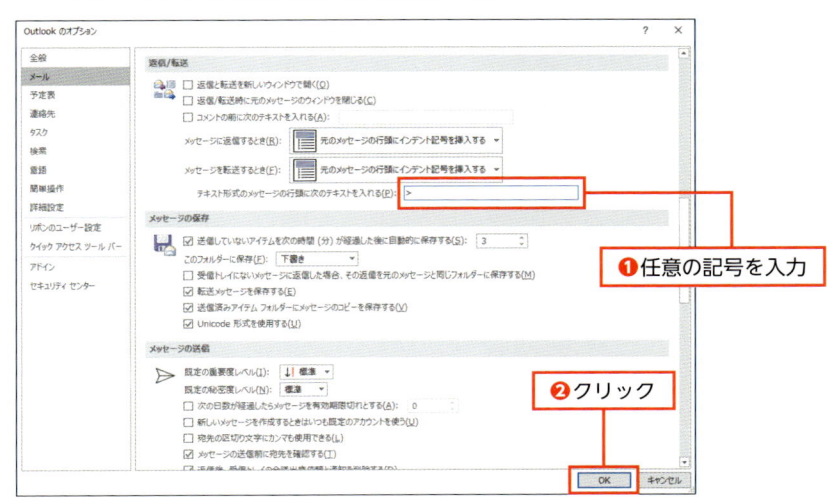

インデント記号は初期設定では [>] が設定されているが、[テキスト形式の行頭に次のテキストを入れる] で好きな記号に変更できる（❶）。すべての設定が終わったら、[OK] をクリックする（❷）

● 返信時に自動的にインデント記号が挿入される

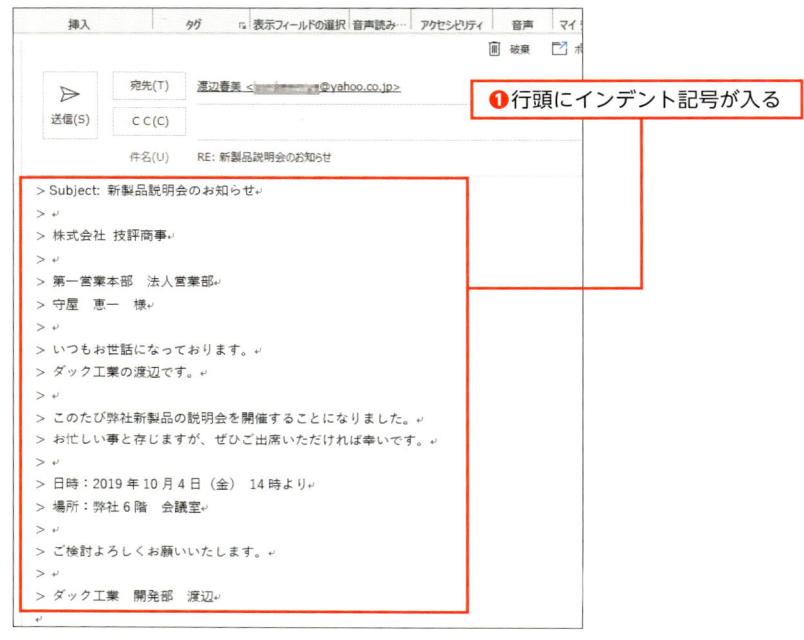

❶行頭にインデント記号が入る

返信メールの作成画面を表示すると、このように元のメッセージの
行頭に自動的にインデント記号が挿入される（❶）

 **ATTENTION !**

引用部分は、勝手に編集しないのが鉄則です。もし自分の都合のいいように改変
したり、都合の悪い部分を削除したりすると、自分のメールへの信頼性が失われ
てしまいます。

ATTENTION !

引用部分は削除しないのが基本ですが、相手が古い携帯電話（フィーチャーフォ
ン。いわゆるガラケー）など処理速度が遅い端末で読んでいることがはっきりし
ている場合は、削除して送ったほうがいいでしょう。処理速度が非常に遅いガラ
ケーでは、数十行程度でも表示に時間がかかります。

第 **2** 章

メールの整理方法は
これが最善手

本章では、メール仕事の時短を実現するためのもうひとつの準備を
挙げます。それは主に受信したメールに関する操作です。

まず重要なのが、受信メールに対する対応方法の振り分けです。す
ぐに返信するのか、しばらくそのままにしておくのか、見えない場
所に保存しておくのかは、メールを読んですぐに決めます。この振
り分けをせずに、受信メールをすべて何度も読み返していては、メ
ール仕事の時短は実現できません。

ビジネスの現場では、基本的にメールを削除することはしません。
「言った言わない」が起きないように、記録として残しておくのが普
通でしょう。ただ、残しておいてもあとから探し出せないのであれ
ば、残しておく意味はありません。

このとき、通常は細かく分類しておけばいいのではないかと思いが
ちです。しかし、分類は手間がかかる反面、分類ミスによるメール
の紛失、分類の手間、正確に分類するほど全体の見通しが悪くなる
など、デメリットが無視できません。分類は最低限にしておき、ア
ウトルックの検索機能を使って、必要なときに検索を実行するのが、
じつは最も確実なのです。

時短 **40**分

メールを受信したら まず4種類に分類する

毎日たくさんのメールをスムーズに処理するためには、その前段階として、それぞれのメールを正しく短時間で分類しなければなりません。ここでは、どう分類すればいいのか、どうやって分類するのかを考えていきます。

✉ シンプルなルールで4つに分けて瞬時に処理

受信したメールをそのまま受信トレイに放置しておくと、返信し忘れてしまったり、大切なメールが受信トレイに埋もれてしまいがちです。メールチェックの際には、必ずそのメールへの対応方法を決めて、適切な処理を行うようにします。

具体的には、**受信メールの発信者・タイトル・内容の一部を見たら、間髪を入れずに次の4種類に分類します**。

①返信する必要がある
②返信は不要だが、覚えておく必要がある
③忘れてもよいが、後で読み返すかもしれない
④関係ないので、後で読み返すこともない

そして、それぞれのメールを分類すると同時に、次の操作を実行します。

①のメールにフラグを付ける
②のメールを受信トレイにそのまま保存する
③のメールをアーカイブする
④のメールは「無視」または「削除」する

「フラグ」とは、ほかの項目から区別するための「マーク」のことです。アウトルックでは、旗の形をしたアイコンが表示されていれば、「そのメールにはフラグが立っている」などどいいます。Gmailなどほかのメールシ

ステムでは、星の形をした「スター」を用いることもあります。

次に**「アーカイブ」とは、受信トレイから専用の保存用フォルダーなどに移動することをいいます**。アーカイブされたメールは目に触れることはなくなりますが、削除されたわけではありません。検索して再度読むことができます。

あとは、①フラグを付けたメールに順次返信を書いていき、②そのまま保存するか、または③アーカイブします。フラグを付けたメールが受信トレイからなくなれば、メールの処理は完了です。

もし判断に迷うようなメールがあれば、②受信トレイに保存しておくのが安全ですが、受信トレイに読んだ後のメールが増えてくると、重要なメールを見失いがちです。できるかぎり、受信トレイに残すメールは少なくしましょう。

● 要返信メールにはフラグを立てる

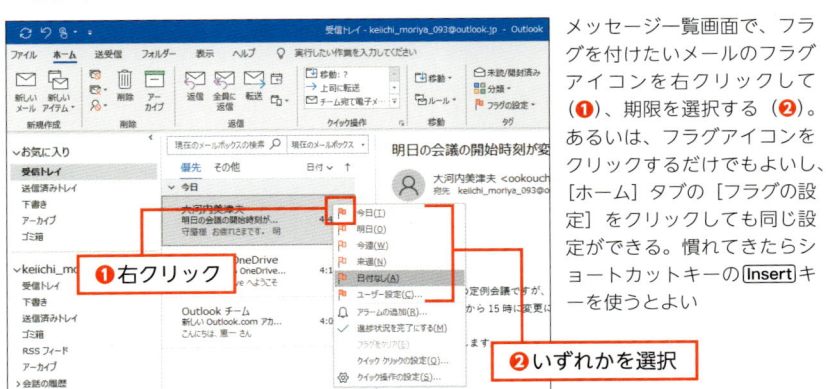

メッセージ一覧画面で、フラグを付けたいメールのフラグアイコンを右クリックして（❶）、期限を選択する（❷）。あるいは、フラグアイコンをクリックするだけでもよいし、［ホーム］タブの［フラグの設定］をクリックしても同じ設定ができる。慣れてきたらショートカットキーの Insert キーを使うとよい

📩 ATTENTION !

フラグで細かい期限を選択できるのは、Outlook.comやMicrosoft Exchangeのメールアドレスのみです。ほかのメールアカウントでは、フラグを付けるかどうかしか選択できません。しかし、細かい期限を設定して、その情報を活かすにはアウトルックのタスク管理機能を十分使いこなす必要があります。それまでは、あまり細かく設定しすぎないほうがベターです。

● 保存しておくメールはアーカイブする

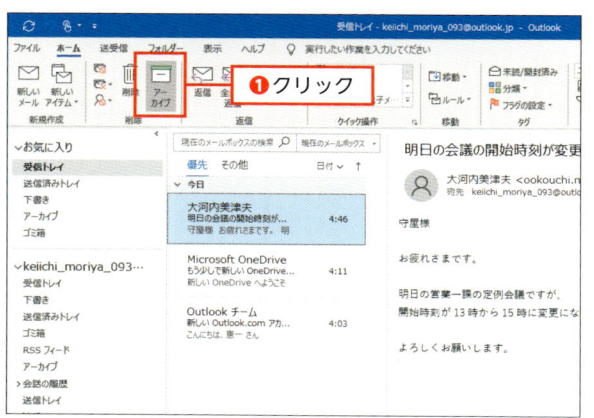

アーカイブしたいメールをメッセージ一覧で選択して、[ホーム] タブの [アーカイブ] をクリックする（❶）。ショートカットキーは [BackSpace] キーだ

Point アーカイブしたメールは [アーカイブ] フォルダーに保存されます。

ATTENTION !

[BackSpace] キーでうまくアーカイブできない場合は、メッセージ一覧でほかのメールを選択するなどしてから、アーカイブしたいメールを再度表示して [BackSpace] キーを押すと、うまくアーカイブできます。

● 不要なスレッドは「無視」で

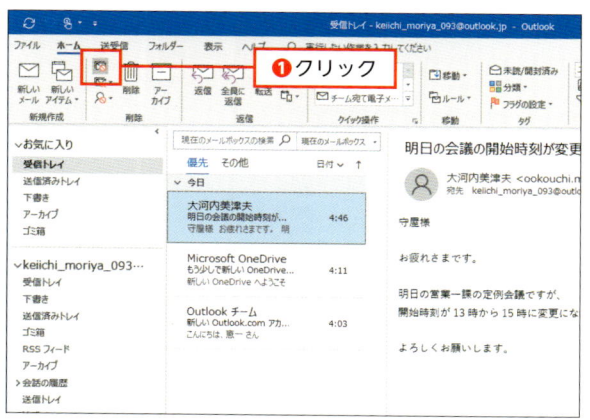

メーリングリストなどで自分に関係のない話題が続いていて「このタイトルのメールは読む必要がない」と判断できる場合は、[ホーム] タブの [スレッドを無視] をクリックする（❶）。メールは [ゴミ箱] フォルダーに直行するので、同じ件名のメールは受信トレイに表示されなくなる

時短 20分

メールチェック間隔は仕事に合わせる

2-01節では、メール処理の具体的な分類法を紹介しましたが、そもそもメールの処理は、どうおこなうのが最も効率的なのでしょうか。

✉ メールとの付き合い方は仕事によって変わる

メールが届いていないかを確認し、必要なら返信を書くのがメールチェックです。**どのようにメールチェックを行えばよいのかは、メールをどのように仕事に使っているのかによって、かなり変わってきます**。

たとえば、メールの返事を書くのが仕事の大半を占めるのであれば、なるべく短い間隔でメールチェックすべきでしょう。逆に、メールは添付ファイルを送りたいときにしか使わず、コミュニケーション手段は大半が電話という仕事なら、1日1回から2回でも十分でしょう。

多くの人はその中間にいるはずですが、そういう場合に問題となってくるのがメールチェックの頻度です。「相手からメールが届いたら、なるべく早めに返信すべき」という考え方にも一理あります。お客様や取引先からの問い合わせには、一刻も早く返信することが機会損失を防ぎ、スムーズな業務遂行に役立つと考えるなら、メールチェックの間隔を短くし、メールを受信したらWindowsの通知機能をオンにすべきです。

ただ、メール返信以外の仕事の効率を上げたいときには、頻繁なメールチェックは逆効果です。作業時間が細切れになることで思考が分断され、まとまった結果を出しにくくなってしまいます。特に、企画を考えたり、文章を書いたりするクリエイティブな作業に、中断は禁忌です。アウトルック自体をいったん終了させるくらい、メールから意識を遠ざけたほうがいいでしょう。

ここでは、そこまでメールを遠ざけるのではなく、数十分から数時間程度のインターバルでメールチェックする必要がある場合の設定方法を紹介していきます。

● オプション画面を表示する

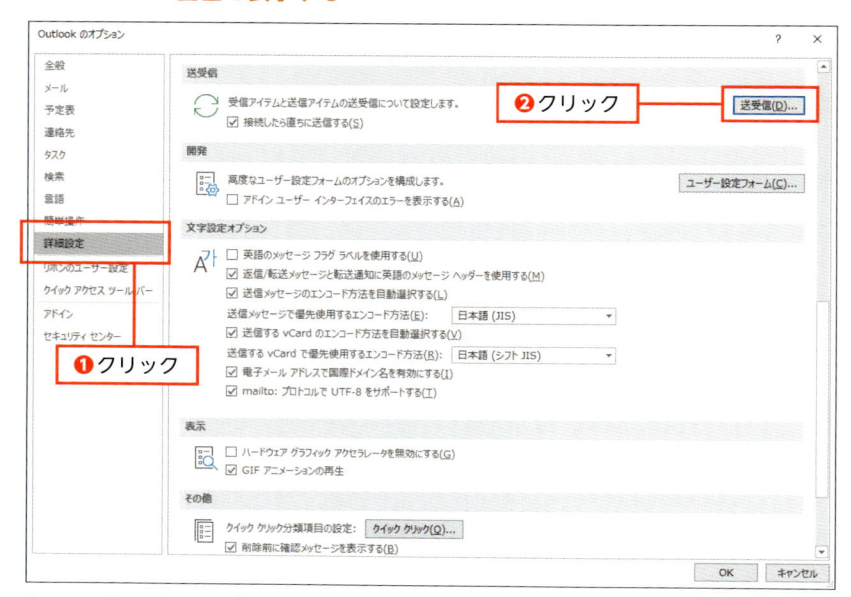

[ファイル]タブ→[オプション]をクリックし、[Outlookのオプション]ダイアログで[詳細設定]をクリック（❶）。次に[送受信]をクリックする（❷）

● 受信操作をおこなう間隔を設定する

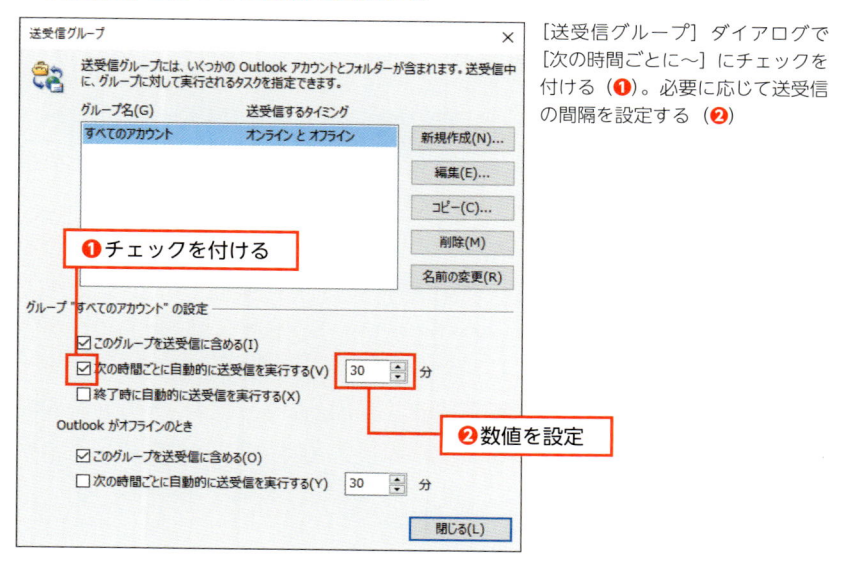

[送受信グループ]ダイアログで[次の時間ごとに～]にチェックを付ける（❶）。必要に応じて送受信の間隔を設定する（❷）

● 受信メールの通知を設定する

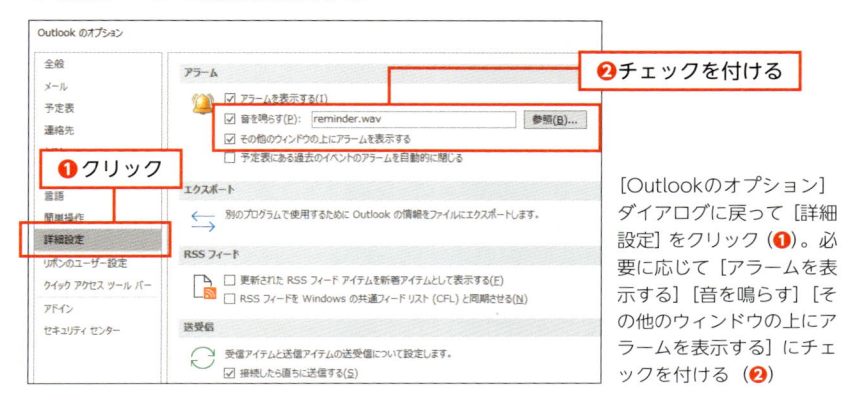

❷チェックを付ける

[Outlookのオプション]
ダイアログに戻って[詳細
設定]をクリック（❶）。必
要に応じて[アラームを表
示する][音を鳴らす][そ
の他のウィンドウの上にア
ラームを表示する]にチェ
ックを付ける（❷）

❶クリック

 COLUMN
通知が表示されないときはWindowsの設定を確認する

　アウトルック上で設定しても通知が表示されないときは、Windowsの設定
を見直してみます。[設定]アプリの[システム]→[通知とアクション]をク
リックし（❶）、[アプリやその他の送信者からの通知を取得する]をオンにし
ます（❷）。そして、その下の[送信元ごとの通知の受信設定]で[Outlook]
をオンにすれば（❸）、通知が表示されるはずです。

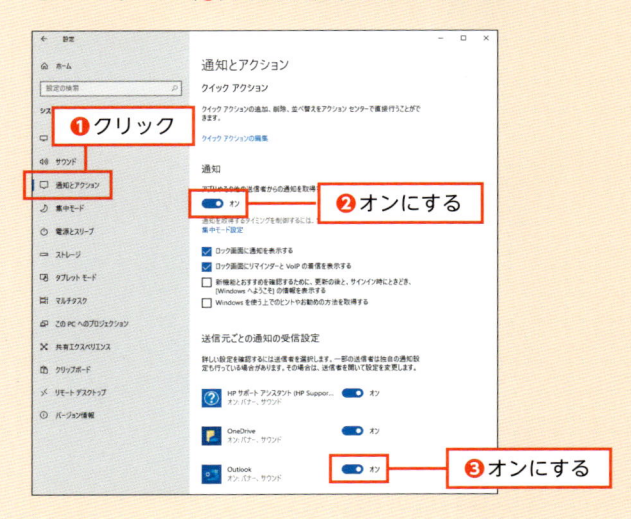

❶クリック

❷オンにする

❸オンにする

2 — ③

時短 10分

フラグをメール管理に活用する

メールにフラグを立てると、旗のアイコンが表示されます。ただ、受信トレイのメールが増えてくると、フラグを立てたメールに気づかない恐れが出てきます。これを避けるにはどうすればよいでしょうか。

✉ タスク管理機能を利用する

フラグを立てたメールが受信トレイの見える部分から押し出されてしまった場合、いちいちスクロールしてフラグの立ったメールを探していては時間のムダです。**フラグを立てたメールは、アウトルック上ではタスクに登録されるので、タスク管理機能を使ってまとめて表示するのが便利です。**

● ［ToDoバー］から［タスク］を選択する

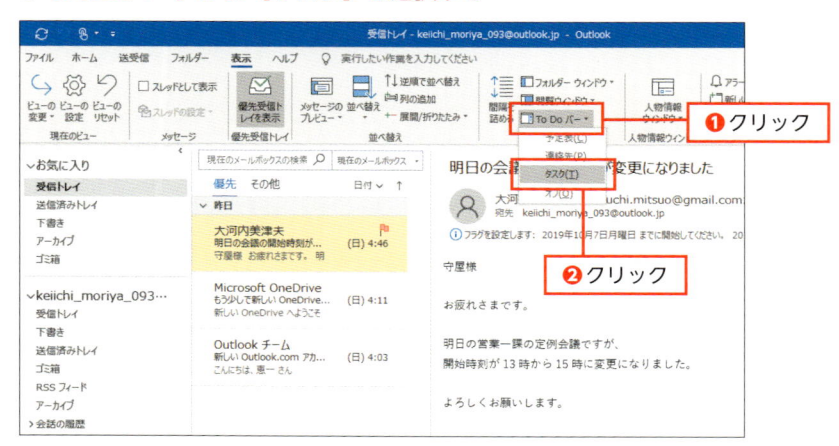

［表示］タブの［ToDoバー］をクリックして（❶）、［タスク］をクリックする（❷）

● タスク画面が表示された

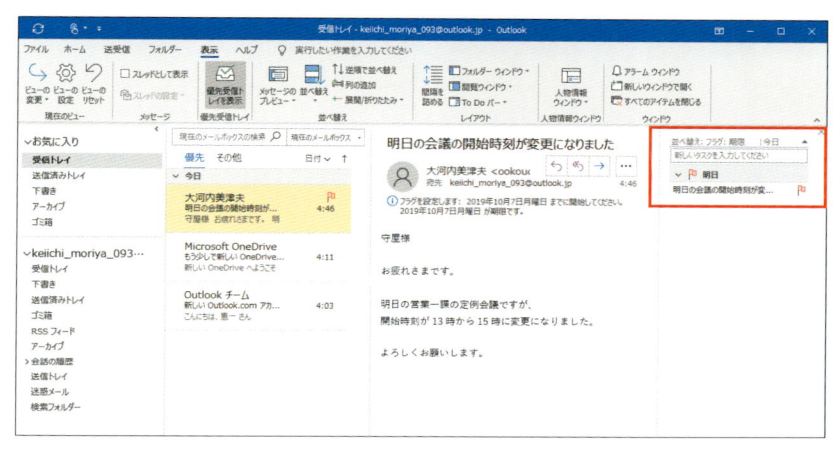

タスク画面にメールのタイトルが表示される。タイトルをダブルクリックすれば、フラグを立てたメールが表示される

● 閲覧ウィンドウをオフにすると広く使える

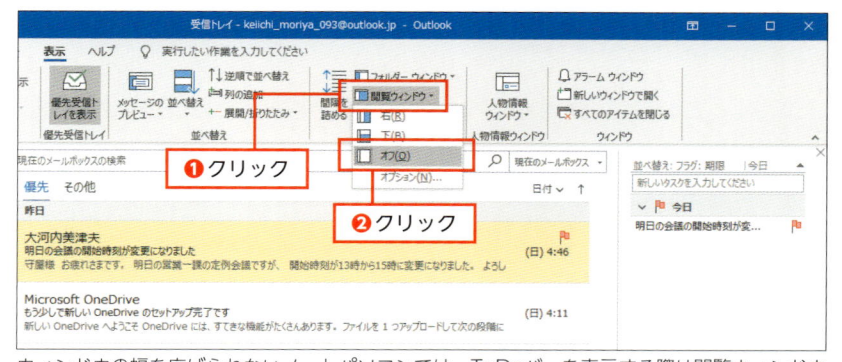

ウィンドウの幅を広げられないノートパソコンでは、ToDoバーを表示する際は閲覧ウィンドウを非表示にするのがいい。[表示] タブの [閲覧ウィンドウ] をクリックし (❶)、[オフ] をクリックする (❷)

Point　閲覧ウィンドウが非表示の場合、メッセージ一覧でダブルクリックするとメール内容が表示されます。このとき、カーソルキーの上下で表示したいメールを選択し、[Enter] を押せばメール内容が表示され、[Esc] で非表示にできます。ここでの操作のショートカットキーは、覚えておくと作業時間が大きく節約できます。

時短
10分

フォルダー分けは最小限にとどめる

従来のメールアプリに慣れた人だと、メールの整理といえば、フォルダーに分けることだと思うかもしれません。しかし、もはやフォルダー分けは"賞味期限"の切れた、時代遅れの思想でしかないのです。

✉ 似て非なる「タグ」と「フォルダー」

　1箇所に多くのアイテムを保存すると、必要なものを探すのに時間がかかってしまいます。そのため、「ファイルはフォルダーに入れて整理すること」がパソコンの常識でした。今でも、正しくフォルダー分けしておかないと、目的のファイルが見つけられないケースが少なくありません。これはメールでも同じだと思う人が多いでしょう。

　しかし、フォルダー分けをやりすぎると、かえってメールを見つけられない原因となってしまいます。なぜなら、特定のフォルダーにあるメールを保存すると、検索機能を使わない限り、そのメールを見つけるためには保存先のフォルダーを選び出して開く必要があります。つまり、**「どのフォルダーに分類したか忘れた」「誤って別のフォルダーに分類した」などのケースでは、フォルダーを探して目的のメールにたどり着くための手間が大幅に増えてしまうのです。**

　この問題を解決してくれるのが「タグ」です。Gmailでは「ラベル」と呼びます。タグはそもそも「荷札」という意味で、1つのアイテムに対して複数のタグを付けることができます。ここがフォルダーとの最大の違いです。つまり、あるメールにタグを2つ以上付けると、どちらのタグからでもそのメールを表示することができます。また、場合によっては、タグを階層構造にすることも可能です。

　ただ、残念なことにアウトルックではタグが実装されていません。代わりに「検索フォルダー」を使うと、似たような分類ができます（P57参照）。

● 似て非なる「タグ」と「フォルダー」

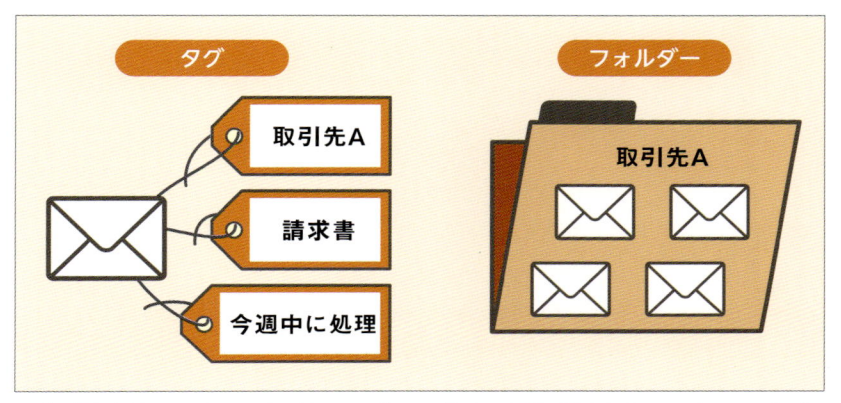

タグは好きな切り口からメールに付けて、どのタグからでも引っ張り出せる。一方、フォルダーは中の見えない鍋の中にメールが入っているイメージ。開いてみるまでわからない

 ATTENTION !

アウトルックでまったくフォルダーを使わなくてもよいかといえば、そうではありません。フォルダーごとにメールが1つのファイルに保存されているため、フォルダーの中のメールが増えすぎると動作速度が低下してきます。これを防ぐにはフォルダーを分けるしかありませんが、この場合は細かく相手ごとに分けるのではなく、送受信した時期で分けるのがベターでしょう。

COLUMN
スレッドを切ると怒られる？

　スレッドについては、P18で解説しましたが、スレッドをうまく利用する際に知っておくべきポイントは、①同じテーマの話の途中では件名を変更しないことと、②テーマが変われば件名を変更して別のスレッドにすることです。ただし、「テーマが変わったかどうか」や「テーマが変わったらスレッドを新しくするのか」については、考え方が分かれるところです。私は以前、小分けにしたデータを送付するたびに「テーマが変わった」と判断してちょっとずつ件名を変更していたら、「スレッドがブチブチ切れてうっとうしい」と取引先に怒られたことがあります。私の環境では、同じスレッドに20通も30通も属していること自体が不便でしかないのですが、そう感じない人もいるわけです。スレッドを切る際には、相手の慣習に合わせるなど慎重になったほうがよさそうです。

2 ― 05

時短 **05**分

同じ相手からのメールを パッと一覧表示する

前節では、「アウトルックではメールのフォルダー分けをしてはいけない」と述べました。では、同じ相手から送られてきたメールをまとめて読みたいときは、どうすればよいのでしょうか。

✉ キー入力せずに検索するには

　特定の相手からのメールをまとめて読みたいとき、最初に思いつくのは検索機能の活用でしょう。メッセージ一覧の上に検索ボックスがあるので、そこに相手の名前を入力すれば検索できます。しかし、ここではもっとかんたんな方法を紹介します。

　受信メールに書かれている差出人のメールアドレスをキーにして、**同じアドレスから送られてきたメールを一瞬で探し出し、ずらりと並べてみます**。

● 右クリックから［関連アイテムの検索］

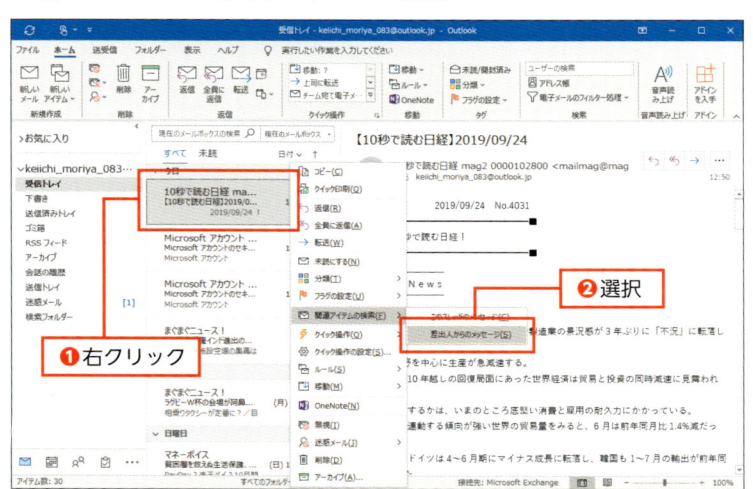

一覧でメールを右クリックし（❶）、表示されたメニューで［関連アイテムの検索］→［差出人からのメッセージ］を選択する（❶）

● 同じ差出人からのメールを一覧する

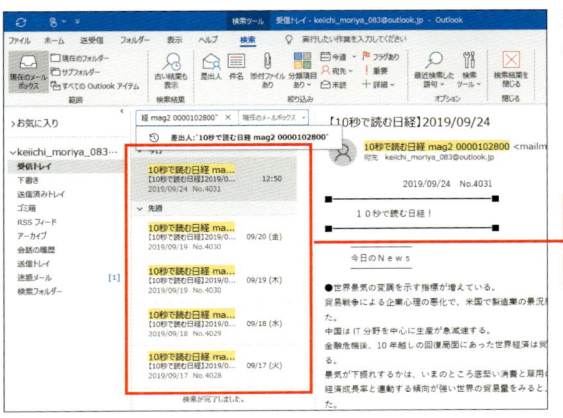

選択していたメールと同じ差出人からのメールだけが、まとめて一覧に表示される

同じ差出人からの
メールだけ
表示される

COLUMN
条件を指定してメールを並べ替える

　アウトルックのメール一覧は通常は日付の順に並んでいますが、これは変更することが可能です。一覧の右上にある［日付∨］をクリックし、表示されたメニューで［差出人］を選択すると、一覧の表示は差出人ごとにまとめた表示に切り替わります。

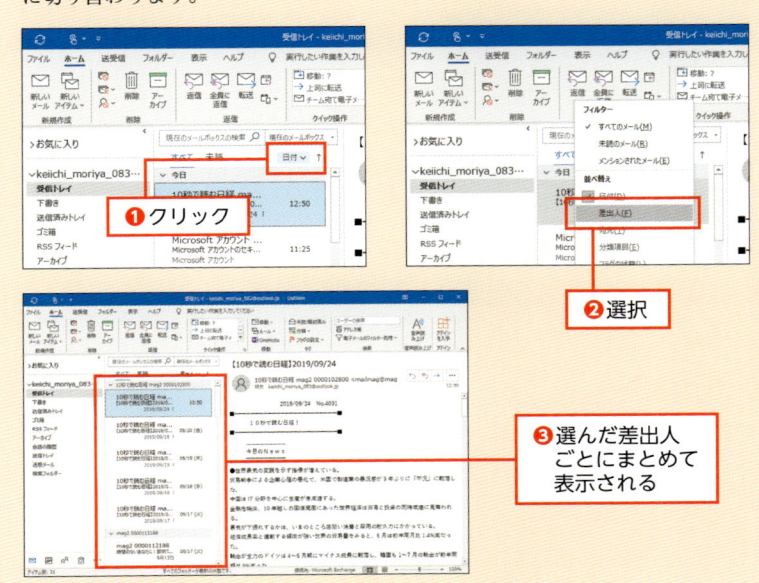

❶ クリック

❷ 選択

❸ 選んだ差出人
ごとにまとめて
表示される

時短
20分

クイック検索でメールを
すばやく探し出す

前節で紹介したのは、特定のメールと同じ差出人からのメールを検索する方法でした。もっと柔軟に検索するには、クイック検索を利用します。

✉ メール全体に対してキーワード検索をおこなう

アウトルックにはいくつかの検索方法が用意されていますが、最も利用する機会の多いのは、ここで紹介するクイック検索でしょう。**クイック検索では、入力したキーワードがメールのどこにあってもヒットします**。たとえば、キーワードが本文にあるのか、ヘッダー（差出人やメールの件名など）にあるのかを区別しません。

また、クイック検索では、キーワードの一部が含まれるだけでヒットします。つまり、「田中一郎」でクイック検索すると、「田中」または「一郎」しか含まれていないメールもヒットします。一般的に複数の文字列を入力すると、いずれかが含まれるメールがヒットするため、むしろ「田中」だけで検索したほうが検索件数が少なくなる場合が多いでしょう。検索エンジンのつもりで多くの文字列を指定すると、ヒットするメールが多すぎて検索の意味がなくなってしまいます。もっと確実に絞り込みたいときは、2-07節のもっと高度な検索方法を参照してください。

● 検索ボックスにキーワードを入力

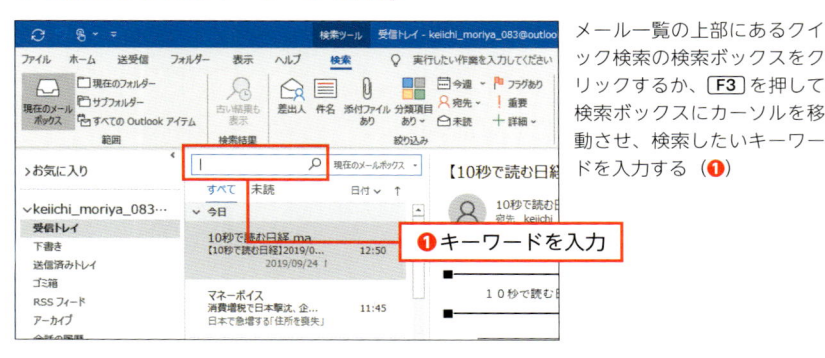

メール一覧の上部にあるクイック検索の検索ボックスをクリックするか、F3 を押して検索ボックスにカーソルを移動させ、検索したいキーワードを入力する（❶）

❶キーワードを入力

● キーワードを含むメールを確認する

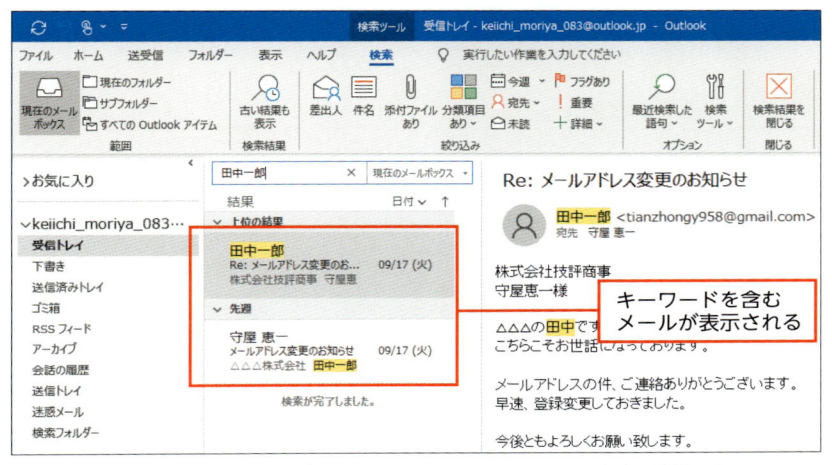

入力したキーワードを含むメールが一覧に表示され、クリックすると内容を確認できる

COLUMN

検索対象の範囲を変更する

　クイック検索で検索される範囲は［現在のメールボックス］に初期設定され
ているので、通常は受信トレイの中のメールが検索されます。ほかのアカウン
トや特定のフォルダーの中を検索したい場合は、検索ボックスをクリックして
選択してから検索しましょう。また、フォルダー内のフォルダーやアウトルッ
ク全体を検索したい場合は、クイック検索の右側のメニューで［サブフォルダ
ー］や［すべてのOutlookアイテム］を選択します。

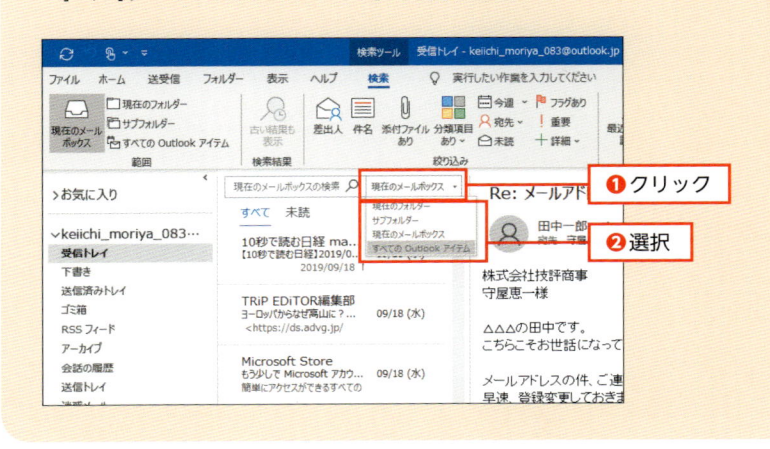

2 — 07

時短 40分

詳細な条件の組み合わせでもっと手早く検索したい

これまでに紹介した検索方法よりもっと精度の高い方法で検索したいときは、ここで紹介するやり方で検索してみてください。差出人の名前のみ、件名のみ、添付ファイルの有無などの条件で検索結果を絞り込めます。

✉ 3つの高度な検索方法を使い分ける

クイック検索よりもっと精度の高い検索を実行したい場合、3つの方法があります。**1つ目はリボンを利用する方法です。** 検索ボックスをクリックすると、[検索] タブが表示されるので、そこに表示された条件を追加して絞り込んでいきます。

● 検索ツールの機能で絞り込む

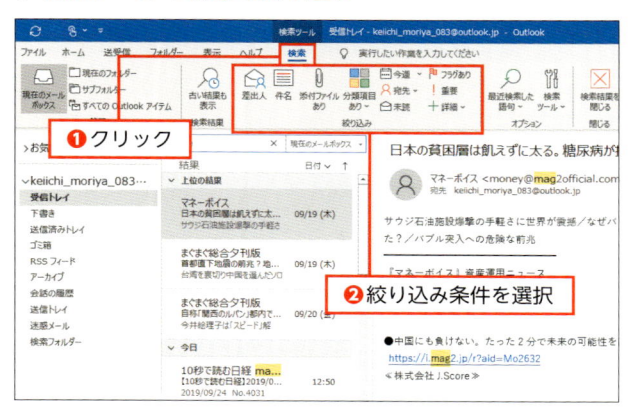

クイック検索の実行中に表示される [検索ツール] の [検索] タブをクリックすると（❶）、[絞り込み] グループの各種アイコンを使って検索条件を設定できる（❷）

Point

本節では3つの高度な検索方法を紹介しますが、上で紹介したリボンを使う方法が最も汎用性が高いといえます。P55の演算子を使う方法は、キーボード入力だけで検索できて高速です。P56の [高度な検索] は検索方法が「高度」であるというよりは、タブやチェックボックスを操作するなど、操作方法が「高度」だと考えるべきです。

2つ目は、検索ボックスに入力するキーワードに演算子（ここでは検索範囲を絞り込むための文字列・記号のこと）を付けて、メールのどこを検索するかを指定する方法です。複雑な検索には向きませんが、差出人の名前や件名に含まれるキーワードを指定する程度なら、十分覚えて使いこなせるでしょう。

● 演算子を入力して検索する

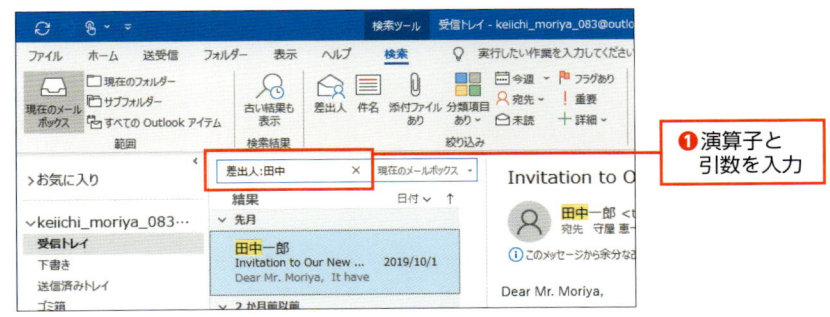

❶演算子と引数を入力

クイック検索の検索ボックスでは、キーボードから手動で演算子を入力して検索することも可能だ（❶）。検索ボックスにカーソルを移動するには、`Ctrl` + `E` または `F3` を押す

● 検索に使えるおもな演算子

演算子	検索対象
差出人	差出人の名前やメールアドレスで検索
件名	件名で検索
宛先	宛先の名前やメールアドレスで検索
添付ファイルの有無	はい　添付ファイルがあるメールを検索
受信日時	昨日　昨日受信したメールを検索（ほかに「今日」「先週」などが使用可能）
本文	本文のキーワードで検索

演算子の引数（パラメータ）で入力するキーワードをダブルクォーテーションでくくって「"○○○"」のように記述すると、完全一致するものを検索できる。また、複数の演算子や引数を「AND」「OR」「NOT」と組み合わせて入力し、「かつ」「または」「を除く」のような設定の検索も可能だ。

 **Point**

演算子を使った検索では、複数の演算子を入力すると、両方に当てはまるメールのみヒットされます。演算子なしで、キーワードのみ入力した場合と動作が異なることに注意します。

3つ目は、[高度な検索]ダイアログを使って、演算子と同様の絞り込みをおこなう方法です。検索ボックスに演算子を直接入力したほうが手早く検索できますが、フラグや開封状況など細かい条件で絞り込みたいときには[高度な検索]に頼ってもいいでしょう。

● 演算子を覚えるのが面倒なら「高度な検索」を使う

[検索ツール]の[検索]タブの[オプション]グループで[検索ツール]をクリックし、表示されたメニューで[高度な検索]を選択すると、このダイアログが表示される

　[高度な検索]ダイアログを利用すれば、演算子を使わなくても複数の条件を組み合わせた詳細な設定で検索することができます。ただし、[検索する文字列]にキーワードをスペースで区切って並べると、AND検索でもOR検索でもない検索が実行されるなど、独特のクセがあります。

ATTENTION !

アウトルックの検索機能は、残念ながら、あまり出来がいいとはいえません。キーワードが1つならまだ信頼できますが、複数になると、ちょっと条件を変えただけでヒットすべきメールがヒットしないことがあります。後述する検索フォルダーやフラグ、分類項目を併用することを強くおすすめします。

時短 60分

「検索フォルダー」は活用必須の便利テク

検索に関する機能で、ぜひとも使いこなして欲しいのが「検索フォルダー」です。この機能を使えば、大量のメールの中から目的のものを手軽に抽出して表示することが可能です。

✉ 頻繁に使う検索条件は検索フォルダーに登録する

特定の相手とのやりとりをまとめて表示したいとき、いちいち検索するのは時間のムダです。**頻繁にやりとりする相手とのメールは、検索フォルダー機能を使って、ワンクリックで抽出・表示できるようにしておきましょう。**

検索フォルダーは、あらかじめ指定した条件に適合したメールをあたかもフォルダーに分けたかのようにまとめて表示できる機能です。フォルダー分けと異なり、1通のメールが複数の検索フォルダーに属することも可能なので、機能的にはタグと似ているといえます。

検索フォルダーで設定できる条件は、特定の相手とのやりとりや、添付ファイルがあるメールなどさまざまです。2-07節で紹介した［高度な検索］の結果を検索フォルダーで指定することも可能ですが、便利な場面は限られるでしょう。

● 新しい検索フォルダーを作成する

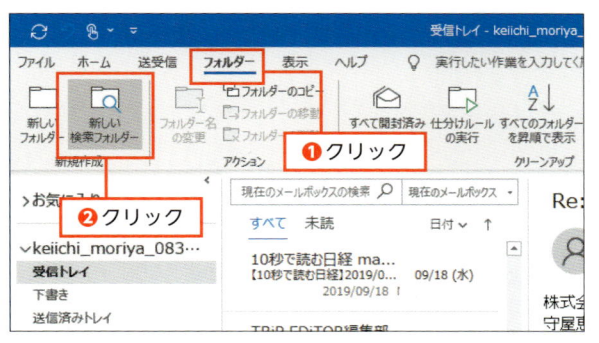

［フォルダー］タブをクリックしてリボンの表示を切り替え（❶）、［新規作成］グループの［新しい検索フォルダー］をクリックする（❷）

● フォルダーの検索条件を選択する

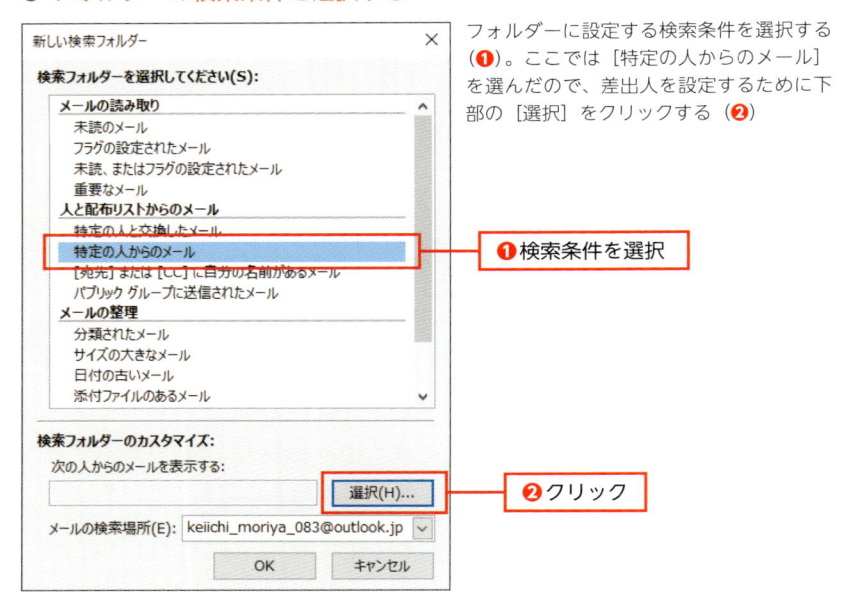

フォルダーに設定する検索条件を選択する（❶）。ここでは［特定の人からのメール］を選んだので、差出人を設定するために下部の［選択］をクリックする（❷）

❶検索条件を選択

❷クリック

● 検索条件の引数となる差出人を選択する

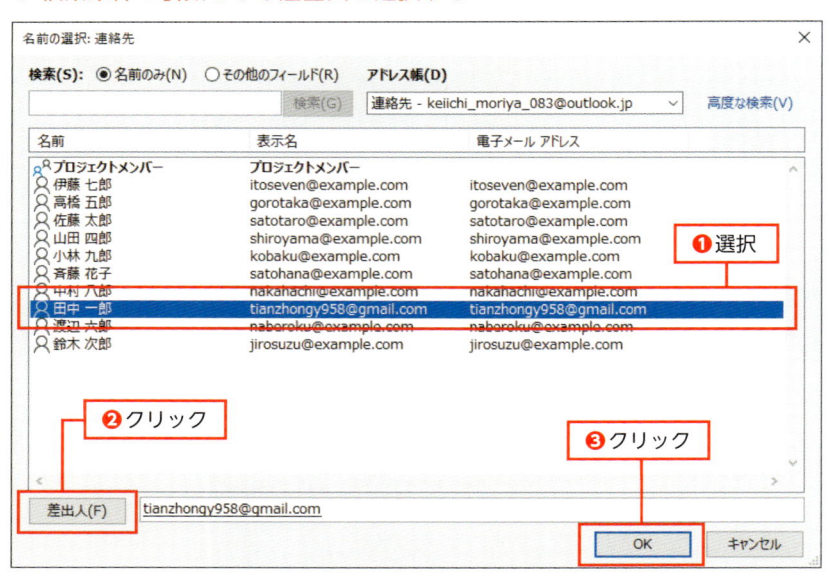

❶選択

❷クリック

❸クリック

［名前の選択］ダイアログで差出人を選択し（❶）、左下の［差出人］をクリックしてから（❷）、［OK］をクリックする（❸）。ここで複数の差出人を設定することも可能だ

● 検索条件を設定したフォルダーを保存する

[新しい検索フォルダー] ダイアログに戻ったら、[OK] をクリックする（❶）

● 検索フォルダーの名前を変更する

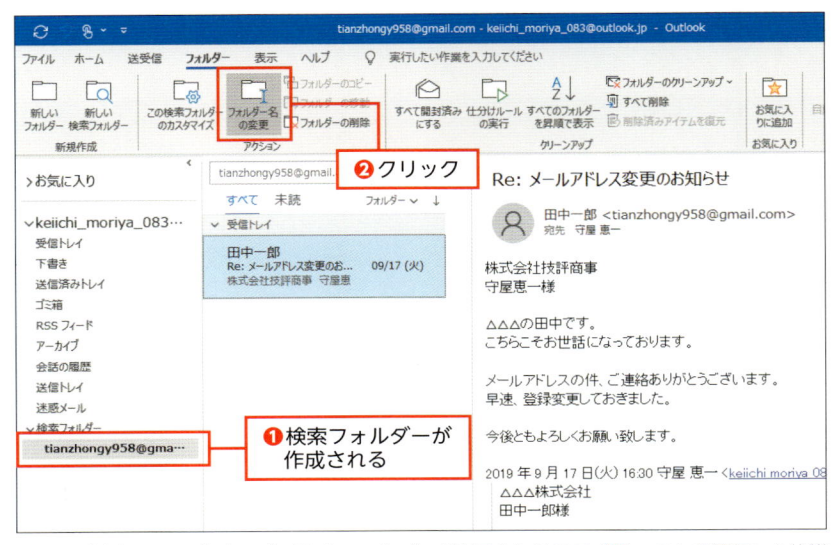

左側の [検索フォルダー] に作成したフォルダーが表示されるので（❶）、これを選択した状態で [フォルダー] タブの [アクション] グループにある [フォルダー名の変更] をクリックする（❷）

● 新しいフォルダー名を入力する

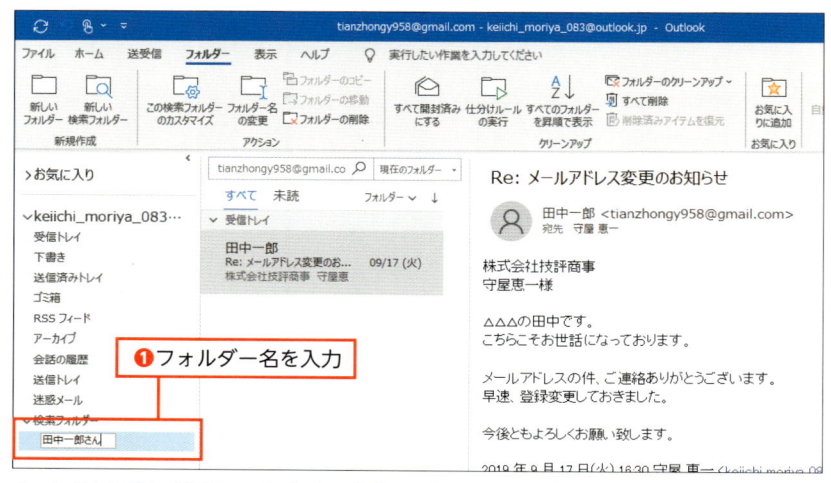

ウィンドウ左側の［検索フォルダー］の部分で、新しいフォルダー名を入力する（❶）

検索フォルダーは、そのアカウントの一番下に表示されます。目立たない場所なので、「お気に入り」に登録して一番上に表示するといいでしょう。

● 検索フォルダーをお気に入り登録する

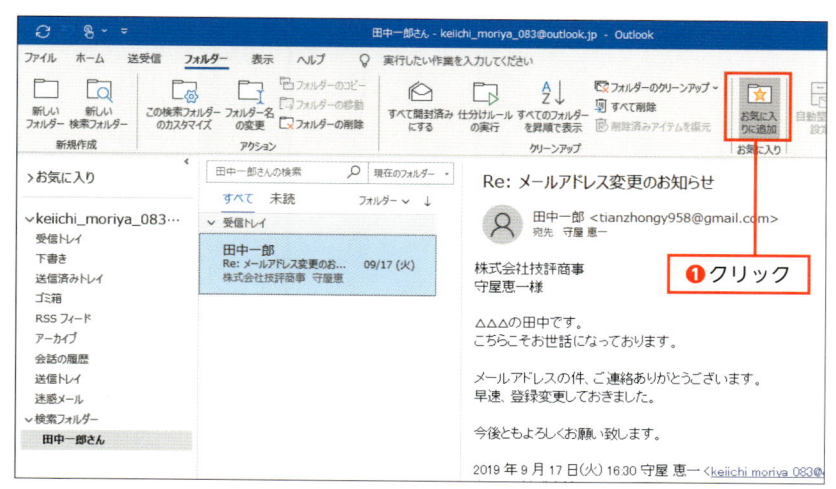

フォルダーウィンドウの上部に表示したい検索フォルダーがあれば、目的の検索フォルダーを選択した状態で、［フォルダー］タブの［お気に入りに追加］をクリックする（❶）

メールを色分けして タグ機能を実現する

アウトルックには、タグまたはラベルと呼ばれる機能はありません。しかし、ほかの機能をうまく利用すれば、タグと似たような機能を実現することは可能です。

✉ 分類項目でメールを色分けする

Gmailを使ったことがある人なら、タグ機能（名称は「ラベル」）がいかに便利か知っているでしょう。メールにいくらでも好きなだけ追加することができるだけでなく、タグ同士を階層構造にして、フォルダーを擬似的に設定することもできます。

残念ながら、アウトルックではタグ機能を実現することはできません。しかし、ほかの機能をうまく組み合わせることで、似たような結果を得ることはできます。1つは2-08節で解説した検索フォルダーですが、ここでは分類項目という機能を紹介します。

分類項目とは色付きのフラグのようなものです。1通のメールに複数追加することはできませんが、いったんメールに追加しておけば、かんたんな操作でまとめて表示可能です。

フラグや検索フォルダーとの違いも理解しておいてください。フラグは返信する必要がある重要なメールなどに追加します。また、検索フォルダーは特定の相手とのやりとりをまとめて表示するのに使うのが便利です。これに対して、分類項目は、取引先から提示された条件やECサイトからの領収書、あるいは銀行振込のお知らせなど、ずっと保存しておくべきメールの分類に使うのがいいでしょう。

✉ **A T T E N T I O N** !

分類項目を追加できるのは、Outlook.comやMicrosoft Exchangeのメールのみです。

● 分類項目の編集ダイアログを表示する

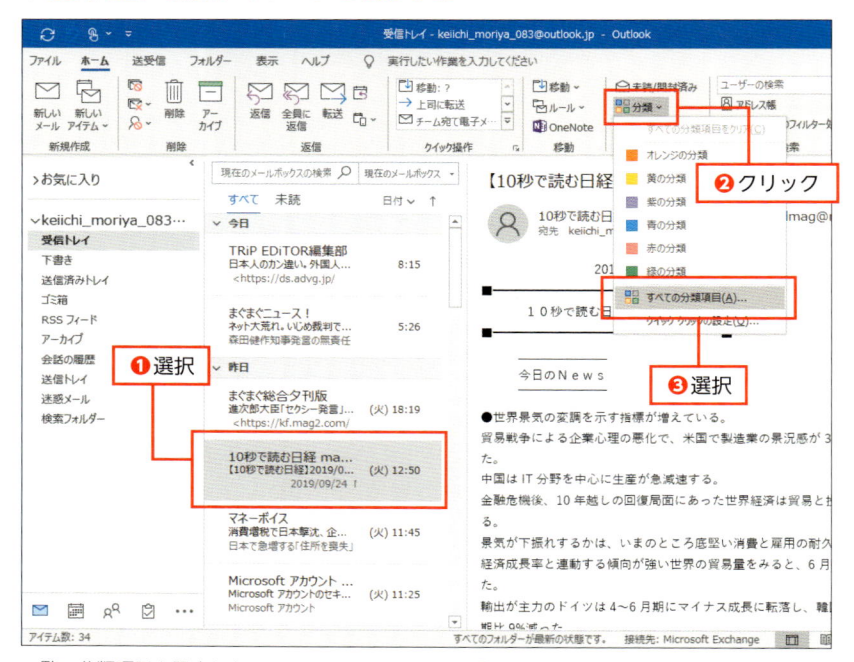

一覧で分類項目を設定したいメールを選択してから（❶）、［ホーム］タブの［タグ］グループで［分類］をクリックし（❷）、表示されるメニューで［すべての分類項目］を選択する（❸）

● 分類項目を新規作成する

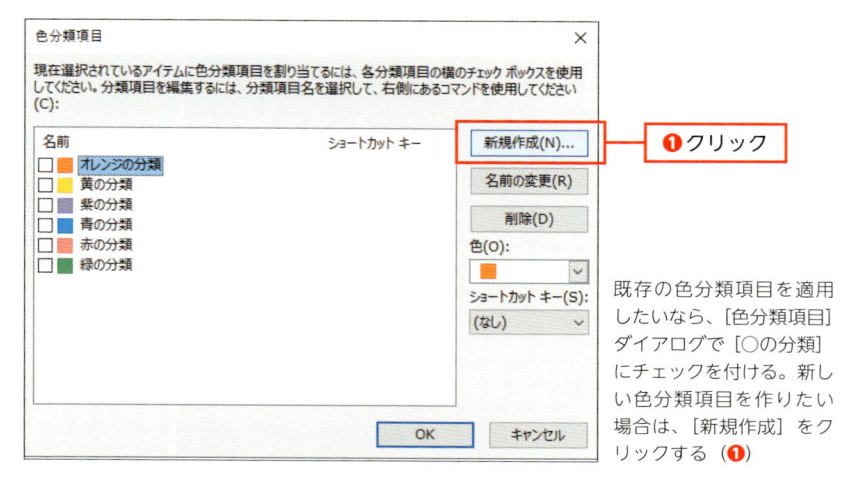

既存の色分類項目を適用したいなら、［色分類項目］ダイアログで［○の分類］にチェックを付ける。新しい色分類項目を作りたい場合は、［新規作成］をクリックする（❶）

● 新しい分類項目を追加する

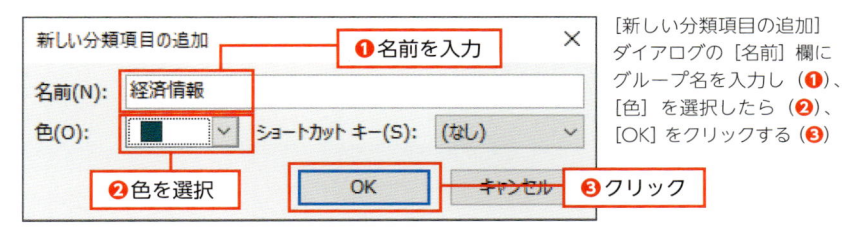

[新しい分類項目の追加] ダイアログの [名前] 欄に グループ名を入力し（❶）、 [色] を選択したら（❷）、 [OK] をクリックする（❸）

● 作成した分類項目を適用する

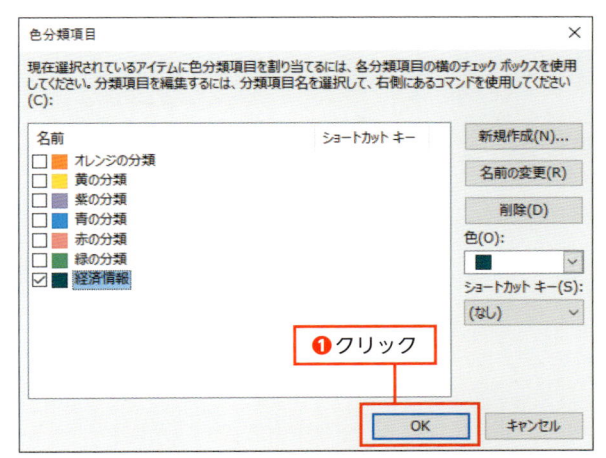

[色分類項目] ダイアログ に戻ったら、追加した分類 項目が一覧に表示され、チ ェックが付いていることを 確認してから [OK] をク リックする（❶）

● 適用した分類項目の表示を確認する

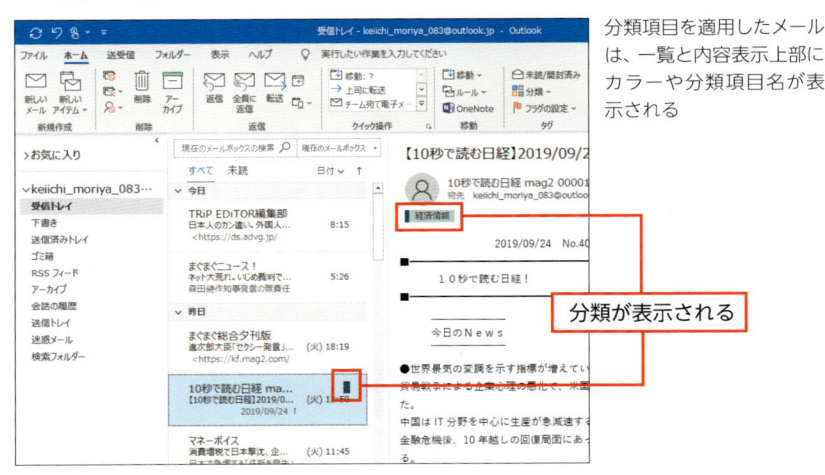

分類項目を適用したメール は、一覧と内容表示上部に カラーや分類項目名が表 示される

いったん設定が終われば、あとはリボンからの操作でメールに分類項目を追加できます。

● ほかのメールに作成済みの分類項目を設定する

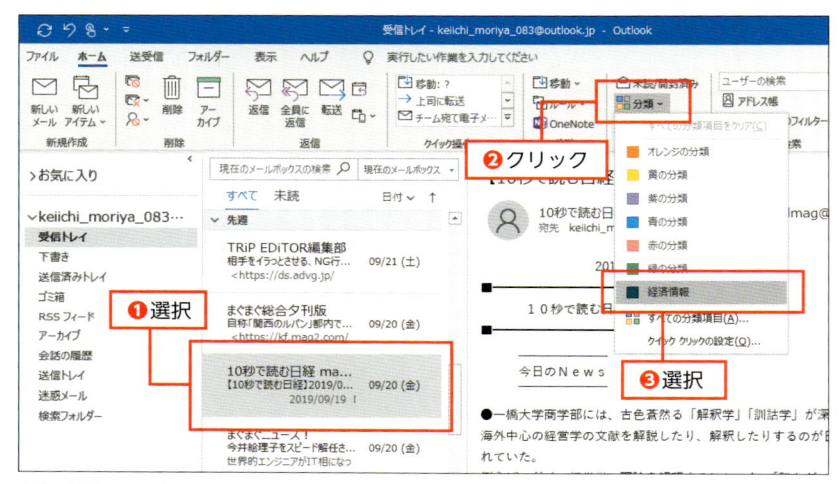

2件目以降は、一覧でメールを選択してから（❶）、［ホーム］タブの［タグ］グループで［分類］をクリックし（❷）、表示されるメニューで先ほど作成したグループ名を選択する（❸）。一覧で右クリックメニューを使っても設定できる

　メールに分類項目を設定したら、分類項目を基準に並べ替えて一覧表示してみましょう。

● 一覧の表示を分類項目別に切り替える

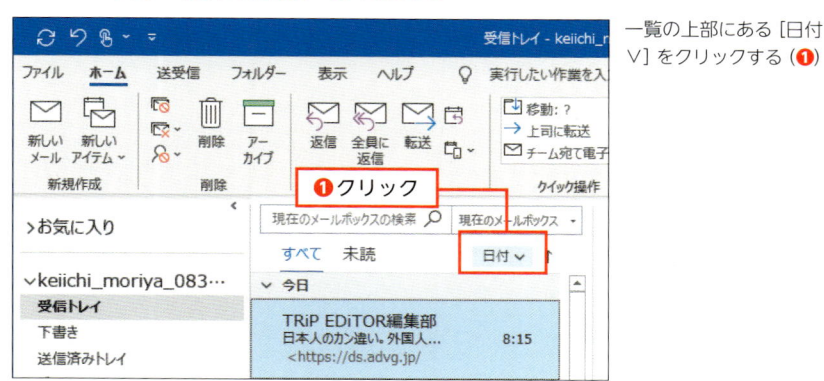

一覧の上部にある［日付∨］をクリックする（❶）

● 並べ替えの分類項目別を選択する

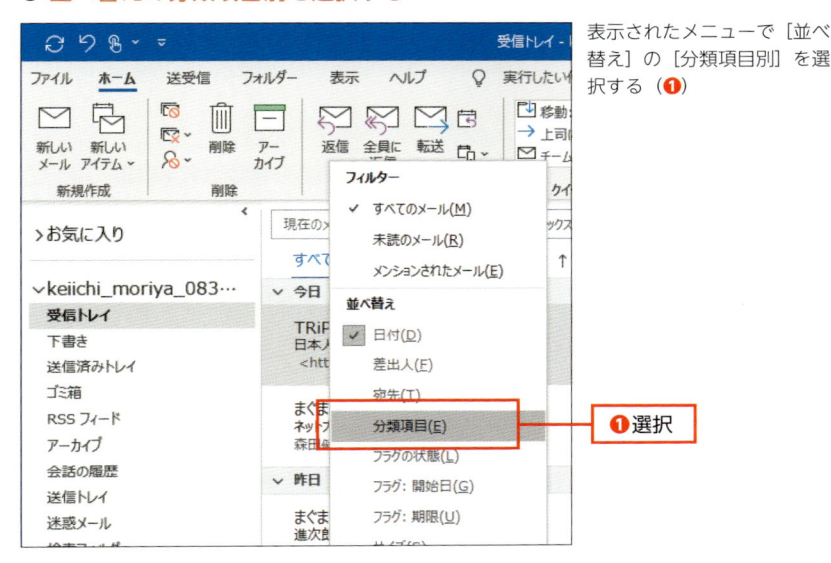

表示されたメニューで［並べ替え］の［分類項目別］を選択する（❶）

❶選択

● 分類項目ごとのメール一覧を確認する

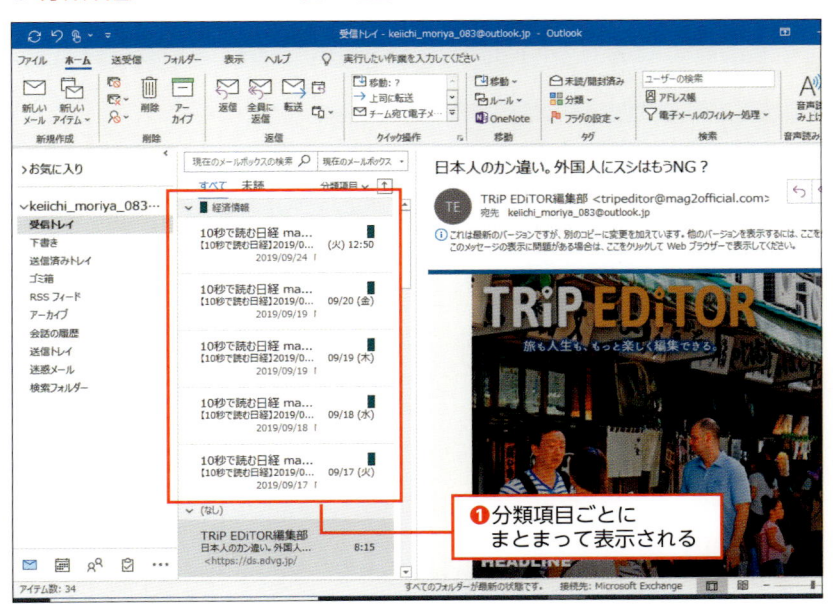

❶分類項目ごとに
まとまって表示される

一覧を［分類項目別］に切り替えると、設定されている分類項目ごとにまとまってメールのリストが表示される（❶）

メールに分類項目を追加できたら、同じ分類項目のメールを抽出して表示してみましょう。

● 分類項目で絞り込み検索する

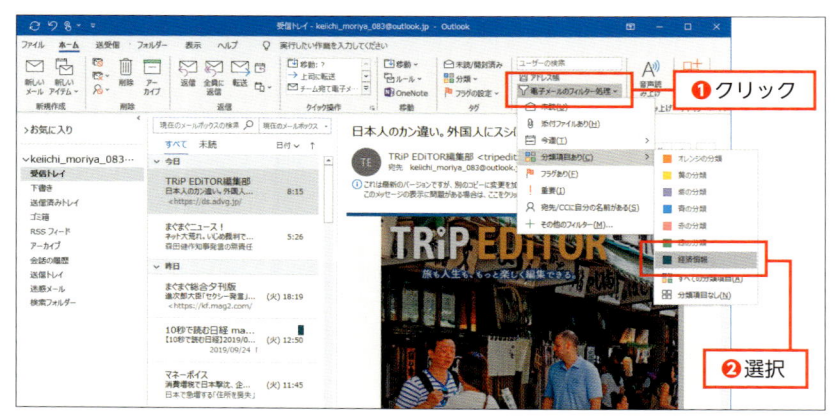

[ホーム] タブの [検索] グループで [電子メールのフィルター処理] をクリックし（❶）、表示されたメニューで [分類項目あり] のサブメニューから目的の分類項目を選択する（❷）

● 分類項目で絞り込まれた一覧を確認する

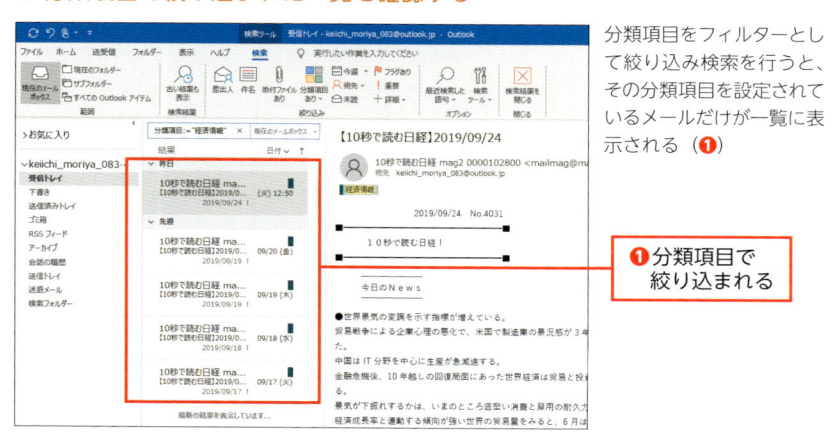

分類項目をフィルターとして絞り込み検索を行うと、その分類項目を設定されているメールだけが一覧に表示される（❶）

　「分類項目は便利そうだが、いちいちメールに追加するのは不便だ」と思った人もいるかもしれません。次節では、特定の条件に適合したメールに自動的に分類項目を追加する手順を解説します。

2－⑩

時短 **30**分

仕分けルールでメールを自動的に処理する

さまざまなメールの整理方法がアウトルックには用意されていますが、手動でやっていたのでは効果が半減してしまいます。自動的に整理するための仕分けルールを使いこなすようにしましょう。

✉ メール整理の労力を減らす

　時短術の極意の1つは「自動化」です。できるだけ手を動かさず、アプリに自動処理させるように心がけます。メールの整理方法をここまでいくつか紹介してきましたが、**特定の条件に当てはまるメールは、自動的に整理されるように設定します**。そこで役に立つのが、仕分けルールです。

　たとえば、件名に特定の文字列が含まれている場合、特定のフォルダーに移動したり、分類項目を割り当てたり、通知を表示したりできます。まずは、フォルダーにメールを移動するルールを作ってみます。

● フォルダーへ移動するルールをかんたんに作る

自動処理したい差出人のメールを一覧で選択してから（❶）、［ホーム］タブで［移動］グループの［ルール］をクリックし（❷）、［次の差出人からのメッセージを常に移動する］を選択する（❸）

● 移動先のフォルダーを指定する

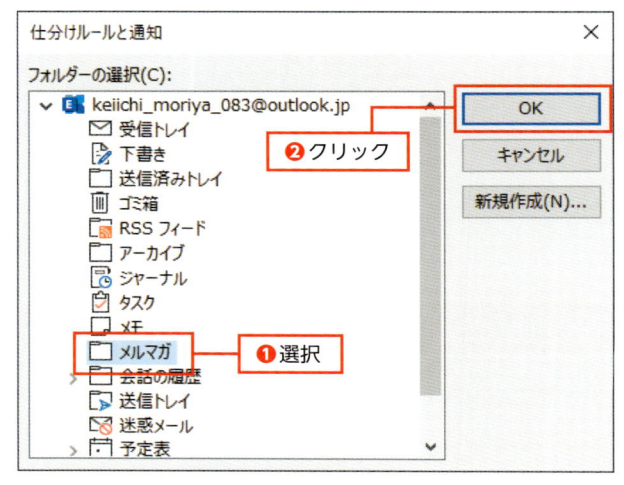

［仕分けルールと通知］ダイアログで移動先のフォルダーを選択し（❶）、［OK］をクリックする（❷）。［新規作成］をクリックすれば、この画面で新しいフォルダーを作ることもできる

● 移動先のフォルダーの内容を確認する

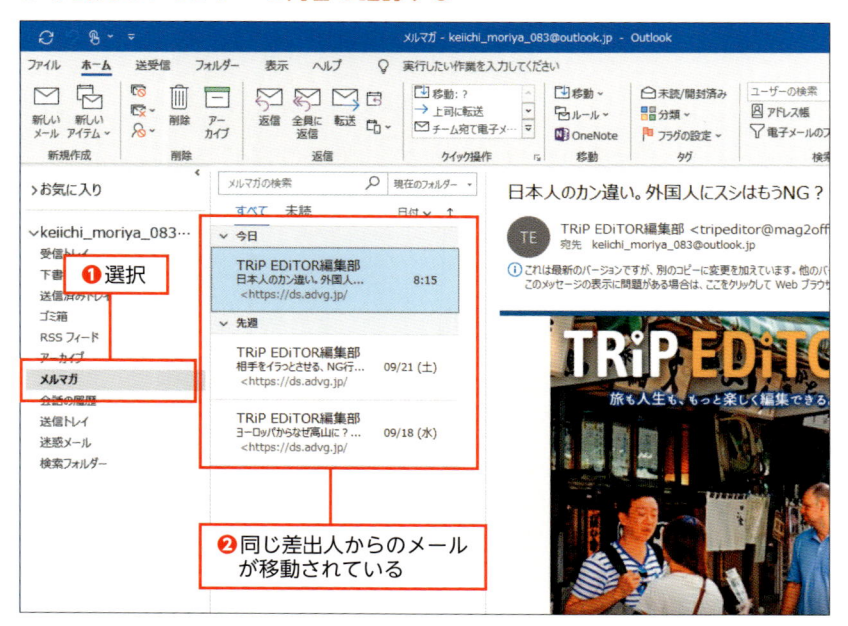

ウィンドウの左側で移動先のフォルダをクリックして選択すると（❶）、一覧に同じ差出人からのメールが集められている（❷）

ルールは自作することも可能です。件名に特定の文字列が含まれているとき、通知を表示したうえで、分類項目を割り当てるルールを作ってみましょう。

● オリジナルの仕分けルールを作成する

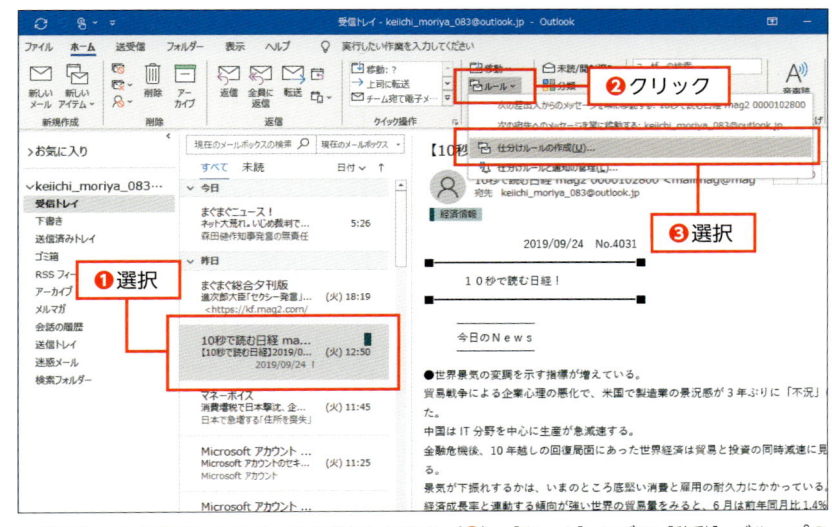

一覧でルールを適用したいメールを選択してから（❶）、［ホーム］タブで［移動］グループの［ルール］をクリックし（❷）、［仕分けルールの作成］を選択する（❸）

● 条件と処理の概要を設定する

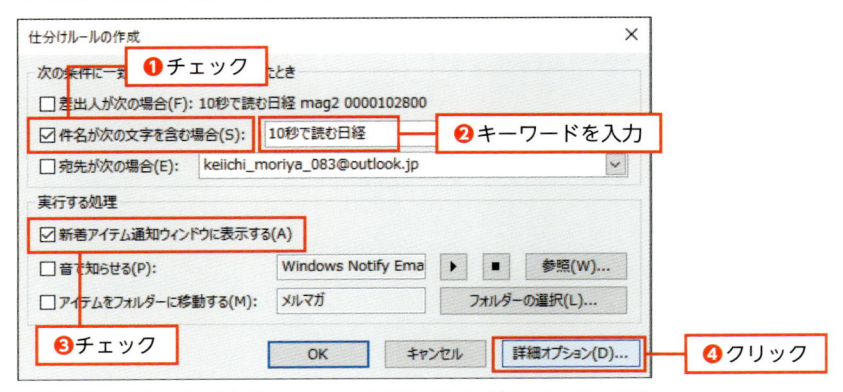

［件名が次の文字を含む場合］にチェックを付けてから（❶）、キーワードを入力する（❷）。［新着アイテム通知ウィンドウに表示するにチェックを付けてから（❸）、［詳細オプション］をクリックする（❹）

● 設定済みの条件を確認する

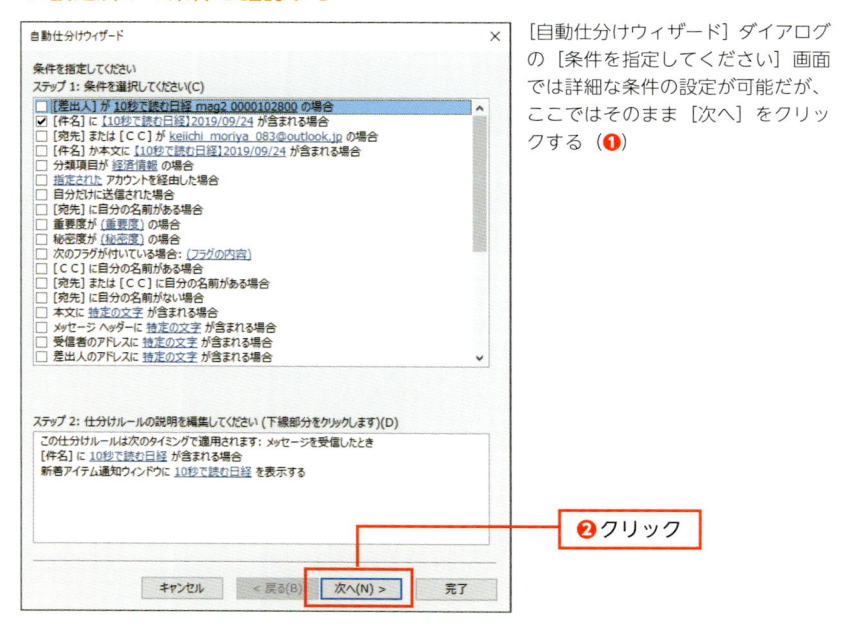

［自動仕分けウィザード］ダイアログの［条件を指定してください］画面では詳細な条件の設定が可能だが、ここではそのまま［次へ］をクリックする（❶）

● 分類項目を自動設定する処理を追加する

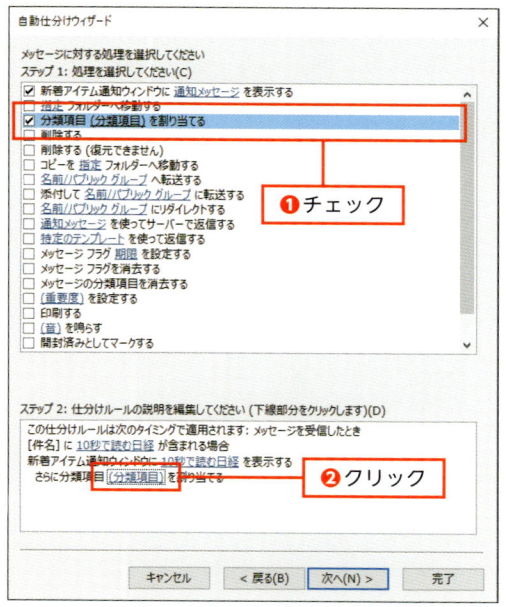

［メッセージに対する処理を選択してください］画面では［ステップ1］の［分類項目（分類項目）を割り当てる］にチェックを付けてから（❶）、［ステップ2］の［分類項目］の部分をクリックする（❷）

● 割り当てる分類項目の種類を選択する

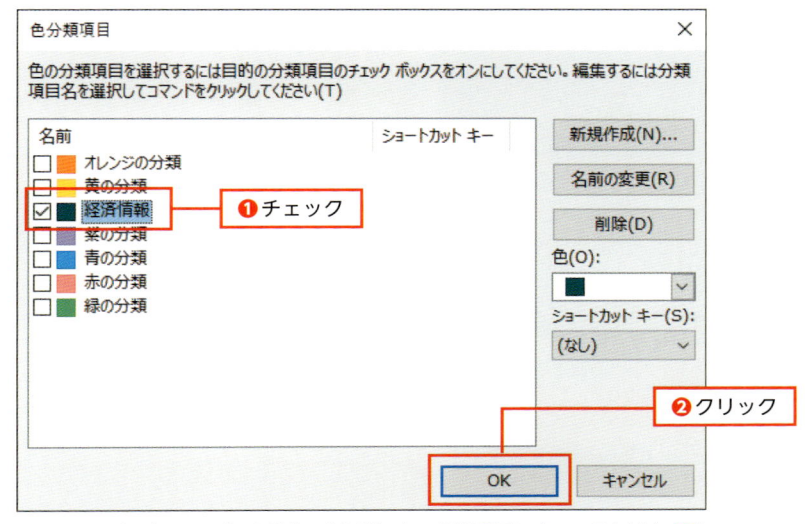

[色分類項目] ダイアログで自動的に割り当てたい分類項目にチェックを付け（❶）、
[OK] をクリックする（❷）

● 割り当てた分類項目を確認する

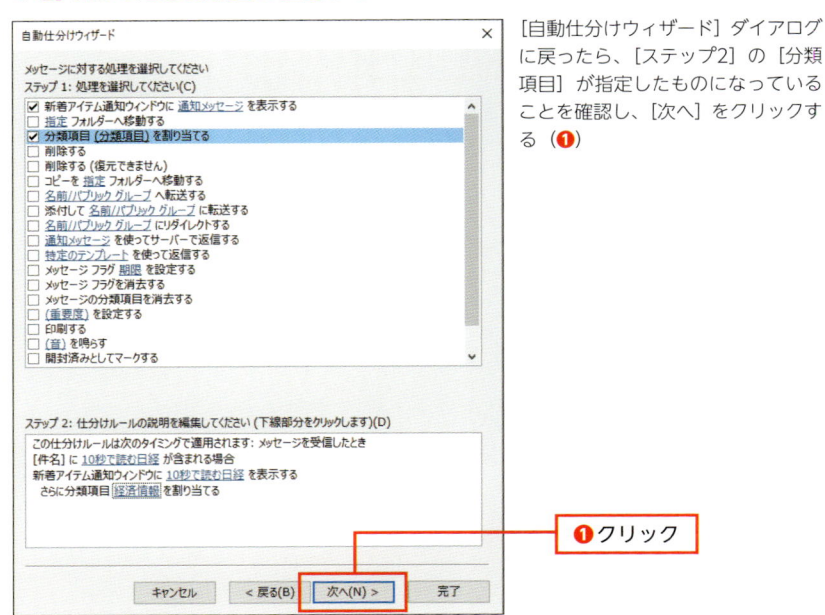

[自動仕分けウィザード] ダイアログに戻ったら、[ステップ2] の [分類項目] が指定したものになっていることを確認し、[次へ] をクリックする（❶）

● 例外条件を選択する

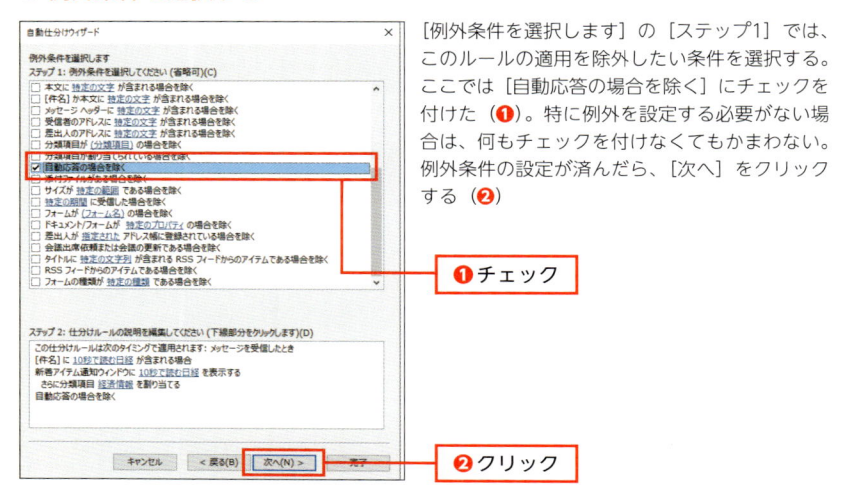

[例外条件を選択します]の[ステップ1]では、このルールの適用を除外したい条件を選択する。ここでは[自動応答の場合を除く]にチェックを付けた（❶）。特に例外を設定する必要がない場合は、何もチェックを付けなくてもかまわない。例外条件の設定が済んだら、[次へ]をクリックする（❷）

● 名前を付けてルールを適用する

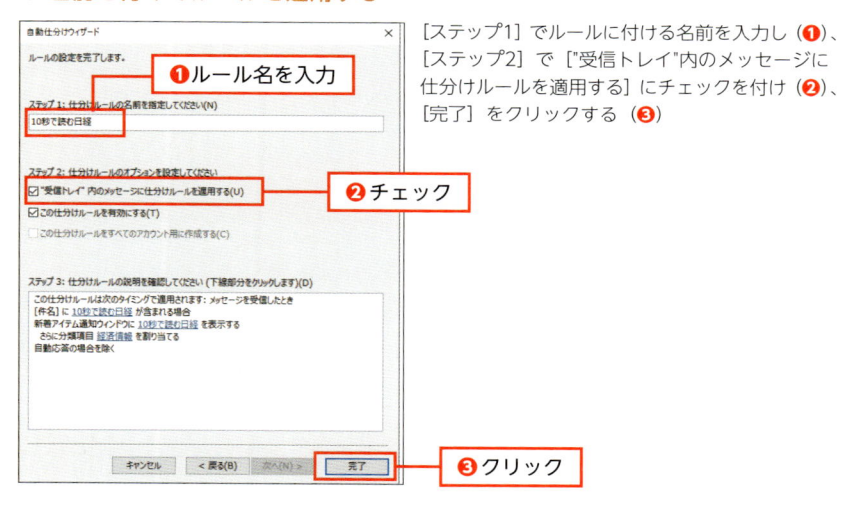

[ステップ1]でルールに付ける名前を入力し（❶）、[ステップ2]で["受信トレイ"内のメッセージに仕分けルールを適用する]にチェックを付け（❷）、[完了]をクリックする（❸）

● 注意事項を確認して仕分けルールを実行

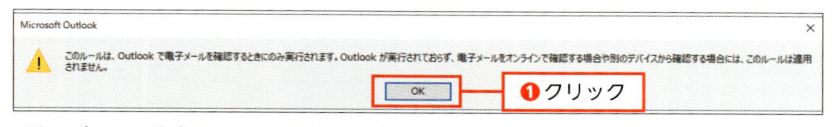

注意のダイアログが表示されるので内容を確認し、[OK]をクリックする（❶）

第 3 章

メール仕事に関わるミスを
ゼロにする

メールは、ミスを生じやすいツールです。なぜでしょうか。個人で
カジュアルに使える反面、電話のようなインタラクティブ性がなく、
一方的にデータを送りつけるため、送信前によほどしっかりチェッ
クしなければミスが生じてしまいます。また、やり直しが効きにく
く、いったん送信したものを修正することはほぼ不可能なのも、メー
ルのミスを誘発する原因です。

とはいえ、よほど先進的な企業でなければ、メールを完全に使わず
に済ませることはできません。であれば、メールの問題点を知った
うえで対処方法を講じることで、ミスをできるだけ減らすようにし
ましょう。

メールのミスには、宛先がまちがっていたり、ファイルが添付され
ていなかったりといったミスと、受信したメールの処理漏れという
ミスの2種類があります。本章では、この2つをなくすための手法を
いろいろと紹介していきます。

時短
05分

メールの致命的ミスはこれだけある!

メールをうまく使うことで、業務の大幅な時短が可能になります。しかし、電話や郵便といったアナログな通信手段とは異なるミスが起こりがちです。ここでは、まずメールに関する重大なミスを押さえておきましょう。

✉ まずメールの特質を知っておく

今や多くの業務がメール無しには回らないといえますが、メールには電話や郵便にはない欠点がいくつかあります。**最大の欠点の1つが、送信後に取り消しができないことです**。もしメール内容がまちがっていたり、本来送信すべき相手とは異なる人に送ったりしてしまうと、基本的には関係者に謝るしかありません。

ここでは、メールを利用する際に起こりがちなミスを挙げていきます。

送信先をまちがえる

送信先のメールアドレスをいちいちキーボードから入力していると、誤って入力してしまうことがあります。それだけなら、存在しないアドレスに送信してエラーが返ってくるだけで済むかもしれないのですが、深刻な問題は、アドレスの補完機能で別人のアドレスを宛先にセットしてそのまま送ってしまうことです。たとえば、「moriya@■■.co.jp」に送信しようとしたのに「moriyama@●●.net」や「morozumi@★★.com」に送信してしまうと、大変なことになってしまいます。

これを防ぐには、**新規メールではなく、返信からメールを書き始める方法が有効です**。新規の話題であっても、以前もらったメールの返信として書き始めて、不要な部分を削除して送信するのです。面倒ですが、確実に送信ミスを防げる方法でしょう。

BCCとTOやCCを取りちがえる

　時折、ニュースにもなりますが、本来BCCで送るべき相手のアドレスをTOやCCに書いてしまうと、メールアドレスを漏洩したことになり、組織として謝罪に追い込まれることがあります。1回だけ送信するならともかく、**定期的にメールを多数に送信する必要があれば、アウトルックでBCC配信するのではなく、本書P218で紹介するマクロを使うと便利です。**マクロが使えなければ、メール配信サービスを契約するのがおすすめです。

アドレスを聞きまちがう

　電話でアドレスを聞いて、そこにメールを送信する際、ミスを完全に防止するのはかなり困難です。強いていえば、「@」以降（「@●●.co.jp」など）が正しければ、もしミスしたとしても同じ会社の人に届くことが多いので、許してもらえる可能性が高いといえます。

　問題は「@」以降がまちがっている場合や、プロバイダーなどのアドレス宛に送信する場合で、1文字でもアドレスが違うと別の人に届いてしまう可能性があります。

　最も確実なのは、単なるあいさつだけのメールを送信して、合っていれば返信してもらう方法です。それも単なる返信ではなく、電話などで決めたキーワードを入力して返信してもらうようにすれば確実です。非常にアナログな対策ですが、実効性は高いはずです。

　あとは、フォネティックコードを使う方法があります。「a」なら「アメリカのA」、「b」なら「ブラジルのB」などと説明する方法です。ただし、これはフォネティックコードをいう側だけでなく、聞く側にも慣れが必要なので、国内ではあまり使われていません。

✉ **ATTENTION !**

重要なメールをもっと安全に送信したいのであれば、文面をオンラインストレージやGoogleドキュメントなどに保存し、閲覧にはアカウント認証が必要な設定にします。もし誤って第三者にメールを送信した場合でも、共有設定の変更で非公開にすぐ切り替えることができます。

添付ファイル忘れ

**最も頻出するミスが添付ファイルを忘れて、メールを送信してしまうこ
とでしょう。**P93でくわしく解説していますが、このミスは基本的にあま
り大きな問題にはならず、謝れば済むことが多いので、それほど気にしな
くてもいいでしょう。しかし、頻繁にミスする人は、ワークフローを改善
してミスを減らします。

COLUMN
メールはビジネスチャットに移行すべき？

　最近、利用者が急激に増加しているビジネスチャットであれば、送信後に取
り消したり、内容を変更したりする機能を備えるものが多く、メールとは異な
り、誤送信にあまりナーバスになる必要はありません。しかも、即時性という
点ではメールよりも優れており、今後はメール仕事の大半が何らかの形でビジ
ネスチャットに移行していくでしょう。
　とはいえ、メールのほうが優れている点もあります。

①メールアプリだけで送受信できる
②保存しやすい
③操作が単純
④安い
⑤メールアドレスさえわかれば送信可能

　それぞれかんたんに解説しておくと、①多くの環境に対応しており、メール
ならガラケーやスマートウォッチといった、処理速度の遅い機器でも扱えるこ
とが挙げられます。②メールの文面を保存しておくのはかんたんで、転送も手
軽にできます。ビジネスチャットでは、メッセージのやりとりを保存するのが
面倒です。③メールアプリの扱いに慣れた人は多い反面、ビジネスチャットは
サービスごとに仕様が異なり、使いこなすまで手間がかかります。④メールは
無料のプランも多数存在しますが、ビジネスチャットは本格的に使うなら有料
プランを契約しなければならないことが少なくありません。さらに、⑤ビジネ
スチャットは、同じサービスに加入してもらわないとやりとりができませんが、
メールはアドレスがわかれば、どんな機器からでも送信可能です。
　このように、それぞれメリット・デメリットがあるので、適材適所で使い分
けるのがおすすめです。

時短
30分

回答に時間がかかる用件は
とりあえず返信しておく

面倒な問い合わせが届いたとき、回答が作成できるまで放置しておくのは悪手です。なるべく早めに時間がかかることを相手に伝えておきましょう。

✉ クイック操作で定型文を返信する

社内の他部署に確認しなければ回答できない問い合わせなど、**返信するまで時間のかかりそうなメールには、とりあえず受信した旨を連絡し、回答を待ってもらうように伝えるといいでしょう。** メールを送ったのになんの反応もないと、送信したほうは不安になって、別の方法で連絡しなければと思うかもしれません。

もし定型文を送信してもいい相手であれば、クイック操作を使って返信をかんたんに作成して、サクッと送信しておきましょう。クイック操作は、このように決まった操作を手早く実行するときに大変便利です。

● クイック操作を追加する

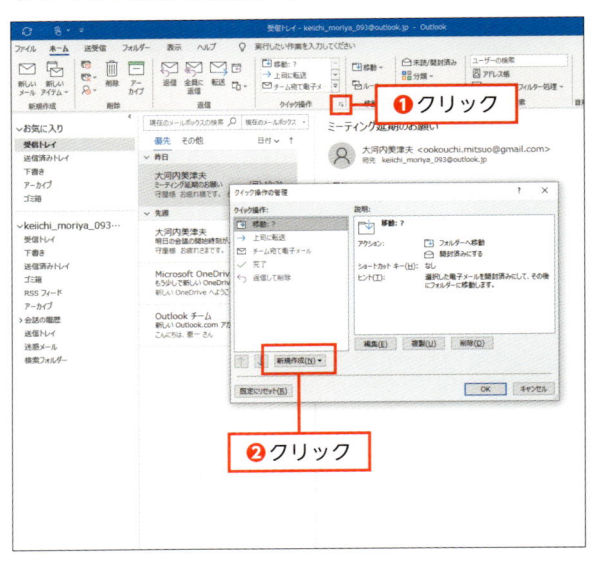

[ホーム] タブの [クイック操作の管理] をクリックし（❶）、[クイック操作の管理] ダイアログが表示されたら、[新規作成] をクリックする（❷）

● [カスタム] を選択する

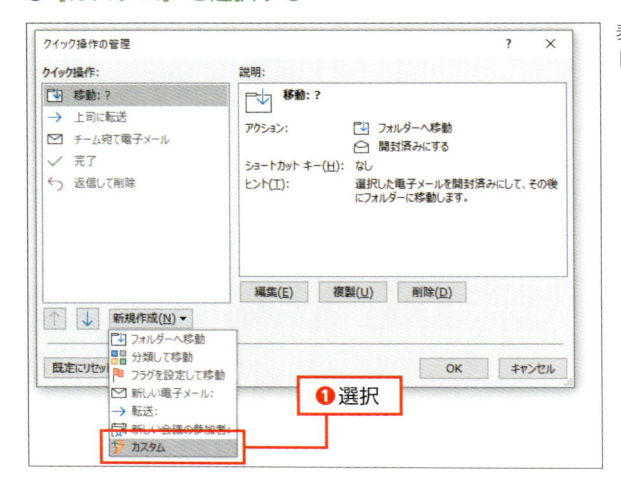

表示された操作の中から、[カスタム] を選択する (❶)

● 操作を選択して名前を付ける

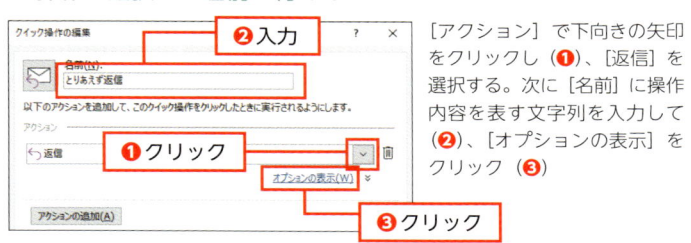

[アクション] で下向きの矢印をクリックし (❶)、[返信] を選択する。次に [名前] に操作内容を表す文字列を入力して (❷)、[オプションの表示] をクリック (❸)

● 返信用の文面を入力する

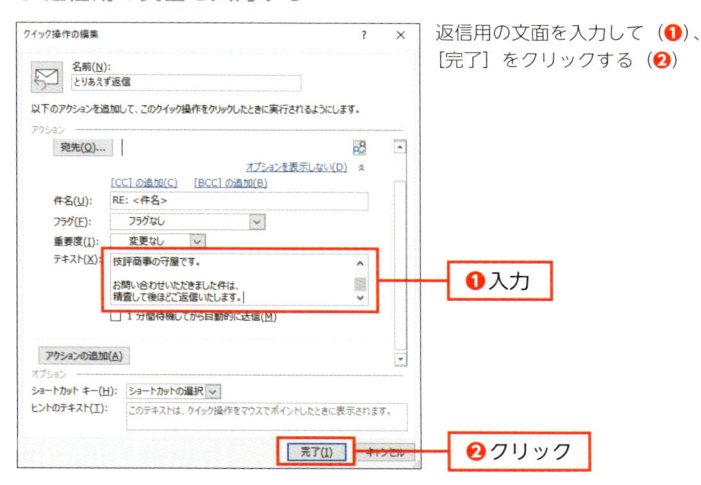

返信用の文面を入力して (❶)、[完了] をクリックする (❷)

ここまでで設定は完了です。実際に返信してみましょう。

● クイック操作を実行する

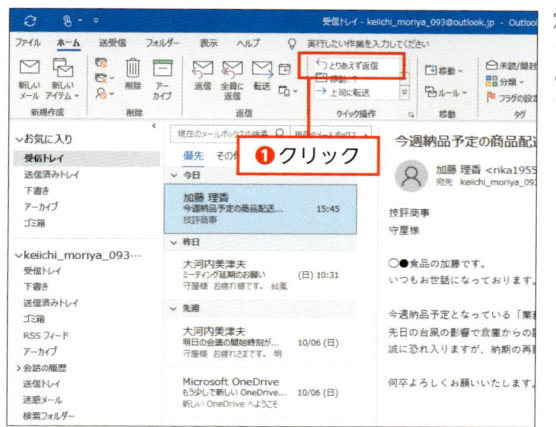

定型文で返信したいメールをメッセージ一覧で選択して、先ほど作成したクイック操作をクリックする（**❶**）

● 定型文が入力できた

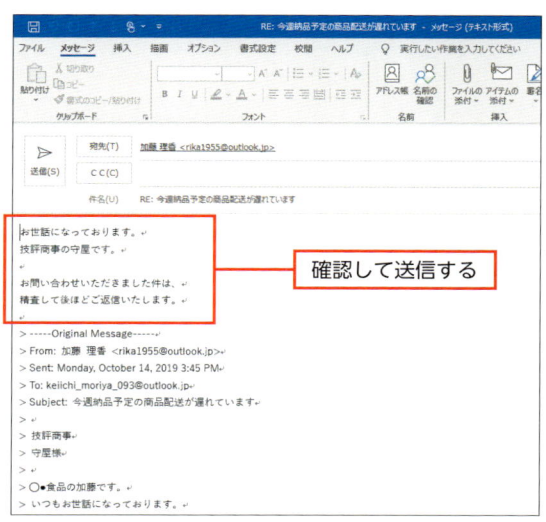

定型文が返信として入力された。前に宛名を入力してもよい

> Point
>
> この操作のように、クイック操作を利用すれば、場面によっては非常に短時間でメールを書くことができます。ショートカットキーをいくら使っても、ここまで時短することはできません。

3 — ③

時短 10分

フラグとアラームで返信し忘れを防ぐ

メールにまつわるミスで、重大な結果につながりやすいのが返信し忘れです。特に、得意先からのメールへの返信し忘れは、ビジネスにダイレクトな悪影響を与えてしまうことがあります。どのように防げばよいのでしょうか。

✉ 要返信メールはとにかく目立たせる

　他社と受注を競っている大きな案件で、取引先への提案メールを書くのに必要な資料を待っていたところ、別のトラブルでしばらく忙殺されて返信を忘れてしまい、あわてて連絡したら「もう他社に決めた」。目の前が真っ暗になって、自分を責める言葉しか浮かんでこない……。こんな場面を経験しないために、返信の必要なメールはとにかく目立たせるようにしましょう。

　メールを目立たせるための第一歩は、目の前から隠さないことです。受信メールから動かしてはいけません。そして、**フラグを立てておくこと**。アウトルックでは、フラグを立てればタスクに表示されるため、忘れてしまう確率が大幅に下がります。さらに、**いつまでに返信を書けばよいかをアラームで設定しておけば**、その日時にサウンドが再生されるだけでなく、アラームのダイアログが表示されるので、気づく確率が上がるはずです。

● メールにフラグを立てる

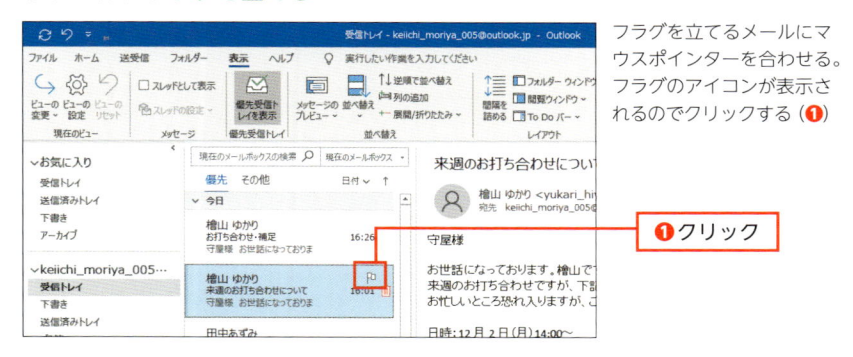

フラグを立てるメールにマウスポインターを合わせる。フラグのアイコンが表示されるのでクリックする（**❶**）

❶クリック

フラグをクリックすると、タスクの期日は「今日」に設定されます。また、アラームはセットされません。期日をほかの日に設定したいときやアラームも設定したいときは、次の手順を実行します。

● [ユーザー設定] ダイアログを表示する

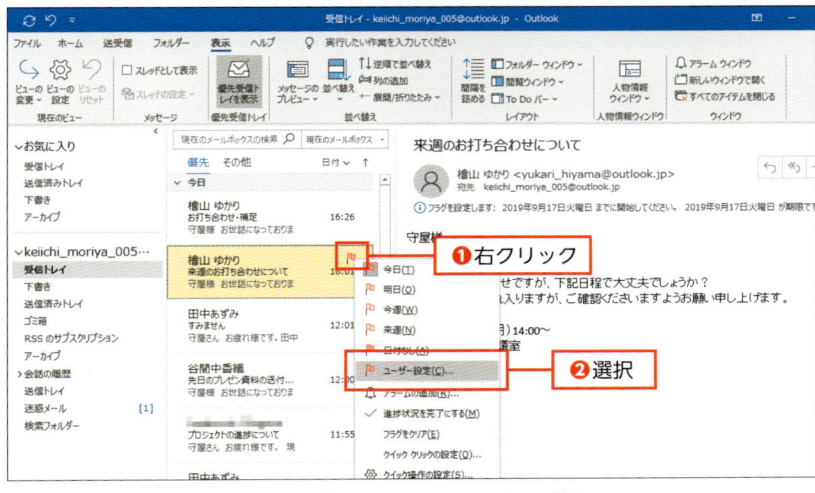

フラグを右クリックし（**❶**）、[ユーザー設定] をクリックする（**❷**）

● フラグの期限とアラームを設定する

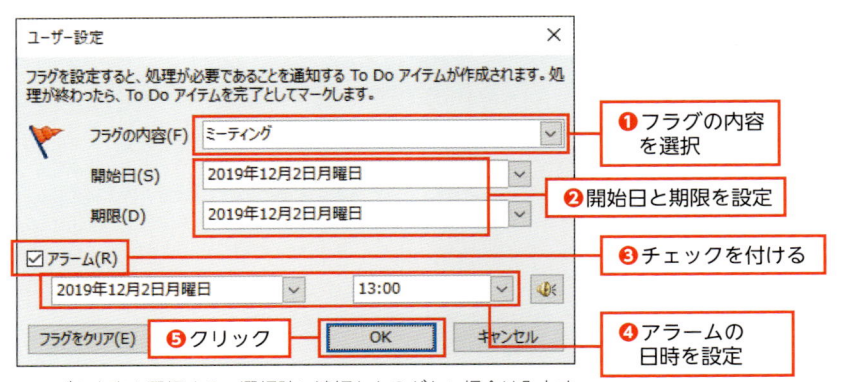

フラグの内容を選択する。選択肢に適切なものがない場合は入力することもできる（**❶**）。フラグの開始日と期限日を設定する（**❷**）。アラームを設定するときは、[アラーム] にチェックを付け（**❸**）、日時を設定する（**❹**）。設定できたら [OK] をクリックする（**❺**）

● メールにフラグとアラームが設定される

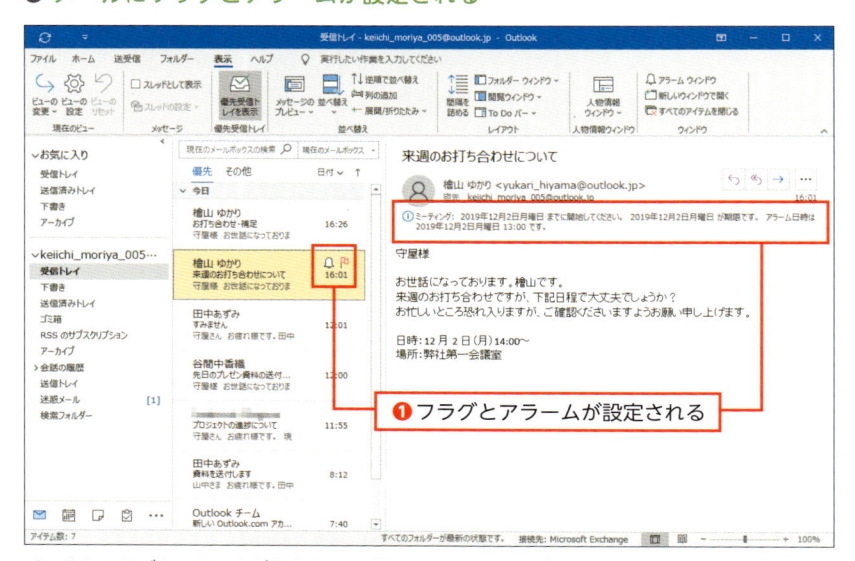

メールにフラグとアラームが設定され、受信トレイにはフラグとアラームのアイコンが表示される。メール本文の上には、フラグとアラームの設定日時が表示される（❶）

● タスクで確認する

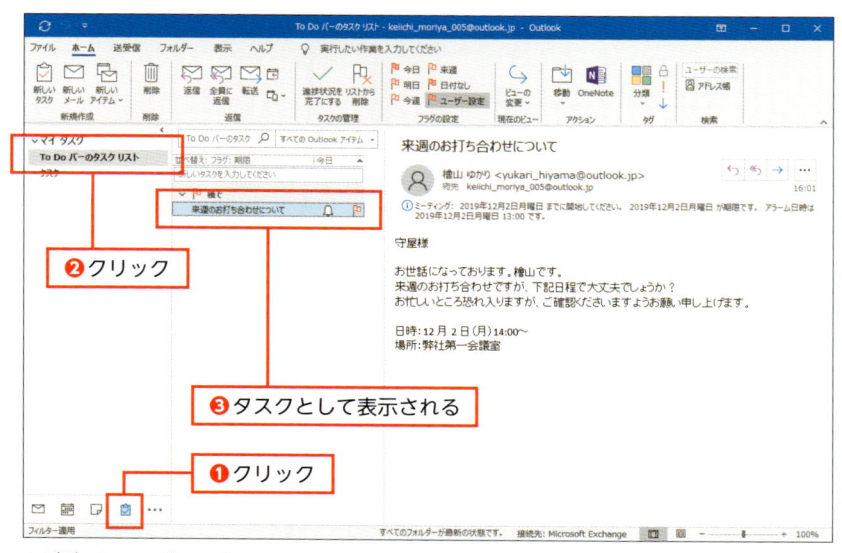

ナビゲーションバーの［タスク］アイコン（❶）→［To Doバーのタスクリスト］をクリックするか（❷）、または [Ctrl] + [4] を押す。フラグを立てたメールがタスクとして確認できる（❸）

● アラームの通知を確認する

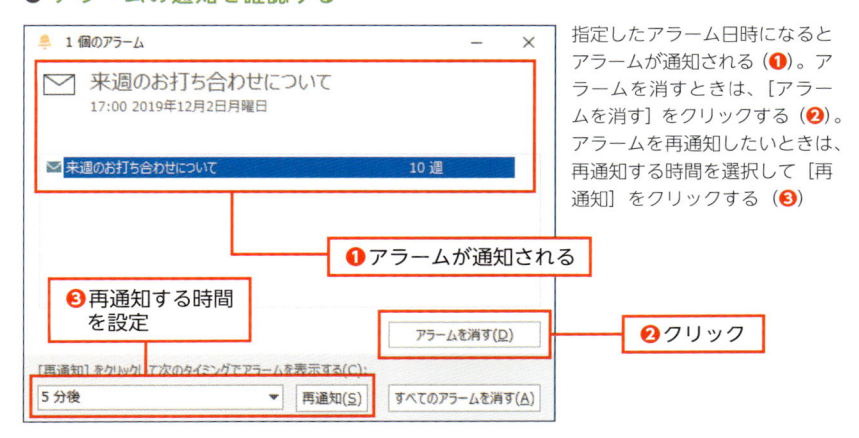

指定したアラーム日時になるとアラームが通知される（❶）。アラームを消すときは、[アラームを消す] をクリックする（❷）。アラームを再通知したいときは、再通知する時間を選択して [再通知] をクリックする（❸）

❶ アラームが通知される

❸ 再通知する時間を設定

❷ クリック

● 進捗状況を完了にする

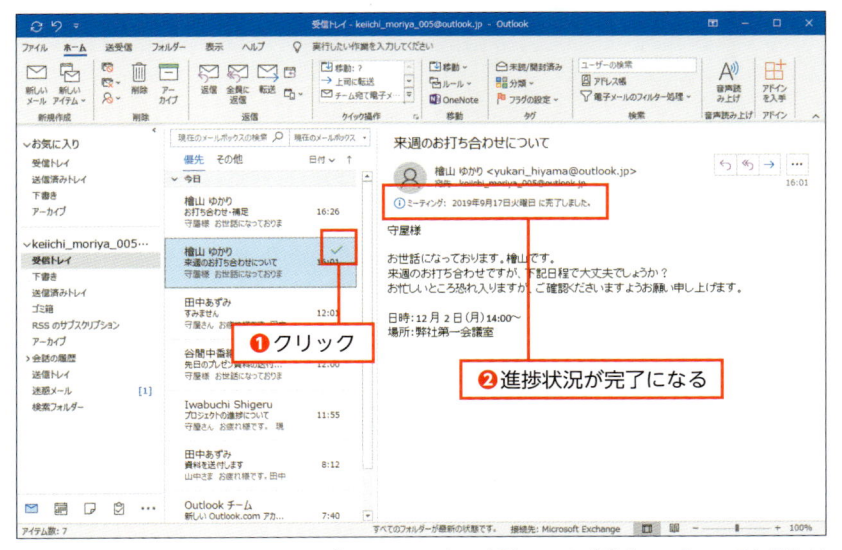

❶ クリック

❷ 進捗状況が完了になる

進捗状況を完了にするときは、フラグをクリックする（❶）。フラグがチェックマークに変わり、進捗状況が完了になる（❷）。なお、フラグを取り消したいときは、フラグを右クリックして [フラグのクリア] を選択する

3 — 04

時短 **20**分

重要な相手からのメールに色を付けて見落としをなくす

エクセルでは、便利な機能の1つに「条件付き書式」があります。特定の条件を満たしたセルに自動的に色を付けることができる機能ですが、じつはアウトルックでも同じような機能が使えるのです。

✉ 重要なメールを見落とさないための仕組みを作る

重要なメールを見落とさないようにするには、どうしたらいいでしょうか。**最悪の答えは「頑張って、気を付ける」**です。人間の注意力は有限で、しかも多くの人が考えるほど潤沢にあるものではありません。メールを見落とさないようにするために使っては、もったいないのです。

とはいえ、重要なメールを見落としてしまっては大変です。「頑張って、気を付ける」ことなく、重要なメールを見落とさないようにするには、そ

● [ビューの詳細設定] ダイアログを表示する

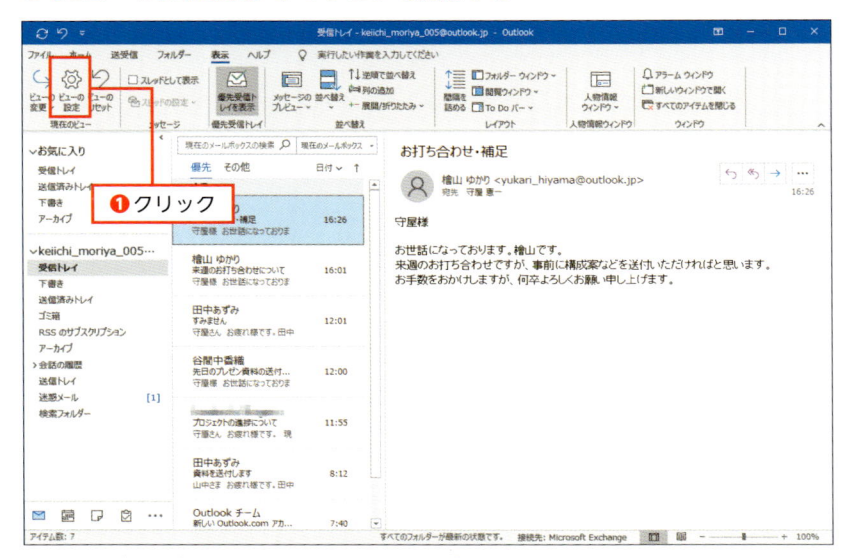

[表示] タブの [ビューの設定] をクリックする (❶)

の仕掛けを作ればよいのです。最も役に立つ仕掛けが、ここで紹介する「条件付き書式」の機能です。**さまざまな条件を設定して、メール一覧での色やフォントを変えることができます**。これにより、見落とす可能性が大幅に下がるはずです。

● ［条件付き書式］ダイアログを表示する

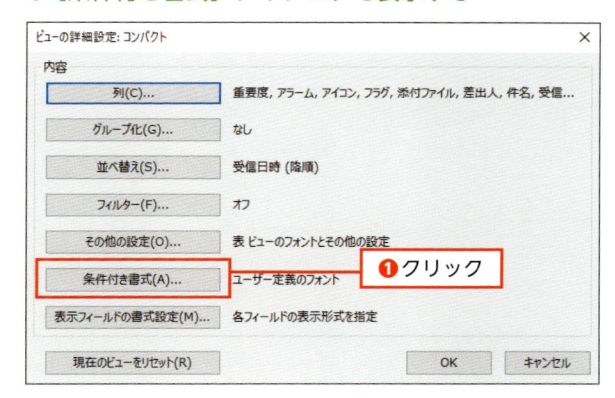

［ビューの詳細設定］ダイアログが表示されるので、［条件付き書式］をクリックする（❶）

● 条件を追加する

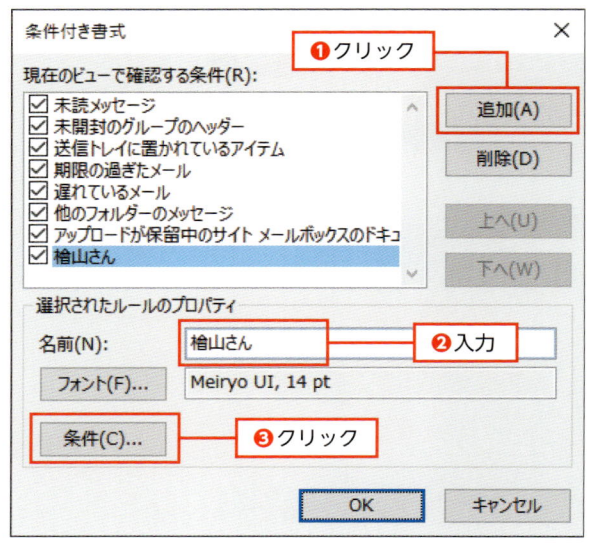

［条件付き書式］ダイアログが表示されるので［追加］をクリックする（❶）。条件が追加されるので、［名前］に条件名を入力し（❷）、［条件］をクリックする（❸）

● フィルターを設定する

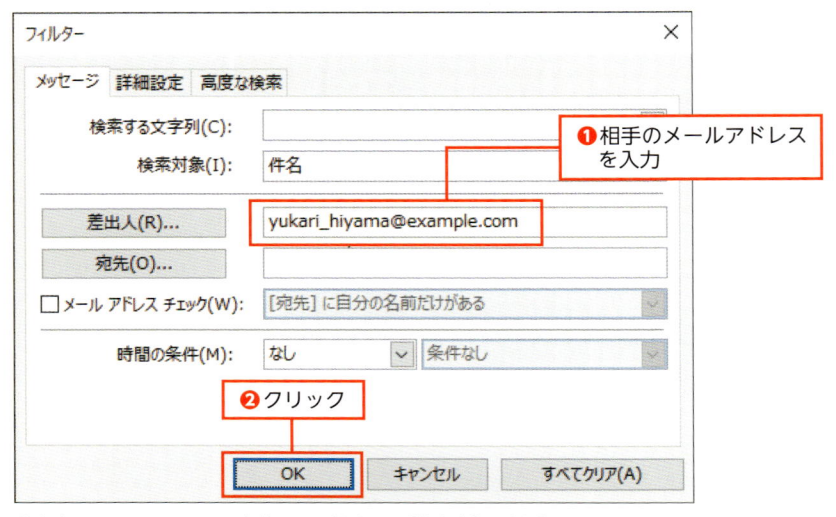

差出人のメールアドレスを条件にする場合は、[差出人] に相手のメールアドレス
を入力し（❶）、[OK] をクリックする（❷）

● 表示するフォントを設定する

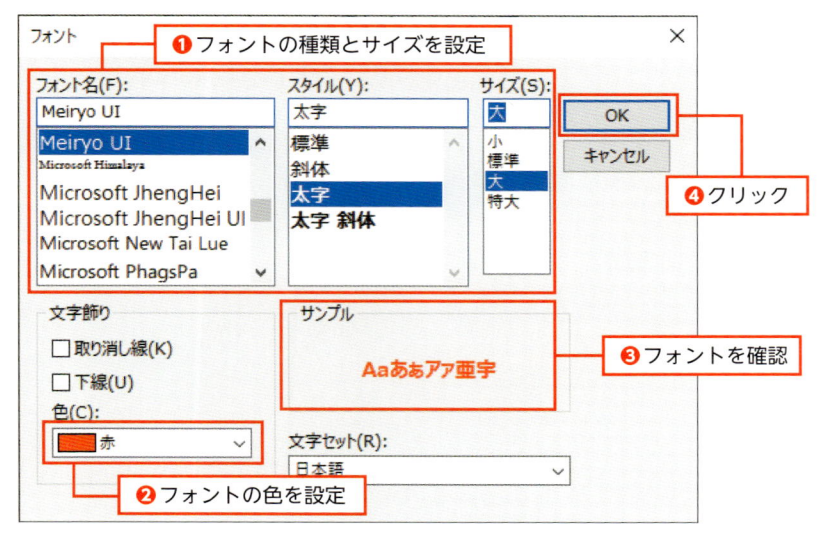

[条件付き書式] ダイアログに戻るので、[フォント] をクリックする。[フォン
ト] ダイアログが表示されるので、フォントの種類とサイズ（❶）、フォントの色
（❷）を設定する。[サンプル] でフォントの表示を確認し（❸）、問題がなかった
ら [OK] をクリックする（❹）

● 条件付き書式を保存する

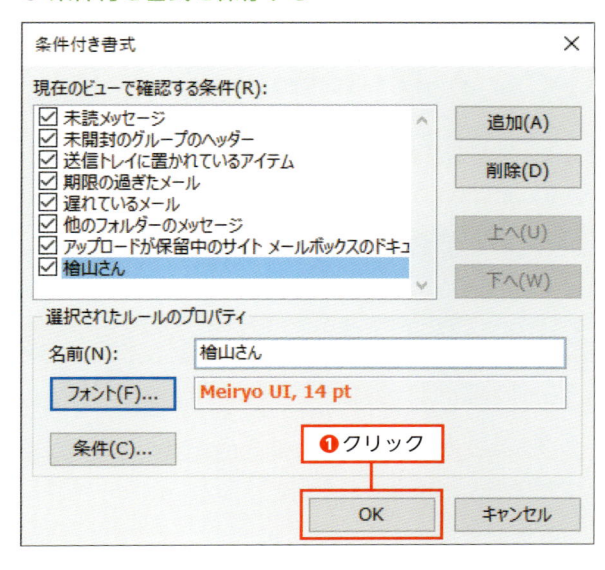

[条件付き書式] ダイアログに戻るので、[OK] をクリックする（❶）

● 受信トレイの表示を確認する

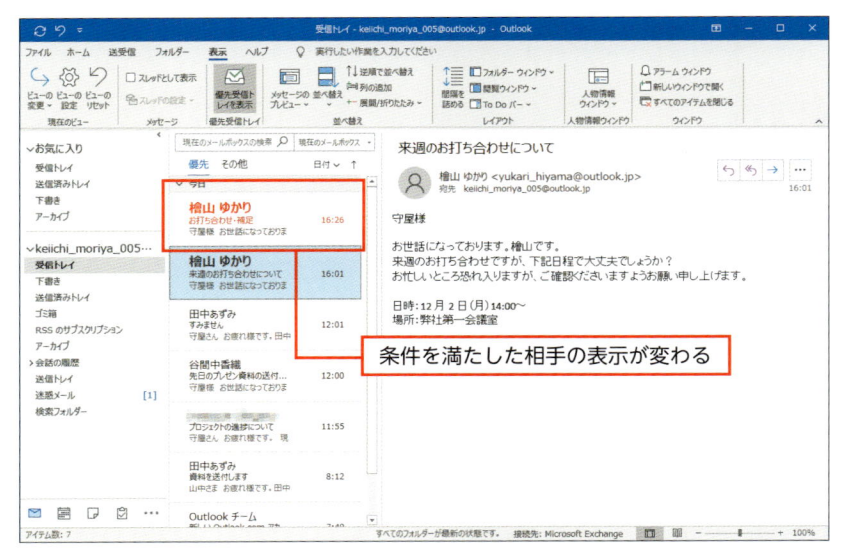

フィルターに設定した条件を満たした相手の表示が、指定したフォントで表示される

3 — ⑤

時短 **30分**

不適切な文面をそのまま送信しないように工夫する

送信ボタンを押した瞬間に、送信先がまちがっていたり、添付ファイルを忘れたりしたことを思い出すことはないでしょうか。送信操作が完了する前に思い出せばいいのですが、なぜかうまくいきません。

✉ 送信操作と実際の送信の間に時間を置く

　Gmailでは、送信ボタンをクリックしたあとに、最大30秒間送信を取り消す設定が可能です。**アウトルックでも、一定時間送信を遅らせるように設定できる**ので、あわてて送信して後悔したり謝罪する羽目になったりしたことのある人は、ぜひ設定しておきましょう。

　送信ボタンをクリックすると、メールは［送信トレイ］に保存されます。そこを開けば、これから送信しようとしているメールが確認できます。もし問題があれば、内容を書き換えたりメールを削除して書き直したり対応をとります。

● ［仕分けルールと通知］ダイアログを表示する

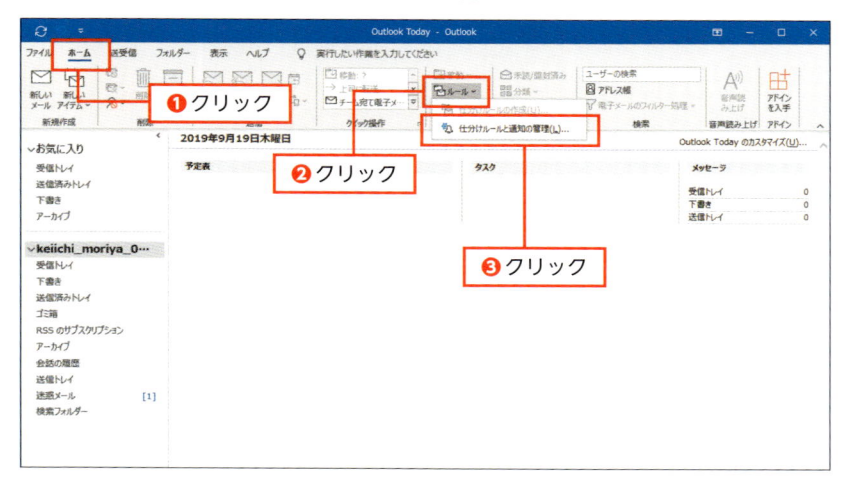

［ホーム］タブ（❶）の［ルール］（❷）→［仕分けルールと通知の管理］（❸）をクリックする

● 新しい仕分けルールを作成する

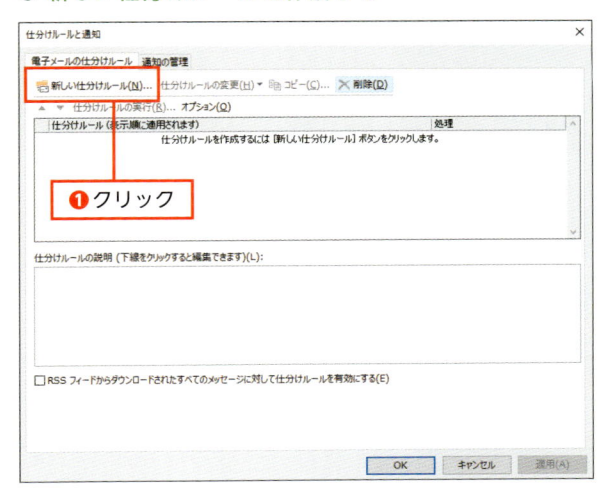

[仕分けルールと通知] ダイアログが表示されるので、[新しい仕分けルール] をクリックする（**❶**）

● 送信メッセージのルールを作成する

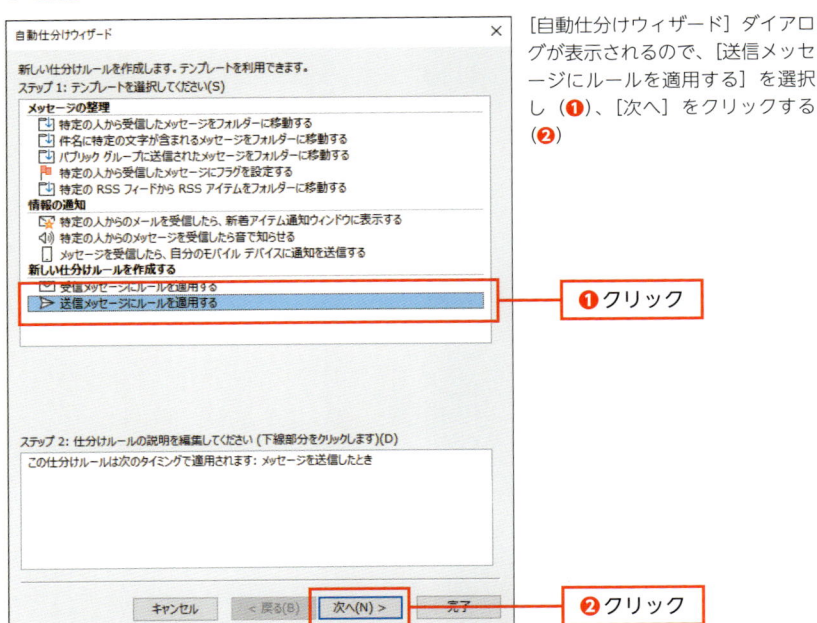

[自動仕分けウィザード] ダイアログが表示されるので、[送信メッセージにルールを適用する] を選択し（**❶**）、[次へ] をクリックする（**❷**）

● ルールを適用する送信時の条件を選択する

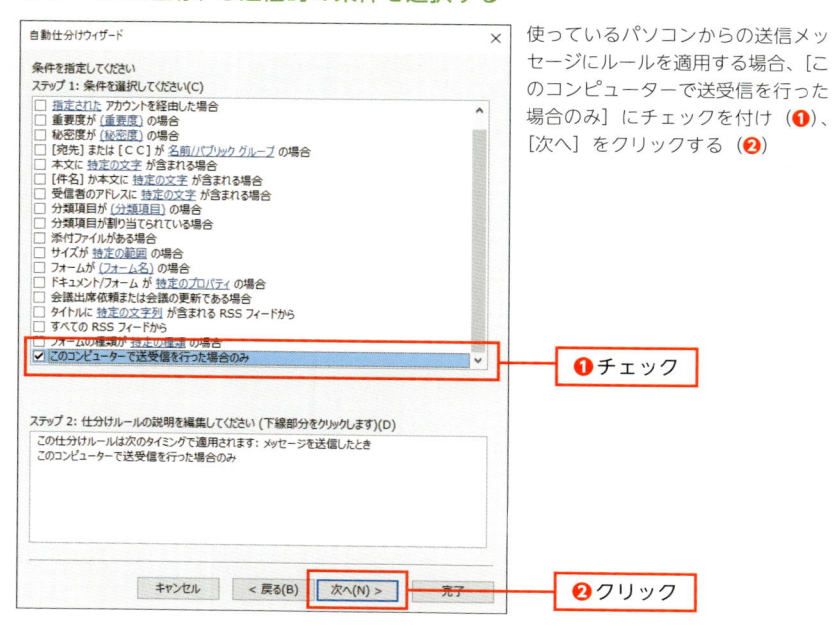

使っているパソコンからの送信メッセージにルールを適用する場合、[このコンピューターで送受信を行った場合のみ]にチェックを付け（❶）、[次へ]をクリックする（❷）

❶チェック

❷クリック

● 条件に合致したときの処理を追加する

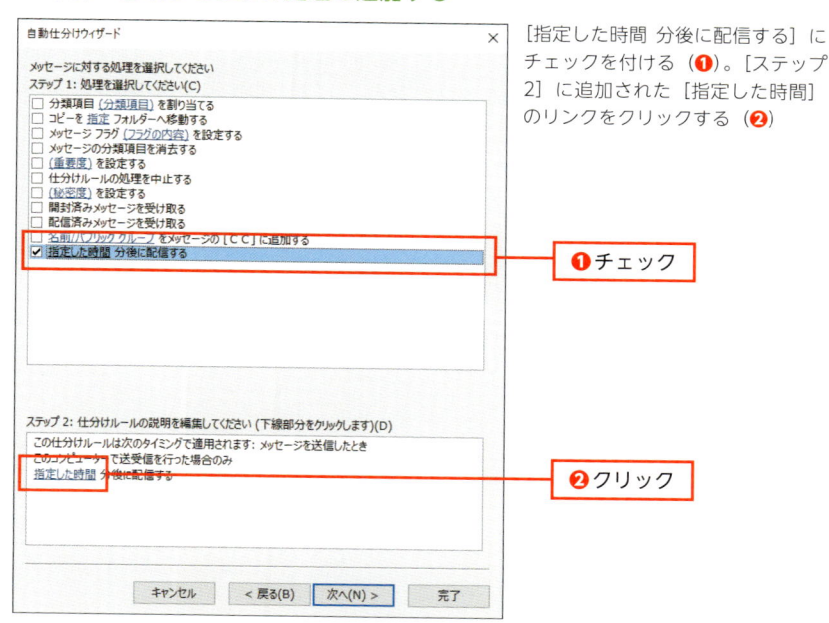

[指定した時間 分後に配信する]にチェックを付ける（❶）。[ステップ2]に追加された[指定した時間]のリンクをクリックする（❷）

❶チェック

❷クリック

● 送信する時間を設定する

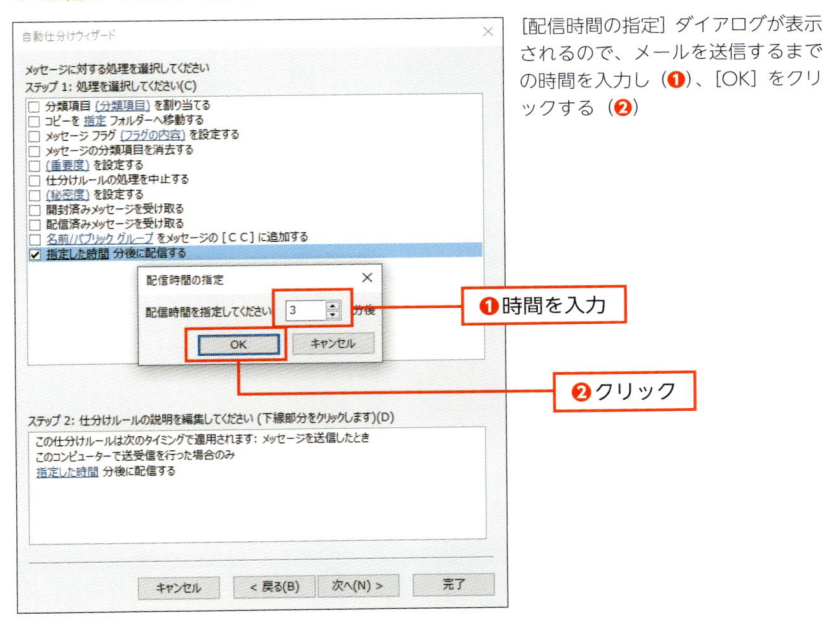

[配信時間の指定] ダイアログが表示されるので、メールを送信するまでの時間を入力し（❶）、[OK] をクリックする（❷）

❶時間を入力

❷クリック

● [自動仕分けウィザード] ダイアログを終了する

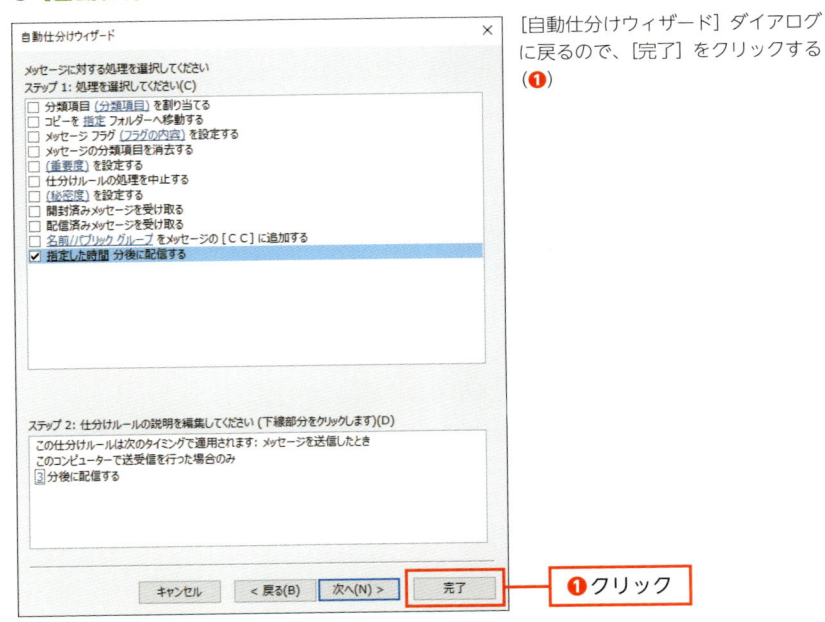

[自動仕分けウィザード] ダイアログに戻るので、[完了] をクリックする（❶）

❶クリック

● ルールを確認して［仕分けルールと通知］ダイアログを終了する

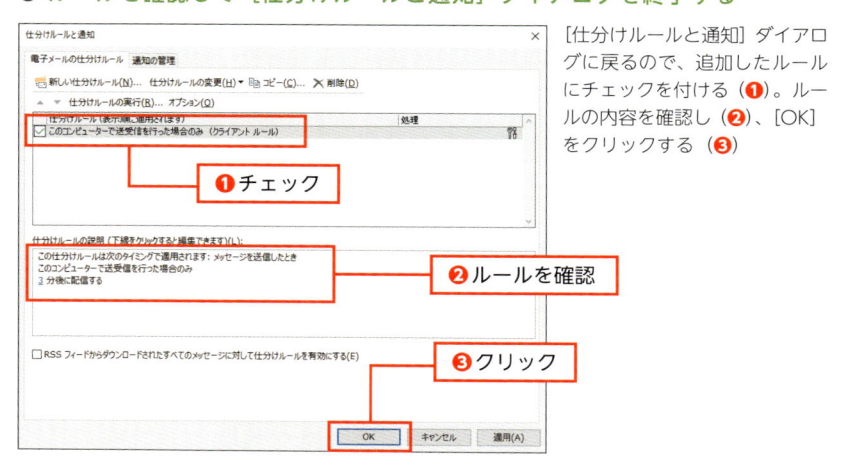

［仕分けルールと通知］ダイアログに戻るので、追加したルールにチェックを付ける（❶）。ルールの内容を確認し（❷）、［OK］をクリックする（❸）

● ルールが適用されるのを確認する

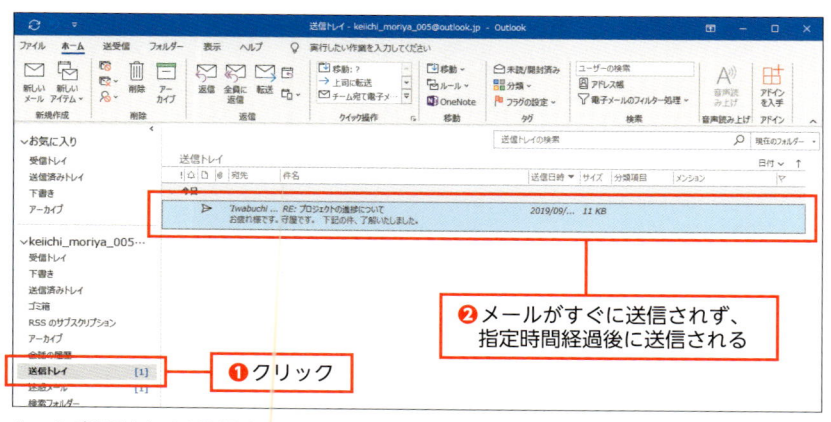

ルールが適用されるか確認する。メールを送信後、［送信トレイ］をクリックし（❶）、メールがすぐには送信されていないことを確認する（❷）。

✉ **ATTENTION !**

このテクニックには、じつは落とし穴があります。アウトルックが起動中でなければ送信されないことです。終了してしまうと、送信トレイにメールが残ったままになります。業務終了時に重要なメールを「送信した」と思って帰宅してしまい、翌朝困ったことにならないよう、送信したらすぐにパソコンを終了させるときには使わないほうが無難です。

ファイルの添付し忘れを防ぐ

メールに関するミスのうち、最も多いのが添付ファイルのし忘れではないでしょうか。これをなくすには、アウトルックに関する操作フローを改善する必要があります。

✉ 3つの方法から場面と自分に合った方法を選ぶ

まず最初にいっておくと、ファイルを添付するのを忘れるのはメールに関するミスの中では軽微なものであり、回復が易しいミスであることです。ですから、過剰に恐れる必要はありません。添付ファイル忘れを指摘されたら、すぐに謝罪して送り直せば済むことです。

そうはいっても、取引先など重要な相手に送信するメールで頻繁に添付ファイルを忘れていたのでは、自分が恥ずかしい以前に、失礼だと思われてしまいます。

ここでは、ファイルの添付忘れを防ぐための方法をいくつか紹介します。自分に合ったものを選んでください。

1つ目は、新規メールにしか利用できませんが、先にファイルを添付してしまう方法です。

● 右クリックメニューからアウトルックにファイルを送る

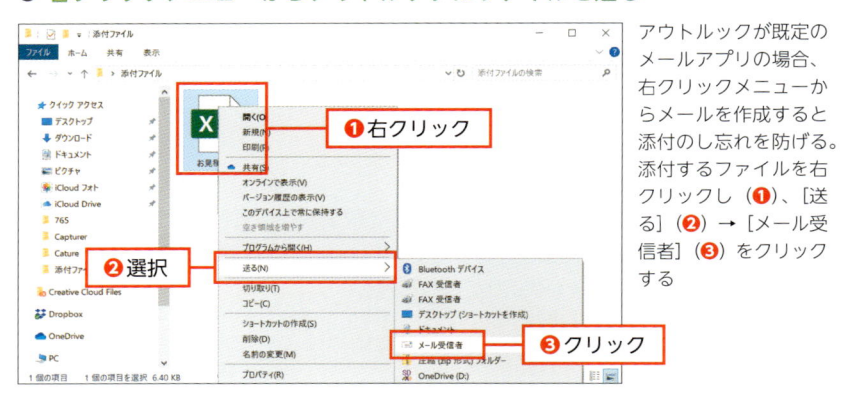

アウトルックが既定のメールアプリの場合、右クリックメニューからメールを作成すると添付のし忘れを防げる。添付するファイルを右クリックし（❶）、[送る]（❷）→[メール受信者]（❸）をクリックする

● ファイルが添付されたメールの作成画面が表示される

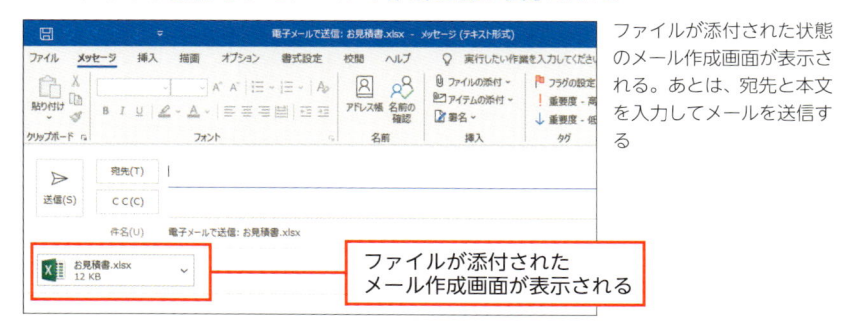

ファイルが添付された状態のメール作成画面が表示される。あとは、宛先と本文を入力してメールを送信する

ファイルが添付された
メール作成画面が表示される

✉ A T T E N T I O N ！

アウトルックでは、20MBを超えるファイルを添付できないため、このサイズを超えるファイルの場合は、メールの作成画面が表示されません。

　2つ目は、添付ファイル専用のフォルダーを作成し、そこに一時的に保存しておく方法です。対象のファイルが見えていれば、添付し忘れの確率は大幅に下がります。ただし、これはいくつもの手順が余分に必要になるため、自分の操作手順になじむかを先に確認する必要があります。

● 添付ファイル用のフォルダーを作成して添付のし忘れを防ぐ

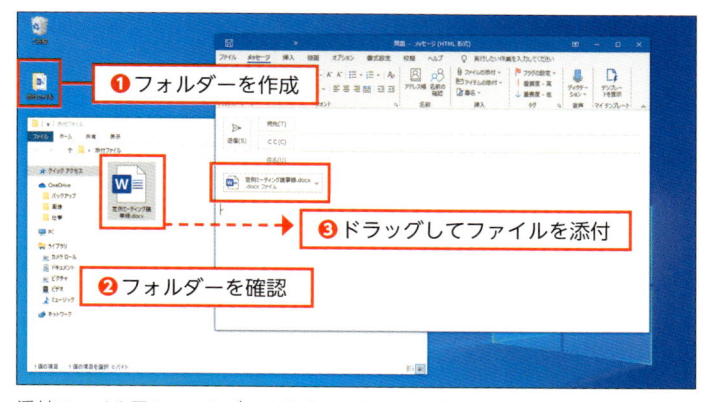

❶フォルダーを作成

❸ドラッグしてファイルを添付

❷フォルダーを確認

添付ファイル用のフォルダーを作成しておくのも効果的な方法だ。デスクトップなど目立つ場所に、添付ファイル用のフォルダーを作成する（❶）。添付するファイルをこのフォルダーにコピーしておき、メール作成時にフォルダーを必ず確認（❷）。ファイルがある場合は、メール作成画面にドラッグして添付する（❸）

3つ目は、もっと現実的です。まず、ファイルの添付忘れがどの場面で発生するかを考えてみましょう。メールを全部書き終わってからファイルを添付しようと思っていると、ファイルの添付操作を忘れて、書き終わった瞬間に送信ボタンを押してしまいがちです。

①添付したいファイルを用意する
②メールを書き始める
③最後まで書き終わる
④送信する

　見事に「ファイルを添付する」という手順が抜け落ちています。
　これに対して、導入や名乗りを忘れるケースはあまり発生しません。なぜなら、メールを頭から順番に書いていけば、忘れようがないからです。つまり、**ファイルの添付し忘れを防ぐには、「メールを頭から順番に書いていく」ところに添付操作を組み込めばよいのです。**

①添付したいファイルを用意する
②添付したいファイルをコピーする（[Ctrl] ＋ [C]）
③メールを書き始める
④「このメールにファイルを添付します」の次にファイルをペーストする（[Ctrl] ＋ [V]）
⑤最後まで書き終わる
⑥送信する

　ファイルをコピーしておくと、アウトルックのメール作成画面でペーストするだけでファイルを添付できるのです。これまでのドラッグ＆ドロップとは操作感覚が異なるので、最初は少し戸惑うかもしれませんが、これなら手順の流れを乱すことなく、ファイルを添付できるはずです。ぜひ試してみてください。

大容量のファイルは
添付以外の方法で送る

最近では、回線速度が上がり、端末のストレージ容量もテラバイト（TB）レベルが一般的になったことで、大容量ファイルの送受信への抵抗が薄れてきています。しかし、数十MB以上ともなると、やはりメールでは送受信できない場合が増えてきます。

✉ OneDriveならファイルサイズに関係なく送信可能

　添付ファイルのサイズは、どのくらいまで許されるのでしょうか。じつは、この問いには正解がありません。ガラケーにメールを転送しているユーザーからすれば、添付ファイルどころか、HTMLメールや引用の長いメールでさえ負担になります。これに対し、高性能パソコンで高速なネット回線に接続し、GmailなどWebメールを利用していれば、メールの受信にはほとんど負荷がかかりません。数十MBもの添付ファイルがあっても、数秒から10数秒程度でダウンロードできてしまいます。スマホで添付ファイルを扱う機会も徐々に増えていることを考えれば、==一般的には数MB程度を上限とするのが安全でしょう==。

　では、それを超えるファイルは、どうやって送信すればよいのでしょうか。以前はファイル転送サービスがよく利用されていましたし、今でもオンラインストレージに慣れていない人を中心に利用されています。ただ、ファイル転送サービスは、ダウンロード用のURLを取得するまでの手間を減らすのが難しく、相手に送るには必ずアップロードの手間がかかります。

　これに対して、==オンラインストレージを使えば、パソコン上に保存するだけで自動的に相手と共有する設定が可能です==。OneDriveならエクスプローラーからかんたんに共有操作ができるので、Windowsユーザーにとっては大変便利です。Office 365ユーザーなら1TBまで、それ以外のユーザーも5GBまで無料で使えます。

● [〜の共有] ダイアログを表示する

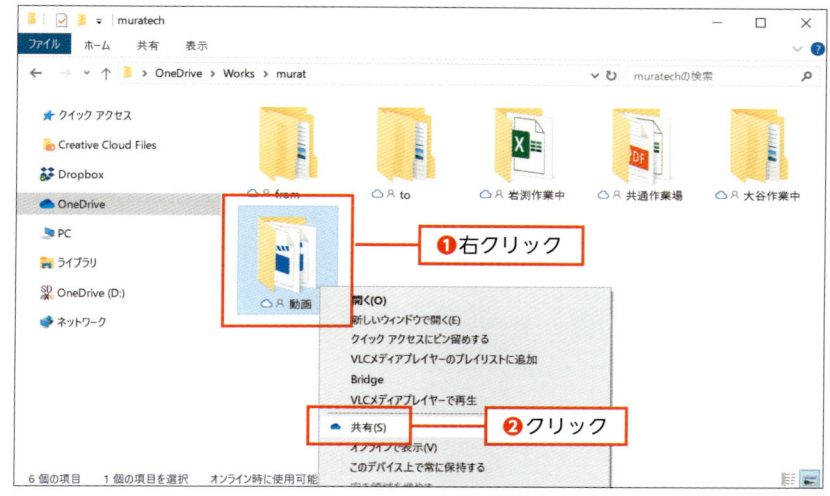

OneDriveに保存されている共有したいファイルやフォルダーを右クリックし（❶）、[共有] を
クリックする（❷）

● [リンクの設定] を表示する

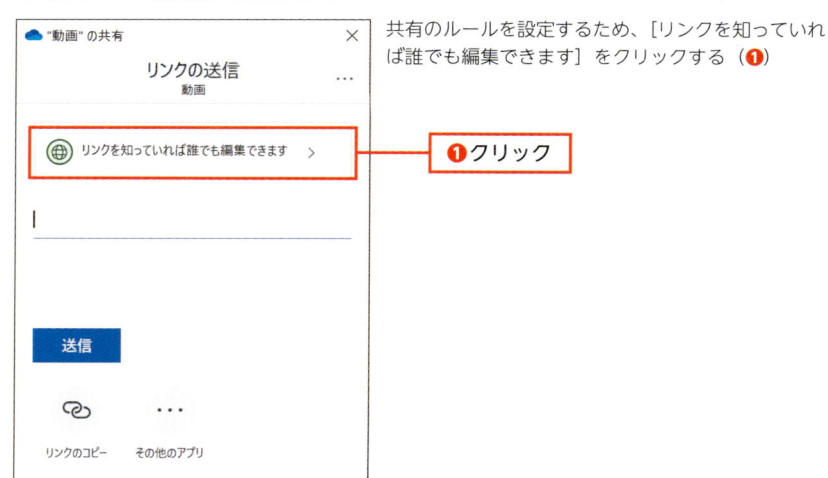

共有のルールを設定するため、[リンクを知っていれ
ば誰でも編集できます] をクリックする（❶）

● 共有のルールを設定する

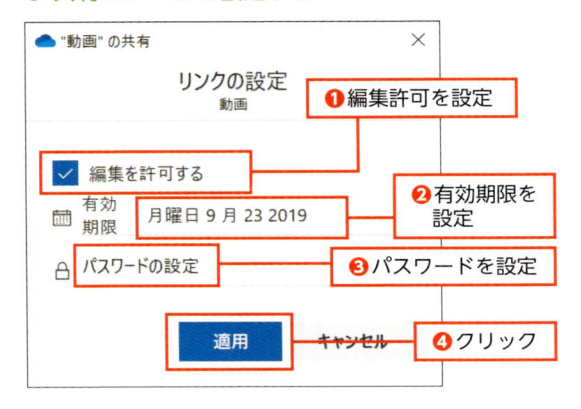

共有ファイルの編集を許可する場合は、[編集を許可する]にチェックを付ける（❶）。共有する期間を設定する場合は、[有効期限]で期限日を設定する（❷）。共有ファイルを開くのにパスワードを設定したい場合は、[パスワードの設定]をクリックしてパスワードを入力する（❸）。設定が終わったら、[適用]をクリックする（❹）

● 共有ファイルのリンクを生成する

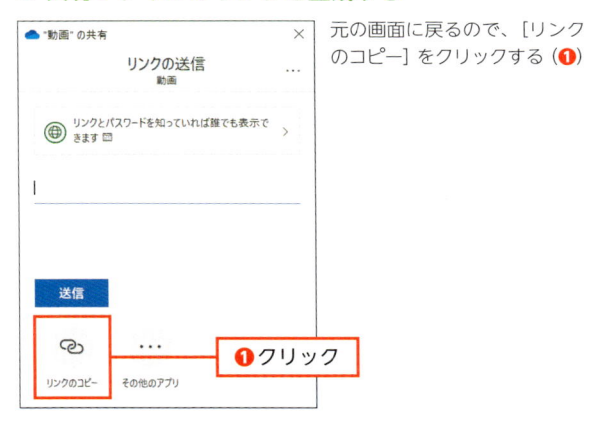

元の画面に戻るので、[リンクのコピー]をクリックする（❶）

● リンクをコピーする

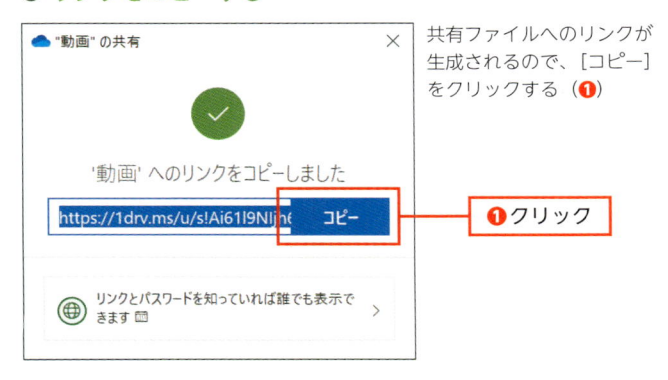

共有ファイルへのリンクが生成されるので、[コピー]をクリックする（❶）

● リンクを貼り付けてメールを送信する

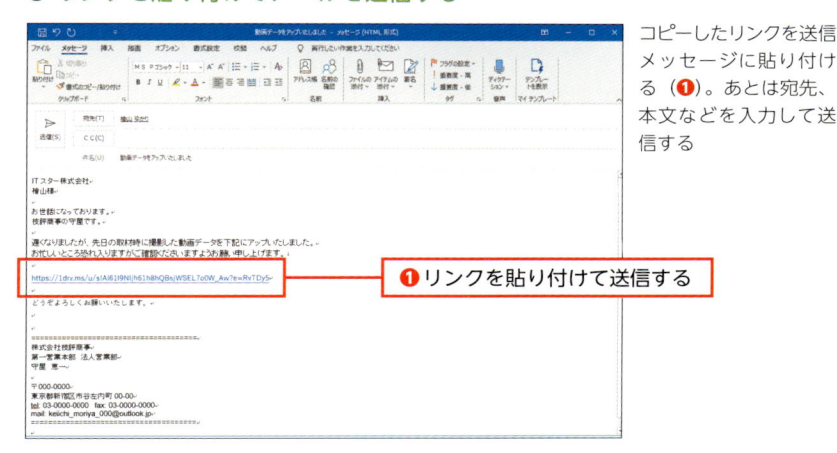

コピーしたリンクを送信メッセージに貼り付ける（❶）。あとは宛先、本文などを入力して送信する

❶リンクを貼り付けて送信する

COLUMN
手軽に利用できるファイル転送サービス

　ファイル転送サービスでは、まずサービスのサイトでアップロードし、生成されるリンクを相手にメールで送ることでファイルの受け渡しができます。ここでは、代表的なファイル転送サービスを紹介します。

サービス名	価格	容量	ファイル保存期間	特徴
GigaFile (https://gigafile.nu/)	無料	1ファイル100GBまで	7〜60日間	ユーザー登録は不要、かつ無料で利用できる。1ファイル100GBまでファイルの転送が可能。また、転送できるファイル数は無制限なので、大容量のファイルを転送するのに向いている。
firestorage (https://firestorage.jp/)	フリープラン:無料 ライトプラン:1037円/月 プロプラン:2085円/月	フリープラン:1ファイル2GBまで ライトプラン:1ファイル5GBまで プロプラン:1ファイル10GBまで	フリープラン:7日間 ライトプラン、プロプラン:無制限	ユーザー登録なしでも利用できるが、登録することで専用アップロードツールが使用可能に。さらに、ダウンロードされるとメールで通知されるサービスもある。
データ便 (https://www.datadeliver.net/)	ライトプラン:無料 フリープラン:無料 ビジネスプラン:300〜500円/月	ライトプラン:100MB フリープラン:300MB ビジネスプラン:2GB	ライトプラン:3日間 フリープラン:3日間 ビジネスプラン:30日間	ユーザー登録不要のライトプラン、無料で会員登録できるフリープラン、優良のビジネスプランがあり、それぞれ転送できる容量が異なる。より安全に転送できる「セキュリティ便」が利用できるのが特徴。
おくりん坊 (https://okurin.bitpark.co.jp/)	無料	ユーザー登録しない場合:500MB ユーザー登録した場合:2GB	7日間	会員登録不要で500MB、無料会員2GBのファイル転送が可能。ユーザー登録すると、送信履歴やいつも送る人のアドレス帳登録などの機能を利用できる。
FilePost (https://file-post.net)	無料	○	7日間	無料で15ファイル計3GBのファイルの転送が可能。スマホ環境だけの場合や、スマホとパソコン間でもデータの受け渡しができる。

重要なメールはスマホに自動転送したい!

移動中にスマホでメールチェックしたいとき、いろいろな方法がありますが、スマホ専用のメールアドレスに転送している人も多いでしょう。そんなとき、アウトルックの転送機能を使うと、かなり柔軟に条件が設定できます。

✉ 転送時に柔軟な条件設定をおこなう

スマホで仕事のメールをチェックする際、仕事のメールが届くアカウントがどういう仕様なのかによって、対処方法が異なってきます。もしOutlook.comのメールアカウントなら、スマホにOutlookアプリをインストールして、メールを読み書きするのが最善でしょう。

しかし、独自ドメインのレンタルサーバーに付属しているメールアカウントを仕事に使っている場合、Outlookアプリを利用するメリットはほとんどありません。むしろ、Gmailのアドレスに転送したほうが便利なことがよくあります。

このとき、仕事用のメールアカウントに届いたメールのうち、**重要なメールだけを転送したいなら、アウトルックで転送をかけるといいでしょう。**アウトルックにあらかじめ転送すべきメールを振り分ける設定をしておけば、必要なメールだけ転送できます。

ここでは、件名に「重要」というキーワードが含まれているメールを転送するための手順を解説しますが、特定の人からのメールのみ転送するなど、転送条件は自分の環境に合わせて最適なものを選んでみてください。

Point

スマホにメールを転送する際、よく使用しているメールアドレス宛てに転送するのが便利でしょう。ただ、仕事のメールがプライベートのメールと混じってしまうのに抵抗があるなら、新しくGmailなどのアドレスを取得して、そこに転送するのがおすすめです。なお、転送先にキャリア提供のアドレスを使うのは控えるべきです。メール1通あたり10MBまでしか受信できないなど、さまざまな制限があるためです。

● ［仕分けルールの作成］ダイアログを表示する

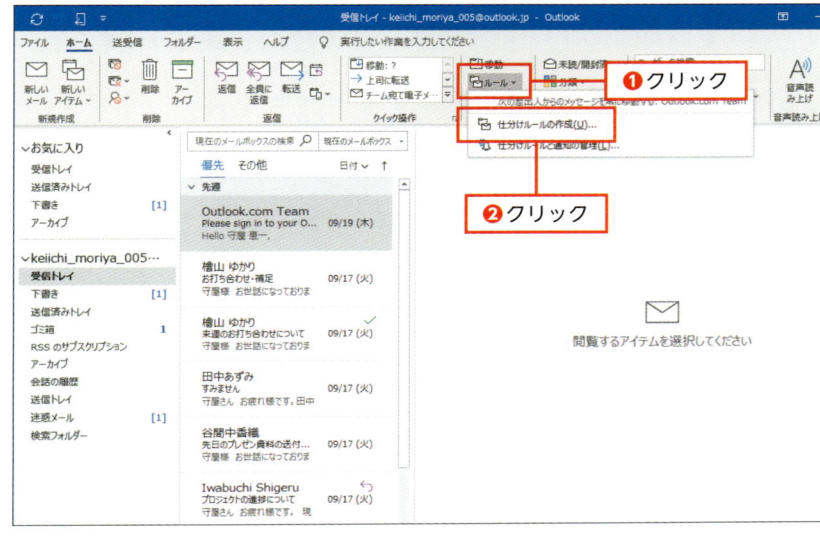

［ホーム］タブで［ルール］（❶）→［仕分けルールの作成］（❷）をクリックする

● 転送するメールの条件を設定する

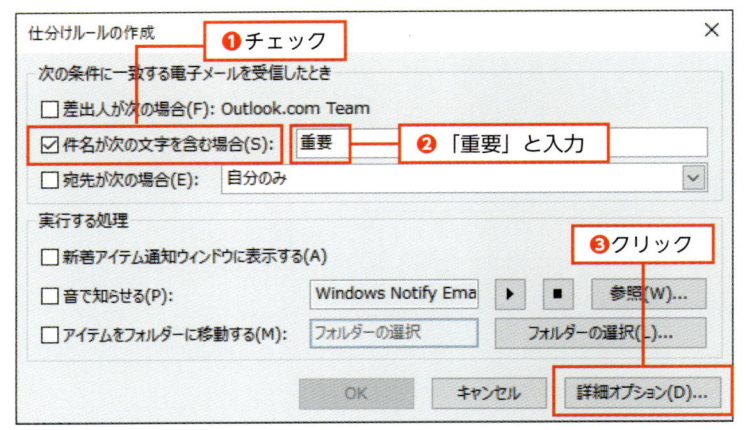

ここでは例として、件名に「重要」が含まれていたときに、メールを転送するように
設定する。［件名が次の文字を含む場合］にチェックを付け（❶）、「重要」と入力し
（❷）、［詳細オプション］をクリックする（❸）

● 条件を確認する

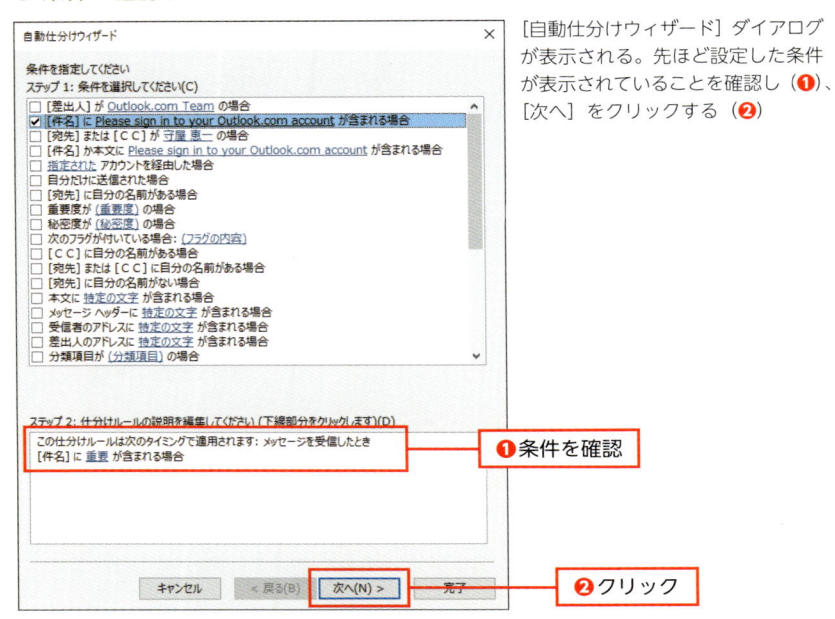

[自動仕分けウィザード] ダイアログが表示される。先ほど設定した条件が表示されていることを確認し（❶）、[次へ] をクリックする（❷）

● 条件を満たした際の処理を追加する

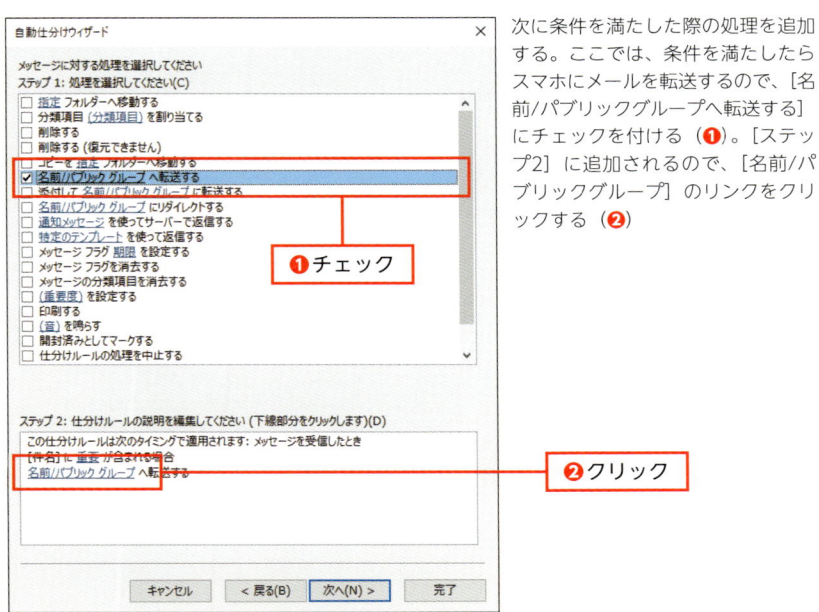

次に条件を満たした際の処理を追加する。ここでは、条件を満たしたらスマホにメールを転送するので、[名前/パブリックグループへ転送する] にチェックを付ける（❶）。[ステップ2] に追加されるので、[名前/パブリックグループ] のリンクをクリックする（❷）

● 転送先のアドレスを設定する

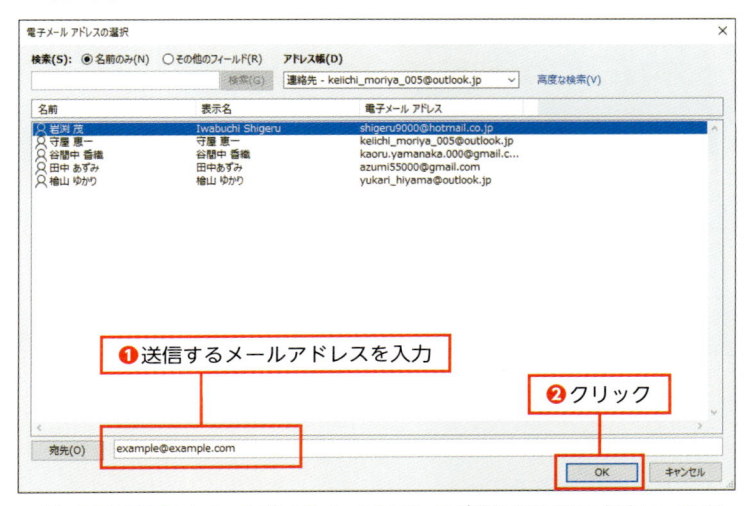

❶ 送信するメールアドレスを入力

❷ クリック

アドレス帳が表示される。転送するメールアドレスが登録されている場合は、アドレスを選択する。登録されていない場合は、[宛先] に転送先のメールアドレスを入力する（❶）。設定できたら [OK] をクリックする（❷）。なお、アドレス帳が空の状態の場合は設定できないので、あらかじめアドレス帳を設定しておく

● 条件を確認する

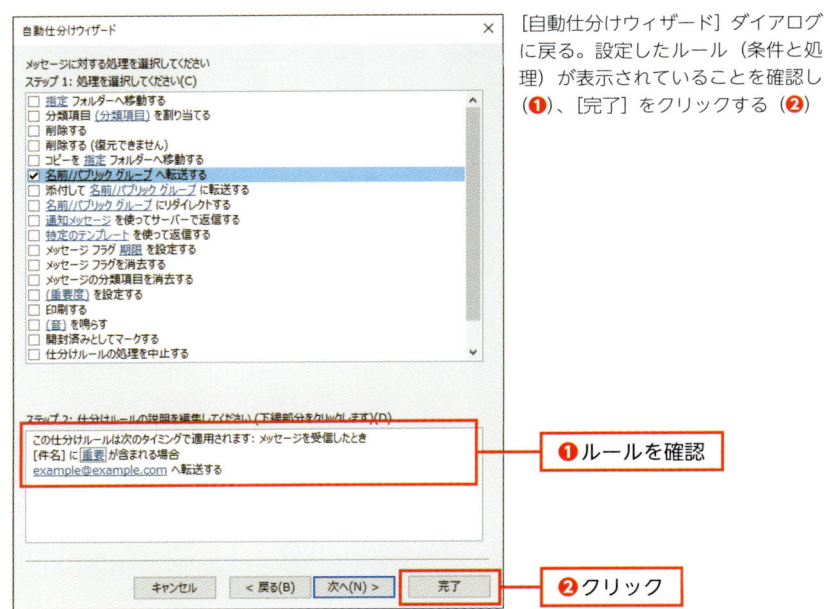

[自動仕分けウィザード] ダイアログに戻る。設定したルール（条件と処理）が表示されていることを確認し（❶）、[完了] をクリックする（❷）

❶ ルールを確認

❷ クリック

時短 10分

重要な顧客からメールが来たら通知を受け取る

メール仕事の手間を減らしたいなら、自分の都合のよいタイミングでメールチェックすべきです。しかし、重要な取引先からのメールは優先して対応したいこともあるでしょう。ここでは、その方法について解説します。

✉ パソコンのアウトルックで通知をコントロール

受信トレイに毎日多くのメールが届く人が、メールを受信するたびにいちいち受信トレイを開いていては仕事になりません。数時間おきにメールを受信し、必要な返信を送るのがベストです。しかし、売り上げの多くを占めるような取引先があれば、優先的に対応しなければならないこともあるでしょう。

そんな場合、==アウトルックでは特定の相手からのメールのみ通知を受け==

● ［仕分けルールの作成］ダイアログを表示する

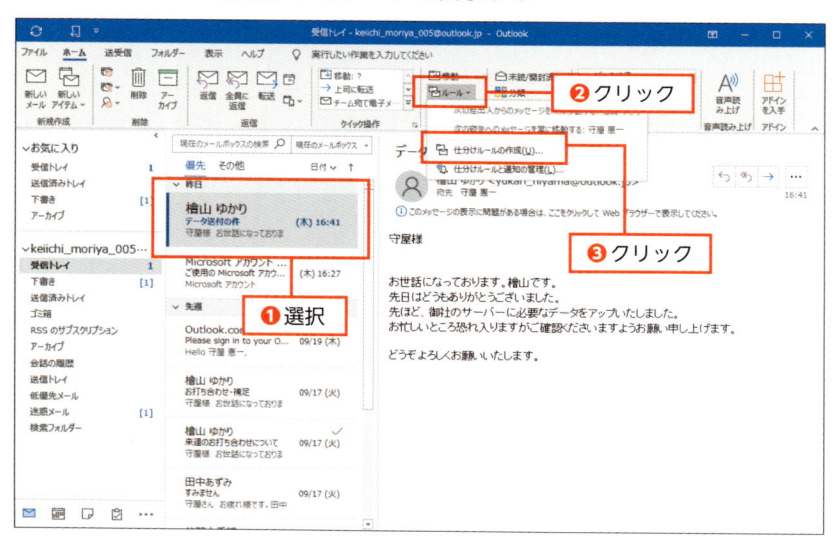

転送する差出人のメールを選択し（❶）、［ホーム］タブで［ルール］（❷）→ ［仕分けルールの作成］（❸）をクリックする

取る設定にすることができます。そうすることで、重要な取引先とはリアルタイムに近いやりとりをおこないつつ、ほかの相手とは適切な間隔で連絡を取り合うことが可能です。

● 実行する処理を設定する

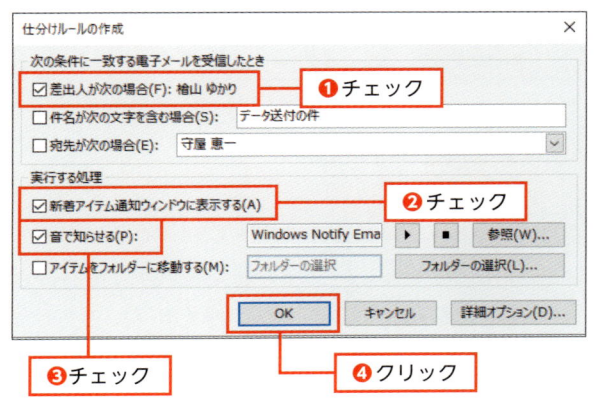

[差出人が次の場合] にチェックが付いていることを確認する（❶）。[新着アイテム通知ウィンドウに表示する]（❷）と［音で知らせる]（❸）にチェックを付け、[詳細オプション]をクリックする（❹）

● 仕分けルールを保存する

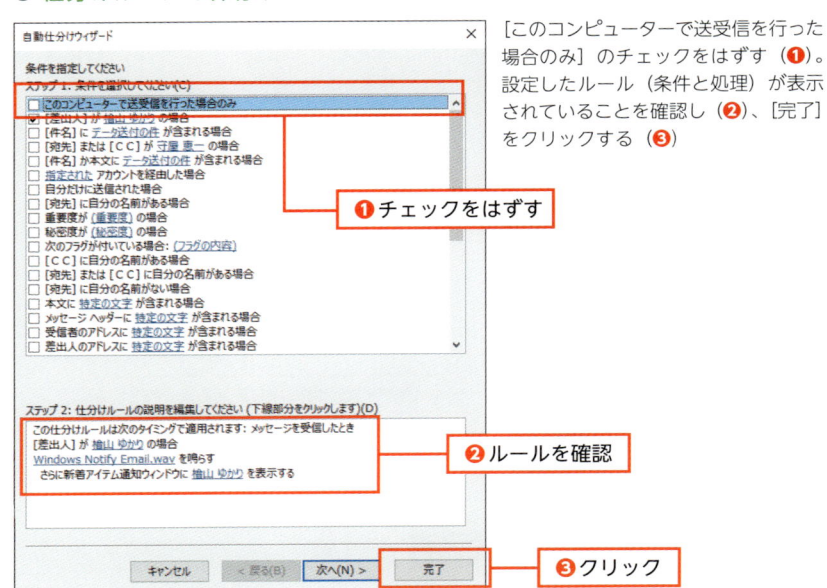

[このコンピューターで送受信を行った場合のみ] のチェックをはずす（❶）。設定したルール（条件と処理）が表示されていることを確認し（❷）、[完了]をクリックする（❸）

● メールが通知される

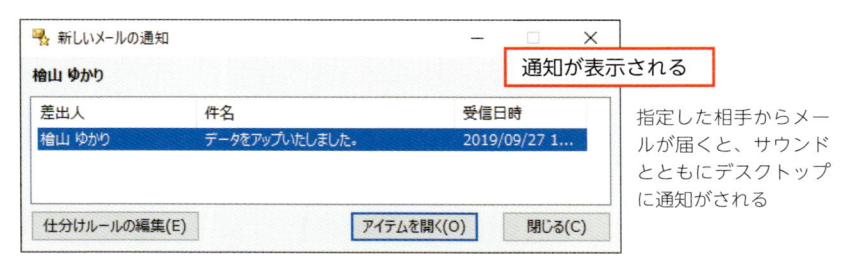

通知が表示される

指定した相手からメールが届くと、サウンドとともにデスクトップに通知がされる

スマホのアウトルックに通知を表示する

　ここまでに紹介した方法では、パソコン版のアウトルックで通知することができますが、スマホでは使えません。スマホで通知を制御したいなら、スマホ専用のメールアカウントに転送して、そこで通知のルールを決めるのがいいでしょう。ただし、**「Microsoft Flow」を利用すれば、スマホに通知を飛ばすことができます。**

Point　Microsoft Flowは、Microsoftが提供するタスク自動化ツールです。「IFTTT（イフト）」と似ていますが、動作にはOutlook.comまたはMicrosoft Exchangeのメール環境が必要です。

● スマホで「Flow」アプリにサインインする

スマホに「Flow」アプリをインストールして起動する。画面を進めていくと、［サインイン］画面が表示されるので、Microsoftアカウントを入力し（❶）、［次へ］をタップする（❷）。サインインできたら、初期設定を完了させる

❶Microsoftアカウントを入力

❷タップしてサインイン

● 「Flow」でフローの作成を始める

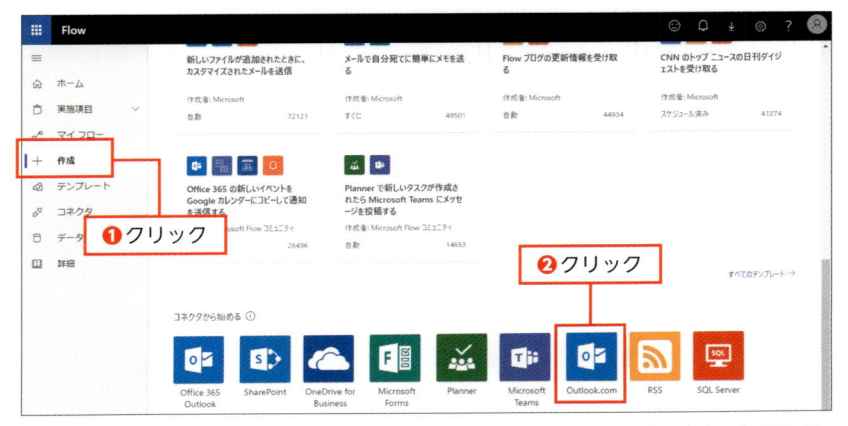

「Flow」（https://flow.microsoft.com/ja-jp/）にアクセスし、Microsoftアカウントでサインインする。[作成] をクリックし（❶）、画面下部の [コネクタから始める] 欄にある [Outlook.com] をクリックする（❷）

● トリガーを選択する

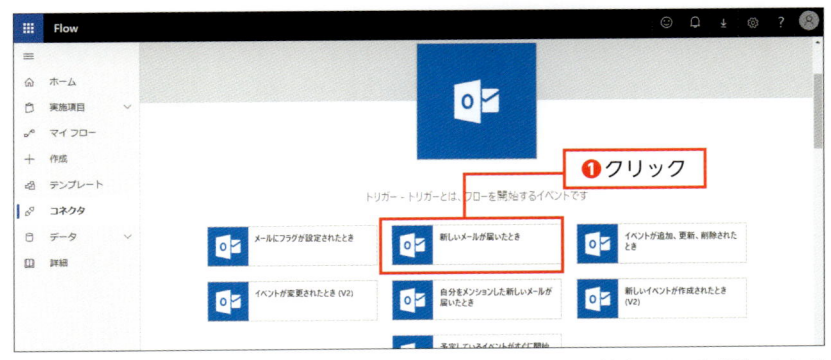

次にフローを開始するためのトリガーとなるアクションを選択する。特定のメールが届いたときにフローを開始するので、[新しいメールが届いたとき] をクリックする（❶）

● トリガーの詳細オプションを表示する

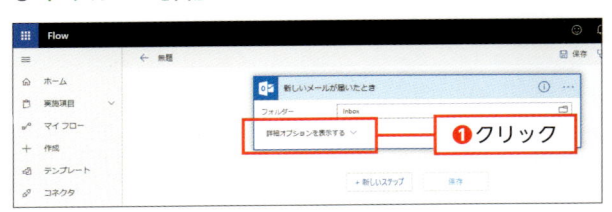

[新しいメールが届いたとき] のトリガー画面が表示されるので、[詳細オプションを表示する] をクリックする（❶）

● 通知したい顧客のメールアドレスを設定する

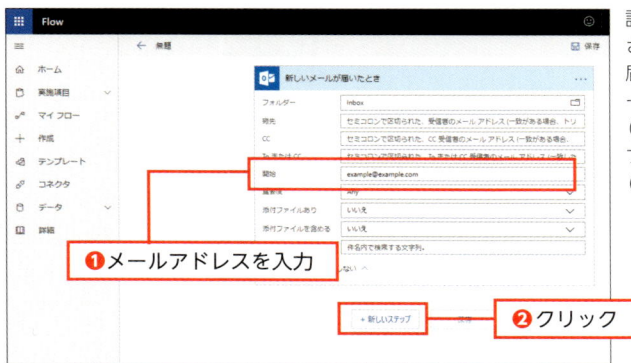

詳細オプションが表示されるので、[開始]に届いたら通知したいメールアドレスを入力し（❶）、[新しいステップ]をクリックする（❷）

● アクションを選択する

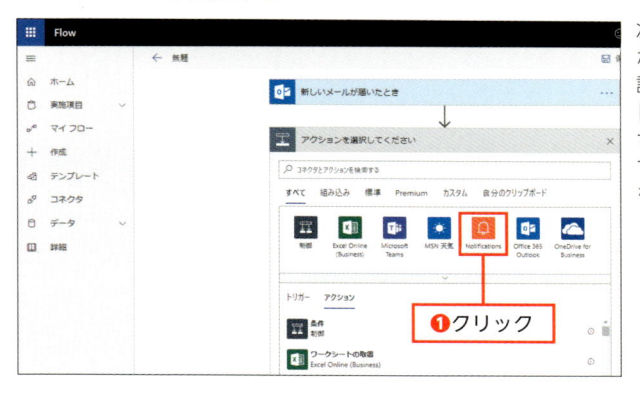

次にトリガーで合致したときのアクションを設定する。ここでは、「Flow」アプリへ通知する設定をおこなうので、[Notifications]をクリックする（❶）

● 通知方法を選択する

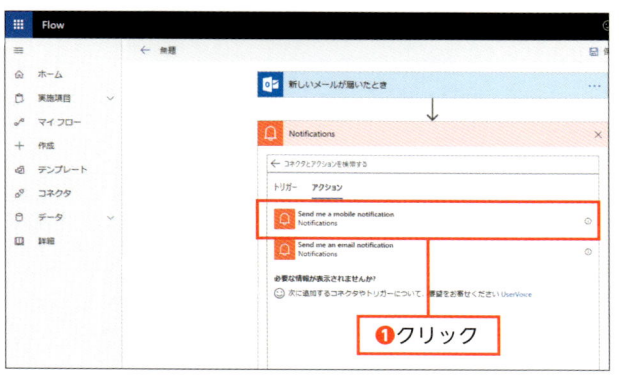

通知方法の選択画面が表示される。スマホのアプリに通知するので、[Send me a mobile notifications]をクリックする（❶）

● 通知の件名を設定する

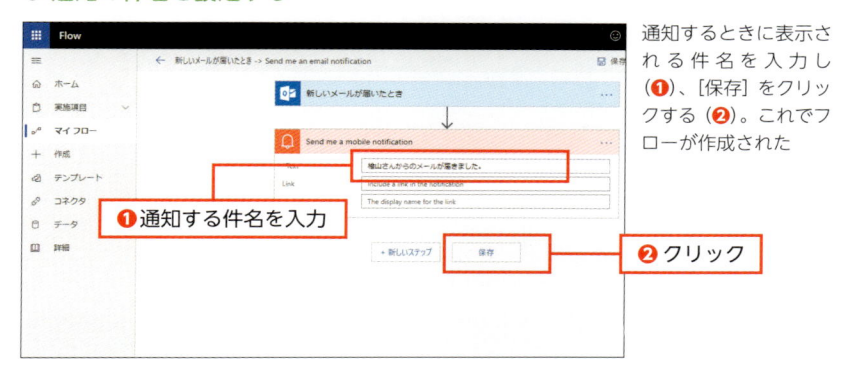

❶通知する件名を入力

❷クリック

通知するときに表示される件名を入力し（❶）、[保存] をクリックする（❷）。これでフローが作成された

● 通知を確認する

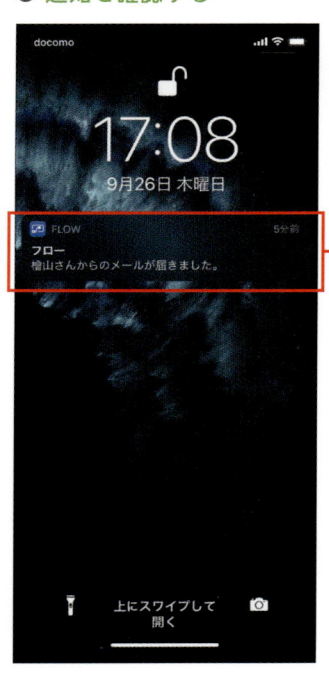

設定した相手からメールが届くと、「Flow」アプリに通知が届く

通知が表示された

時短
20分

自分の作業時間を相手に知らせないようにメールを送りたい

土日や深夜など、相手が営業時間外のときにメールを送る場合、自分がいつ作業しているかを知られたくないこともあるでしょう。そんなときは、アウトルックで自動送信してしまいましょう。

✉ ［配信タイミング］機能で送信時間を変える

　土日祝や深夜に仕事をまとめて片付ける人もいるでしょう。そのタイプの人が得意先にいわれて困ることの1つが「この仕事を朝までに（週明けまでに）やっておいて」です。今夜または今週末は休養に当てようと思っていたのに、当たり前のように頼まれてしまうと、断るのに苦労してしまいます。

　そうならないためにも、通常の営業時間からずれている時間帯に仕事する人は、いつ作業しているかを知らせないほうがいいときがあります。メールを送信すると、その時間に仕事していることがバレてしまうので、**深夜にメールの返信を書いて、午前中に送信するように設定しておきます。**

　まず、自動送受信の設定を確認しておきます。

● ［Outlookのオプション］ダイアログを表示する

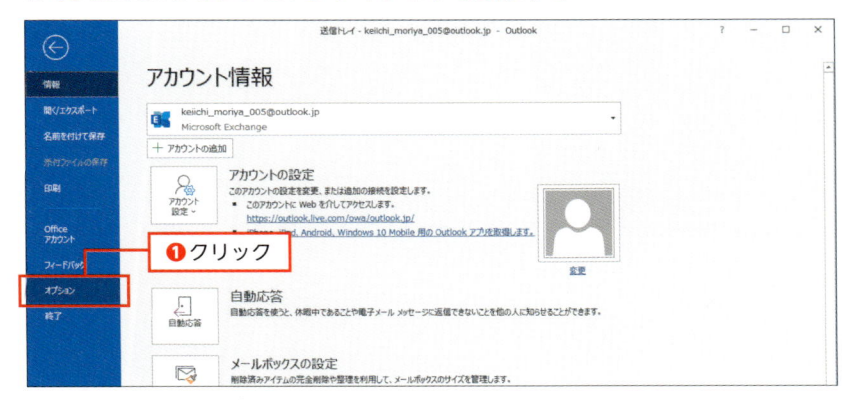

［ファイル］タブ→［オプション］をクリックする（❶）

● ［送受信グループ］ダイアログを表示する

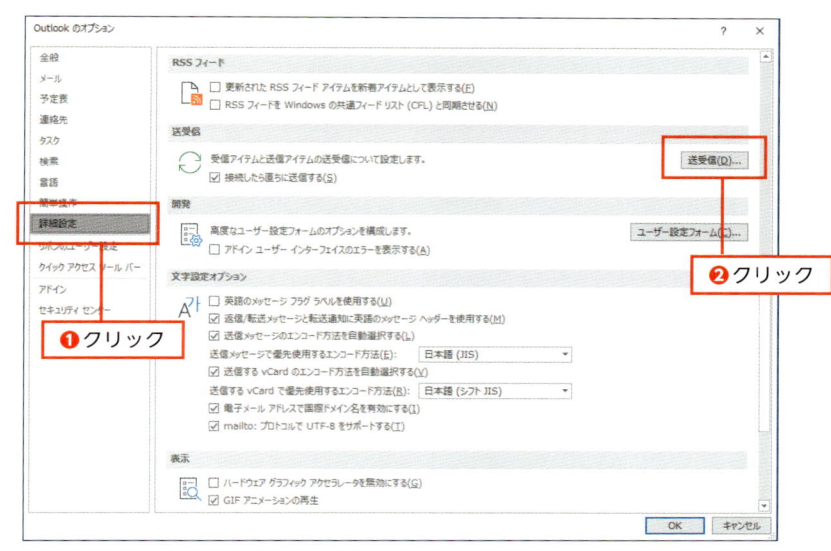

［Outlookのオプション］ダイアログが表示されるので、［詳細設定］をクリックし（❶）、
［送受信］をクリックする（❷）

● 自動送受信を有効にする

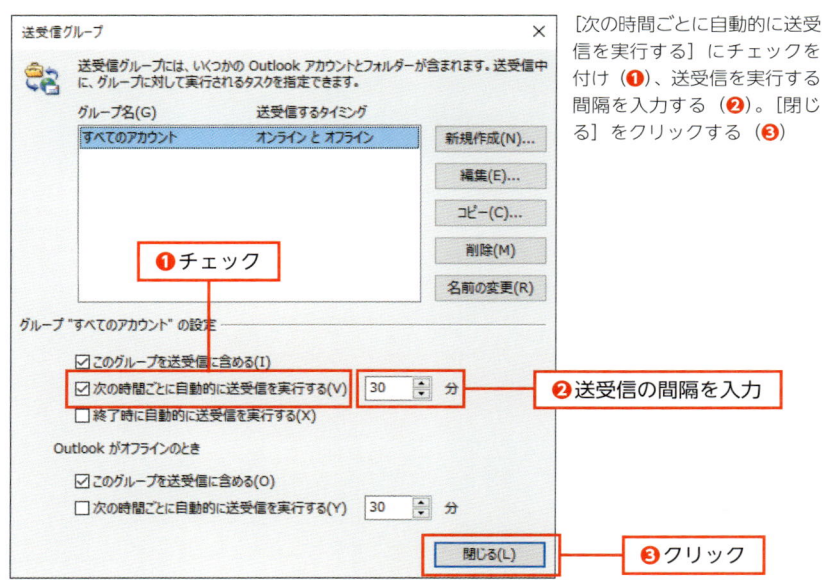

［次の時間ごとに自動的に送受信を実行する］にチェックを付け（❶）、送受信を実行する間隔を入力する（❷）。［閉じる］をクリックする（❸）

次に、自動送信したいメールを書いて、送信したい日時を設定します。

● 配信タイミングの［プロパティ］ダイアログを表示する

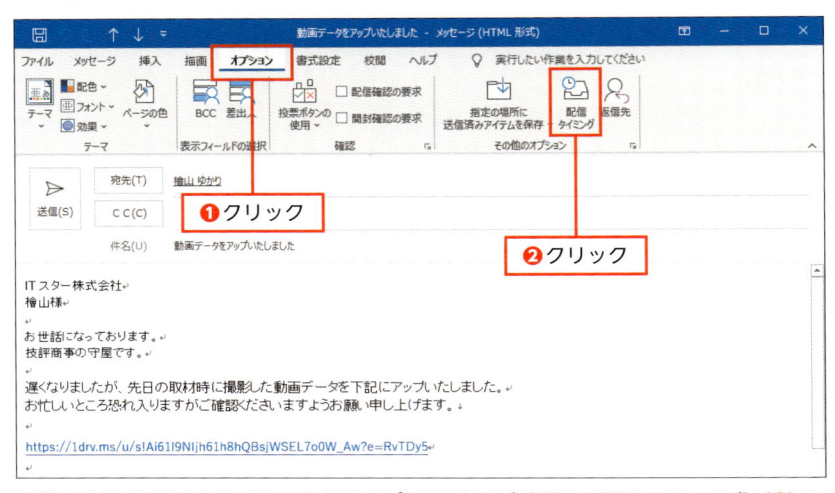

自動送信するメールの作成画面を開き、［オプション］タブ（❶）の［配信タイミング］（❷）を
クリックする

● メールを送信する日時を設定する

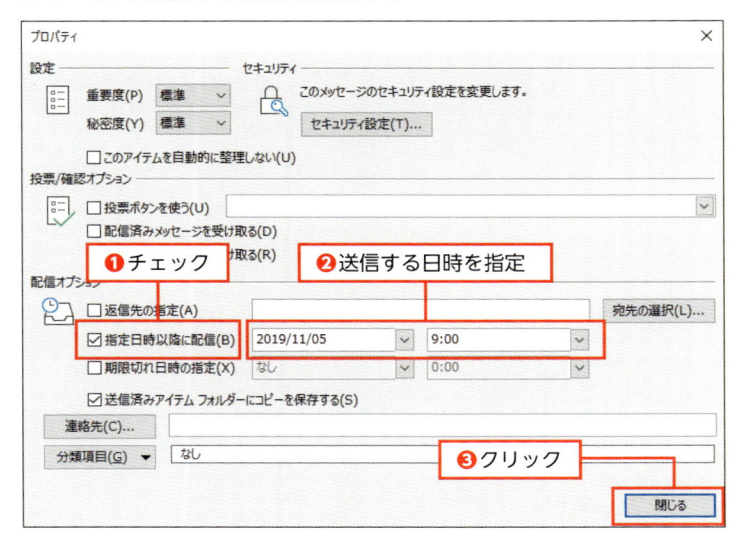

［指定日時以降に配信］にチェックを付け（❶）、メールを送信する日時を指定する
（❷）。指定できたら、［閉じる］をクリックする（❸）

● メールの送信を予約する

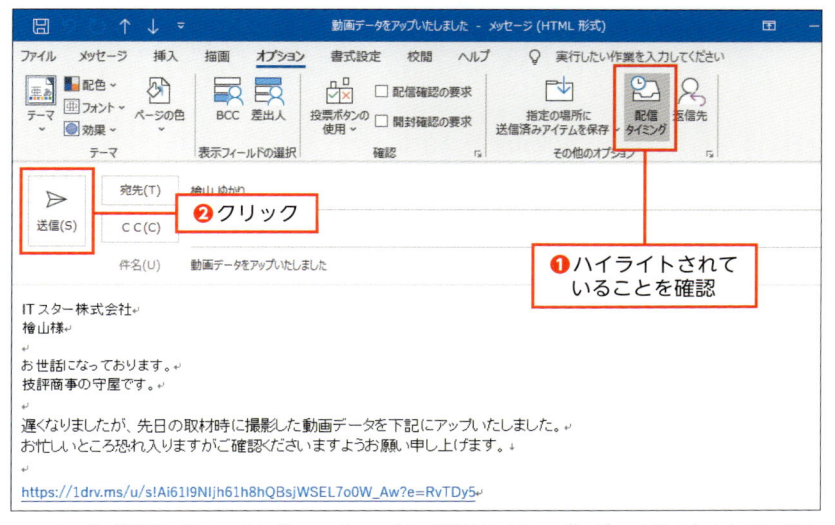

メールの作成画面に戻る。[オプション] タブの [配信タイミング] がハイライトされていることを確認し（❶）、[送信] をクリックする（❷）

 ATTENTION !

メールを自動送信するには、アウトルックが起動して、ネットにつながった状態である必要があります。うっかり終了したままパソコンの前を離れることがないように注意しましょう。

Point

この手順は、意図的に返信のタイミングを遅らせたいときにも使えます。メールチェックの間隔が短い相手とのやりとりで、こちらが送信したらすぐに返信してくる場合、素直に"お付き合い"していると、こちらの作業効率が落ちてしまうことがあります。そんなときは、メールの返信を書き、ここで解説した方法で送信タイミングを遅らせるといいでしょう。

時短
20分

特定の相手からのメールを
社内のメンバーに自動転送する

窓口になるメンバーと実作業をおこなうメンバーが異なるとき、社外の関係
者からのメールをいちいち転送していては面倒だし、転送し漏れがあると大
変です。そんな場合は、アウトルックで自動転送しましょう。

📧 仕分けルールで転送する

　受信したメールを社内のほかのメンバーに転送しなければならないとき、
通常は［ホーム］タブの［転送］をクリックするか、Ctrl＋Fで転送しま
す。複数のメールをまとめて転送したいなら、メッセージ一覧で転送した
い複数のメールを選択し、同様の操作を実行すれば転送可能です。しかし、
これでは転送し漏れが発生する危険があります。

**特定の相手からのメールを、特定のメンバーに必ず転送しなければなら
ないのなら、仕分けルールを設定して自動転送してしまいましょう。**

● ［仕分けルールの作成］ダイアログを表示する

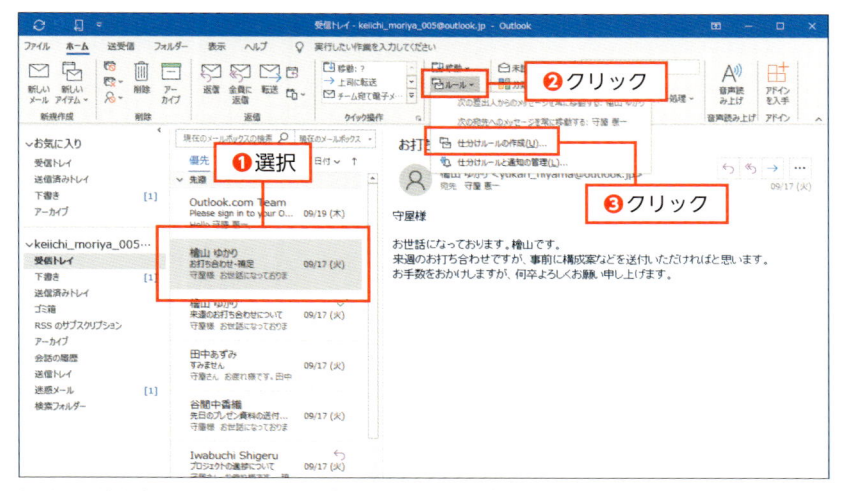

転送する差出人のメールを選択し（❶）、［ホーム］タブで［ルール］（❷）→［仕分けルールの
作成］（❸）をクリックする

● ［送受信グループ］ダイアログを表示する

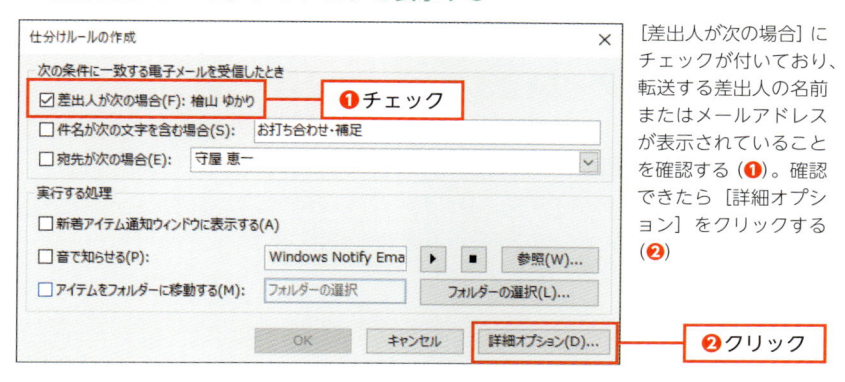

[差出人が次の場合] に
チェックが付いており、
転送する差出人の名前
またはメールアドレス
が表示されていること
を確認する（❶）。確認
できたら［詳細オプショ
ン］をクリックする
（❷）

● 自動送受信を有効にする

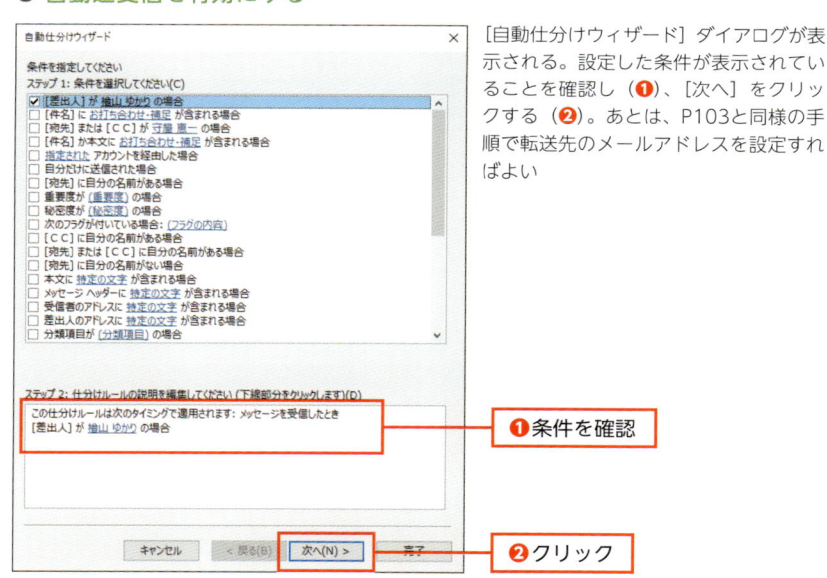

[自動仕分けウィザード] ダイアログが表
示される。設定した条件が表示されてい
ることを確認し（❶）、[次へ] をクリッ
クする（❷）。あとは、P103と同様の手
順で転送先のメールアドレスを設定すれ
ばよい

✉ ATTENTION !

この設定を行うと、自分で無効にしない限り、条件にあったメールをずっと転送
し続けます。社内の担当者が変わった場合など、設定が不要になったら削除する
のを忘れないようにしましょう。

3 — ⑫

時短 **20**分

休暇中に届いたメールには 自動応答で対応する

渉外を担当している場合など、届いたメールに自分で返信するのが業務の一環になっていれば、休暇で返信できないのが気になることもあるでしょう。そんなときは、アウトルックの自動応答機能を利用します。

✉ アウトルックで自動返信の設定をおこなう

長めの休暇を取ったり、急遽外出する必要があったりする場合、**問い合わせのメールなどに自動返信したいなら、アウトルックの自動返信機能を利用してみましょう。**

この機能は届いたメールすべてに返信してしまうため、ほかのメンバーと共同で使用しているメールアドレス宛てのメールも届く場合は、使わないほうがいいでしょう。必ず返信が届くことが期待されているメールアドレスに使うと便利です。

また、このテクニックはアウトルックを起動中にしか使えません。

● [Outlookのオプション] ダイアログを表示する

[クイックアクセスツールバーのユーザー設定] アイコンをクリックし（❶）、[その他のコマンド] を選択する（❷）

● クイックアクセスに「自動応答」を追加する

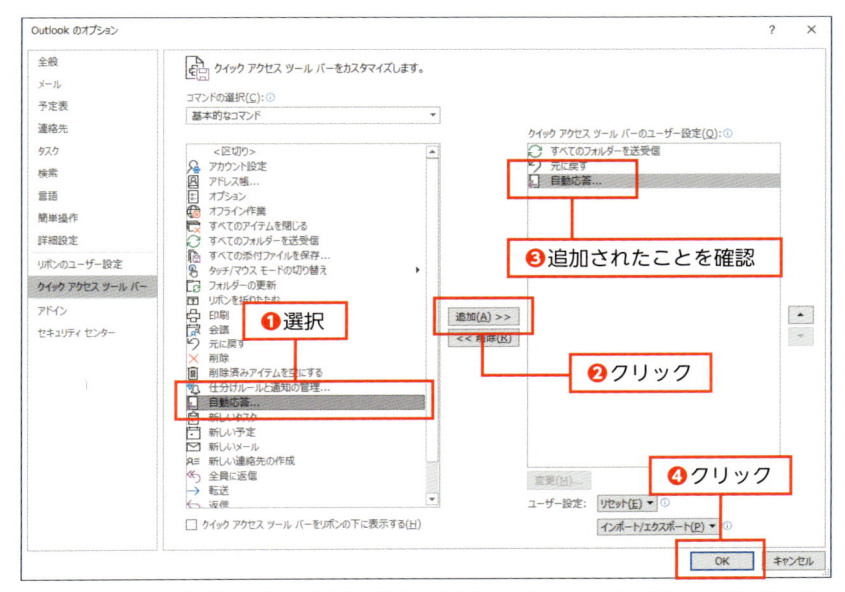

左側のボックスで［自動応答］を選択し（❶）、［追加］をクリックする（❷）。右側のボックスに［自動応答］が追加されたことを確認し（❸）、［OK］をクリックする（❹）

● ［自動応答］ダイアログを表示する

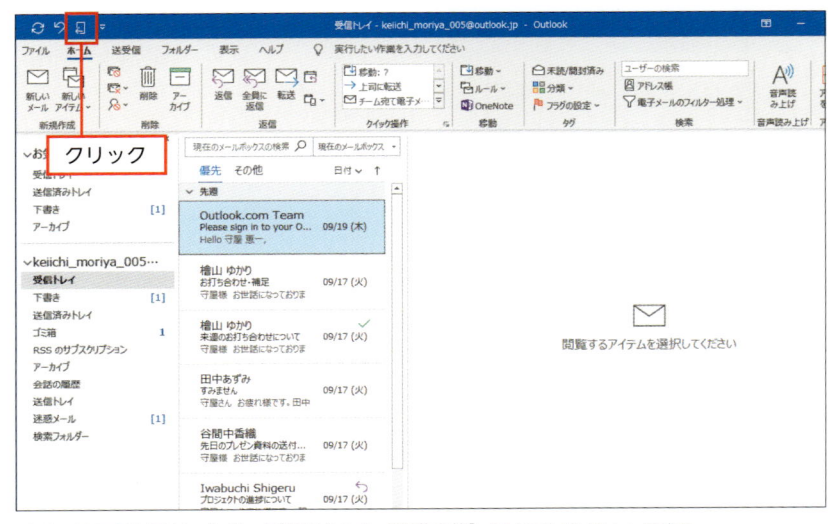

クイックアクセスツールバーに追加された［自動応答］アイコンをクリックする

● 自動応答を設定する

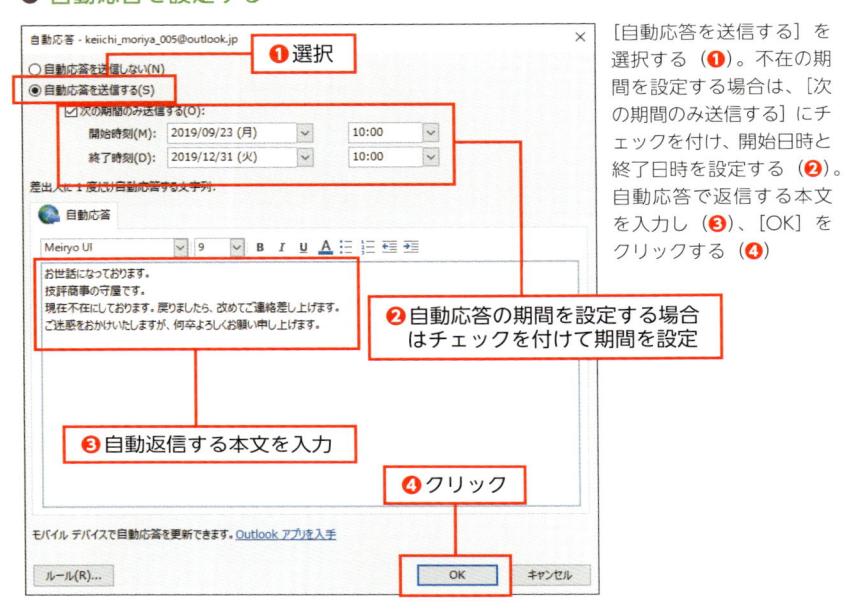

[自動応答を送信する]を選択する（**①**）。不在の期間を設定する場合は、[次の期間のみ送信する]にチェックを付け、開始日時と終了日時を設定する（**②**）。自動応答で返信する本文を入力し（**③**）、[OK]をクリックする（**④**）

● 自動応答が有効になる

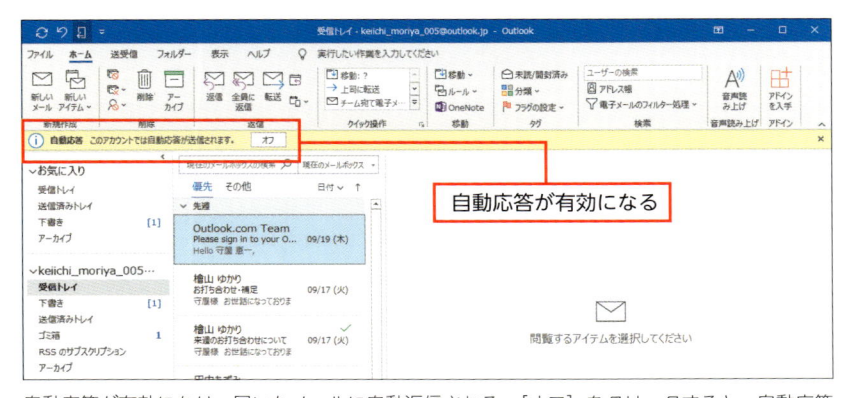

自動応答が有効になり、届いたメールに自動返信される。[オフ]をクリックすると、自動応答がオフになる

Point 特定の人からのメールに対して自動返信したいなら、仕分けルールで設定するといいでしょう。本文に特定の文字列があるときだけ自動返信するなどの設定も可能です。

Outlook.comのメールアドレスなら、さらに細かい設定が可能です。あらかじめ登録済みの連絡先からのメールのみ、返信するように設定することもできます。

● メールの送信を予約する

Outlook.com（https://outlook.live.com/）にアクセスし、自分のMicrosoftアカウントでサインインする。自分のメールボックスを開いたら、歯車アイコン（❶）→［Outlookのすべての設定を表示］（❷）をクリックする

● 自動応答の詳細オプションを設定する

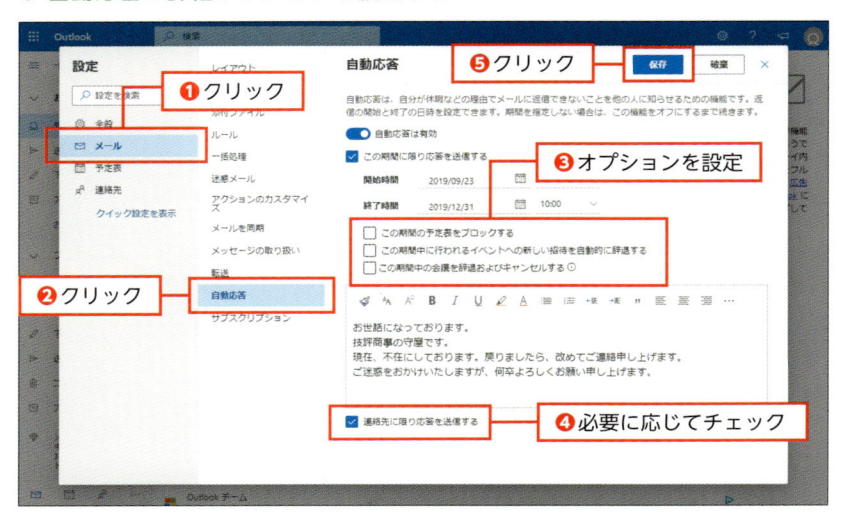

［メール］（❶）→［自動応答］（❷）をクリックする。不在の期間に届いた新しい招待や予定表に関するオプションで、有効にしたいものにチェックを付ける（❸）。連絡先に登録している相手だけに自動応答したい場合は、［連絡先に限り応答を送信する］にチェックを付ける（❹）。設定が完了したら、［保存］をクリックする（❺）

時短
40分

スヌーズ機能を
アウトルックでも実現する

Gmailには便利なスヌーズ機能がありますが、アウトルックにはありません。
しかし、アウトルックでも同様の機能を実現できます。

✉ フラグの期限をビューでフィルタリングする

　Gmailには、あらかじめ設定した日時まで受信トレイでメールを非表示にする機能があります。「このメールは来週月曜日に処理すればいい」「来月末になったら、このメールのことを思い出そう」といったときに便利ですが、残念ながらアウトルックには搭載されていません。しかし、ちょっと工夫すれば、似たようなことは可能です。

　まず新規ビューを作成し、フィルターで①フラグの期限が今日以前、②フラグが設定されていないの2つを設定します。すると、**フラグの期限当日になると、メールが受信トレイに表示され、さらにフラグが設定されていないメールも表示されます**。期限が明日以降であるメールのみ、非表示になるわけです。

● ビューをコピーする

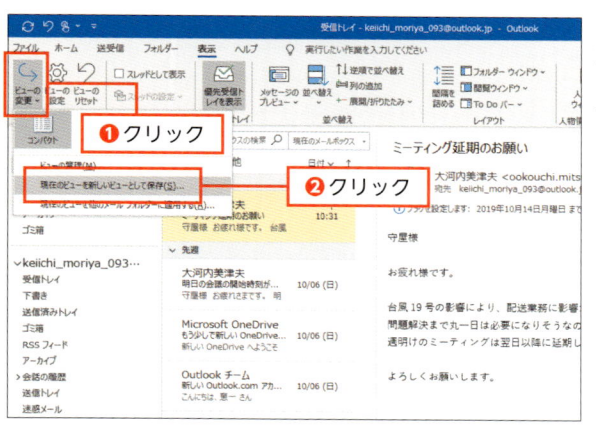

[表示] タブで [ビューの変更]（❶）→ [現在のビューを新しいビューとして保存]（❷）をクリック

なお、この操作を実行する際は、「ToDoバー」の「タスク」を表示しておくのがおすすめです。そうしないと、期限前に内容を確認したくなったとき、非表示にしたメールの存在を忘れて探し回ることになってしまいかねません。

● 新しいビューに名前を付ける

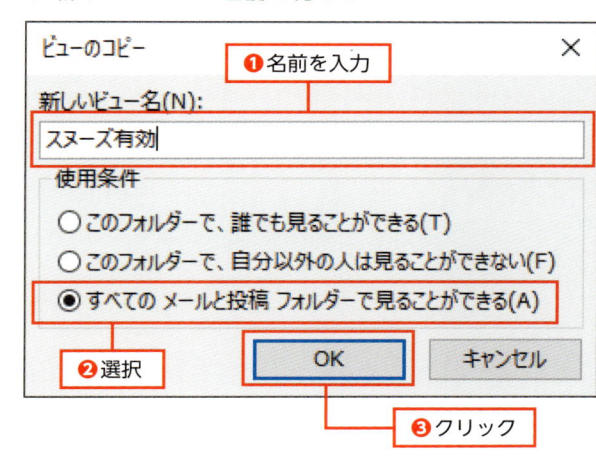

[ビューのコピー] ダイアログが表示される。[新しいビュー名] に適当な名前を入力（❶）。[使用条件]で［すべてのメールと投稿フォルダーで見ることができる］を選択し（❷）、[OK] をクリックする（❸）

● ビューの設定をおこなう

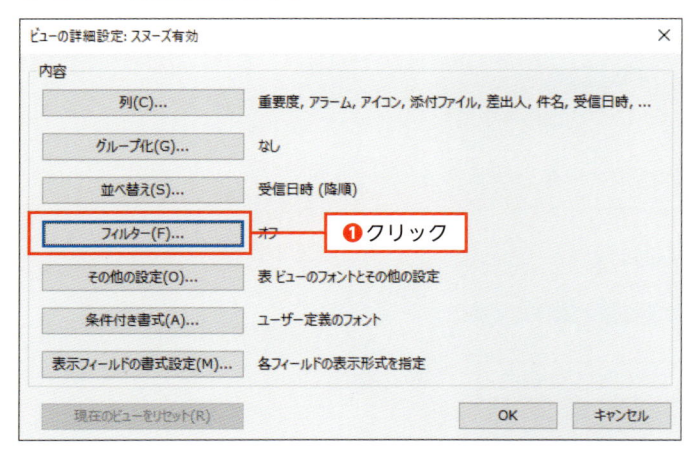

[表示] タブの [ビューの設定] をクリックして [ビューの詳細設定] ダイアログを表示したら、[フィルター] をクリックする（❶）

● 検索条件を設定する

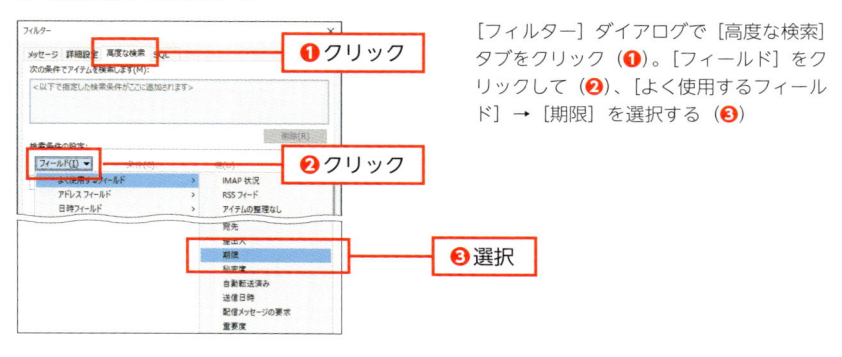

［フィルター］ダイアログで［高度な検索］タブをクリック（**1**）。［フィールド］をクリックして（**2**）、［よく使用するフィールド］→［期限］を選択する（**3**）

● 期限未設定のメールを表示する

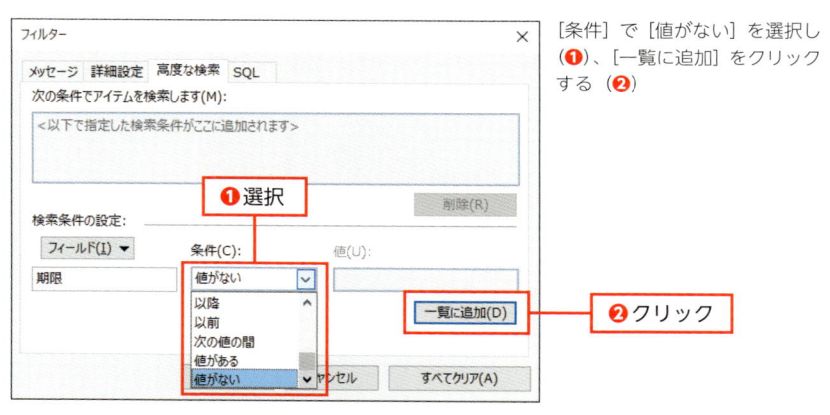

［条件］で［値がない］を選択し（**1**）、［一覧に追加］をクリックする（**2**）

● 期限が今日以前のメールを表示する

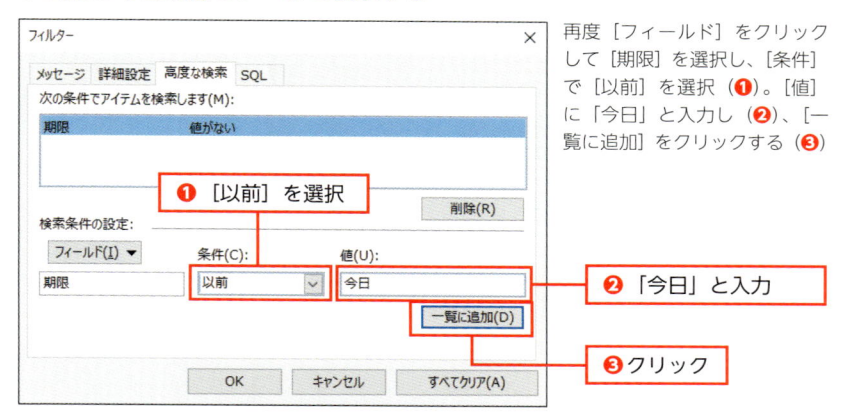

再度［フィールド］をクリックして［期限］を選択し、［条件］で［以前］を選択（**1**）。［値］に「今日」と入力し（**2**）、［一覧に追加］をクリックする（**3**）

第 **4** 章

メール仕事の作業時間を劇的に短縮する

前書きでも書いたように、アウトルックでのメール仕事で時短したい作業は3種類あります。そのうち、ここでは最初にメニューを開いたり、リボンのアイコンをクリックしたりする時間を短縮するためのショートカットキーを扱います。ショートカットキーで注意することは、頑張って覚える前に「どのショートカットキーを覚えれば、本当に時短につながるのか」を知っておくことです。

次に、テンプレートとクイック操作などの自動化を解説します。いずれも、ショートカットキーではカバーできない部分を時短できます。テンプレートは文字入力の時間を大幅に節約します。もし定型文を送信する仕事が多ければ、時短にかなりの効果があるはずです。クイック操作は、適用できる範囲がさらに広く、BCCへのメールアドレス入力などを自由に設定できるので、数ステップに分かれている操作をまとめて実行することも可能なのです。

ショートカットキーを
一生懸命覚えるのは無駄!

「ショートカットキーを覚えれば、時短につながる」と説く本をよく見かけます。それは確かに真実ですが、しかしそれだけでは不十分です。

✉ 使うものからマスターする

　P3で述べたように、アウトルックに限らず、パソコン仕事の時短を実現したいなら、まず**ショートカットキーを使うことで、マウス操作をおこなっている時間を減らす必要があります**。

　しかし、ここで問題になるのは「どのショートカットキーを覚えればよいのか」です。ショートカットキーは大量に用意されており、すべてを記憶することはできませんし、その必要もありません。人間の脳のリソースは有限です。不要な情報を貯め込んでおくのは、リソースの無駄遣いです。また、覚えにくい情報＝覚えるためのコストが高い情報も、作業全体の効率から考えれば、覚えないほうがベターでしょう。

　ショートカットキーをマスターするのに、最も悪い方法は、本やWebに掲載されているショートカットキーの表を頭から覚えていくことです。**もっと効率的にショートカットキーをマスターするには、よく使うもの、多くの操作を省略できるものから身に付けていくようにします。**

メール作成・送信に関するショートカットキー

　メールの返信や転送、新規メールの作成、作成したメールの送信のショートカットキーは非常によく使うので、最低限覚えておきましょう。

Ctrl + R	返信する（Reply）
Ctrl + F	転送する（Forward）
Ctrl + N	新しいメールを作成する（New）
Alt + S	送信する（Send）

検索に関するショートカットキー

　キーワードをメール全体から検索するクイック検索、検索場所を限定する高度な検索も覚えておくと便利です。

`Ctrl` + `E`	クイック検索（Explore）
`Ctrl` + `Shift` + `F`	高度な検索をおこなう

ビューなどを切り替えるショートカットキー

　カレンダーや連絡先をよく利用するなら、ここに挙げたショートカットキーも覚えておきます。ただし、あまり利用しないなら覚える必要はありません。

`Ctrl` + `1`	メール画面
`Ctrl` + `2`	カレンダー画面
`Ctrl` + `3`	連絡先画面
`Ctrl` + `4`	タスク画面

ほかのアプリでも利用できるショートカットキー

　Windowsのほかのアプリでも利用できるものとして、以下のショートカットキーが便利です。特に、ダイアログを操作する際に使う `Enter` や `Esc` は、時短につながるので必ず使いましょう。また、`Alt` ＋英字では下線付き英字の項目を選択し、`Space` でチェックのオン／オフを切り替えたり、さらにダイアログを表示したりできます。

`Enter`	ダイアログで［OK］をクリック
`Space`	フォーカスのあるボタンをクリック
`Esc`	操作を取り消す。またはダイアログで［キャンセル］をクリック
`Alt` + `F4`	ウィンドウを閉じる
`Alt` ＋ 英字	下線付き英字の項目を選択する

［Alt］＋英字の使い方を具体的に見てみましょう。

● クリックしたい場所を選択する

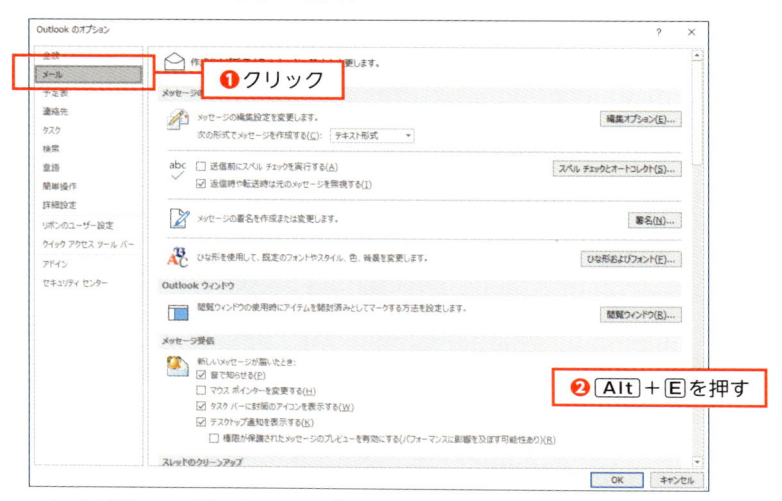

ここでは例として［Outlookのオプション］ダイアログを挙げる。左で［メール］をクリックして（❶）、［Alt］＋［E］を押す（❷）

● フォーカスのあるボタンを押す

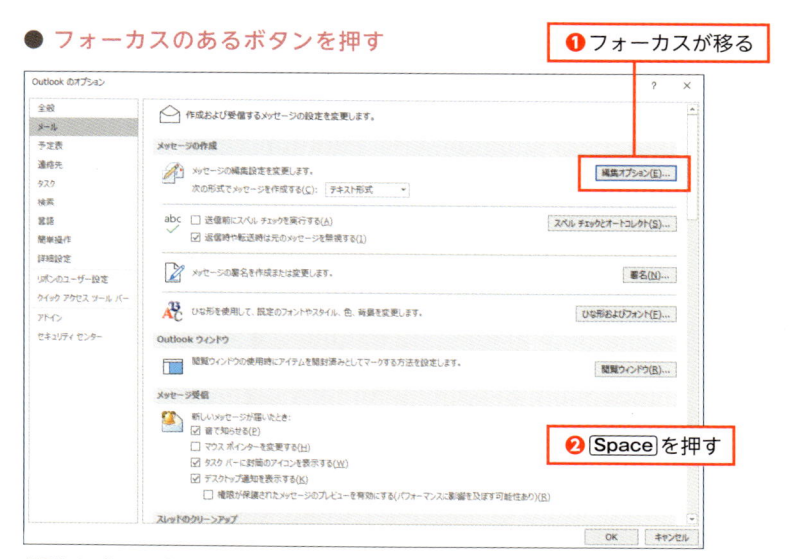

［編集オプション］にフォーカスが移るので（❶）、［Space］を押す（❷）。ここでは［Enter］でもよいが、ボタンではなくチェックマークにフォーカスがある場合、［Enter］を押すと［OK］をクリックしたことになってしまう

● 次のダイアログが表示される

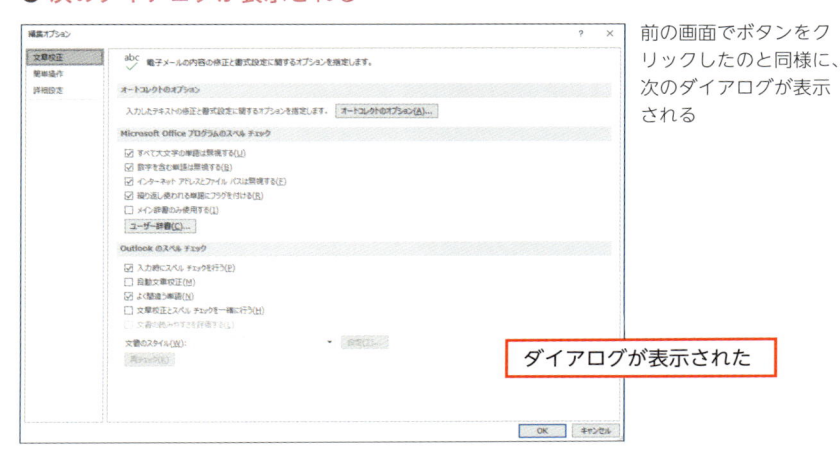

前の画面でボタンをクリックしたのと同様に、次のダイアログが表示される

ダイアログが表示された

Point

もう1つ使いこなしたいのが、アクセスキーです。[Alt]を押して離すと、小さな英数字がリボンのそれぞれのアイコン近くに表示されます。表示された英数字をキーボードから入力すると、英数字の近くにあるアイコンをクリックしたのと同じ動作になります。よく使う機能にショートカットキーが割り当てられておらず、リボンから操作できるなら、アクセスキーを利用すると便利でしょう。

COLUMN
[Ctrl] を [CapsLock] の位置に移動する

　初期状態では [Ctrl] はキーボードの左手前に位置しているため、いちいち左手をホームポジションから離さねば、[Ctrl] + [R] などのショートカットキーは使えません。そこで [CapsLock] を [Ctrl] と同じように使えれば、左手で押すショートカットキーは大変便利になります。

　この機能を実現するにはいくつか方法がありますが、ツールをインストールできる環境なら「AutoHotKey」でスクリプトファイルに「Capslock::Ctrl■ sc03a::Ctrl」（■は改行）と入力して実行します。すると、[CapsLock] を押したときに [Ctrl] と同じ動作になります。もしインストールできない環境なら、「かえうち」というUSB機器をパソコンとキーボードの間に接続するのがいいでしょう。

● 「AutoHotKey」 https://www.autohotkey.com/
● 「かえうち」 https://kaeuchi.jp

時短 10分

リボンに必要な機能のみを 集約したタブを作る

アウトルックの大半の機能がリボンから実行できるように、リボンには多くのアイコンが表示されています。いつも使うものを探すのに時間がかかるとき、どうすればかんたんに見つけられるようになるでしょうか。

✉ リボンをカスタマイズする

　よく利用する機能ほど、操作にかかる時間を短縮したときの効果は大きくなります。たまにしか使わない機能のショートカットキーよりも、毎日何度も使う機能のショートカットキーを覚えるべきでしょう。

　それと同様に、**もしリボンを頻繁に使用しているなら、新しくタブを作成し、よく使う機能をそこに集めると、タブの切り替え操作頻度が下がるので時短につながります**。

● リボンのユーザー設定を開く

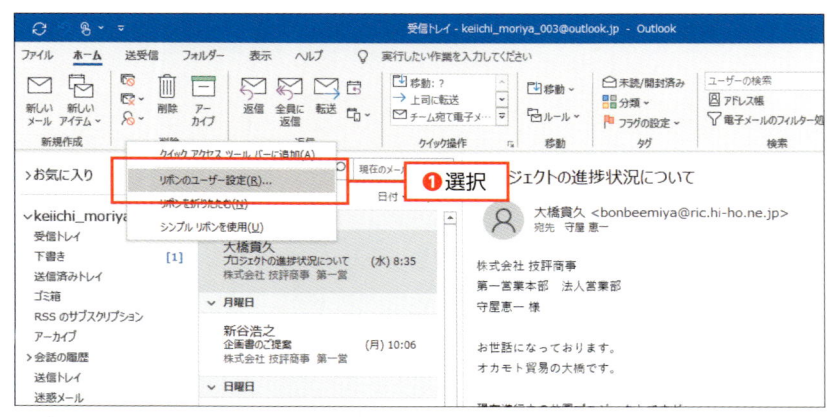

リボン上の何もない部分を右クリックし、表示されたメニューから［リボンのユーザー設定］を選択する（❶）

● 新しいタブを作成する

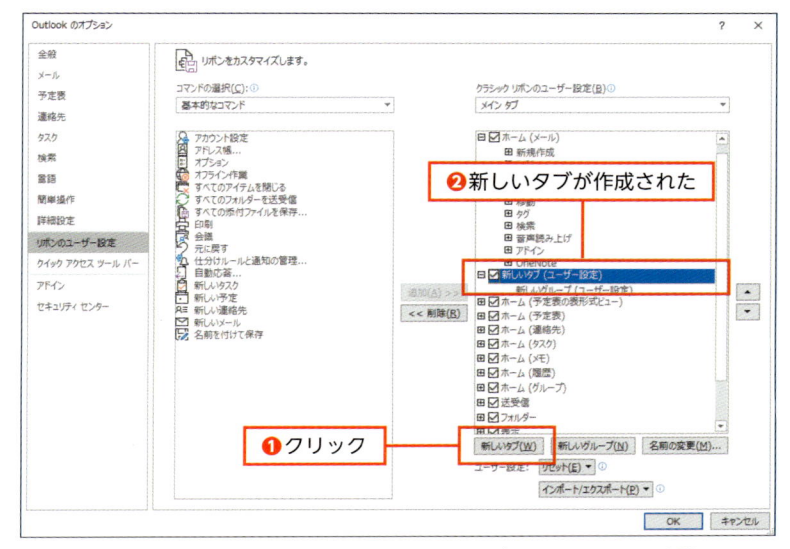

設定画面が表示されるので、画面右下にある［新しいタブ］をクリックする（❶）。リスト
に新しいタブが追加された（❷）

● タブの名前を変更する

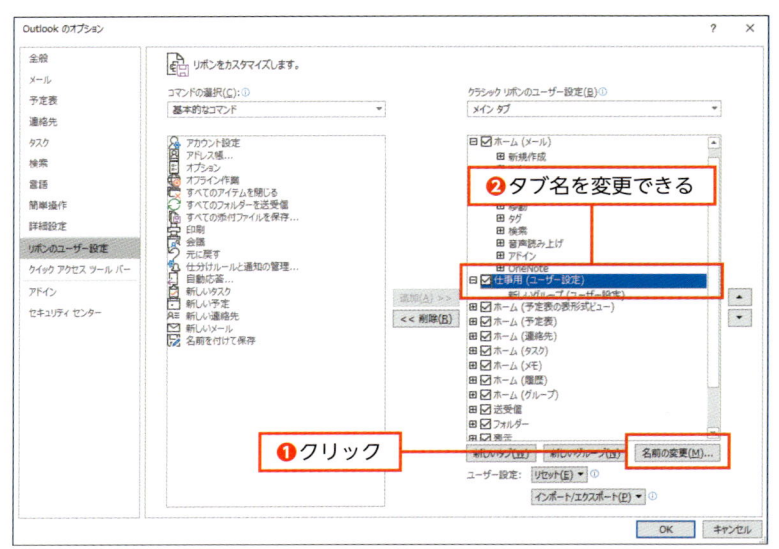

作成したタブを選択した状態で［名前の変更］をクリックすると（❶）、好きなタブの名前
に変更できる（❷）。ここでは「仕事用」とした

● タブにコマンドを追加する

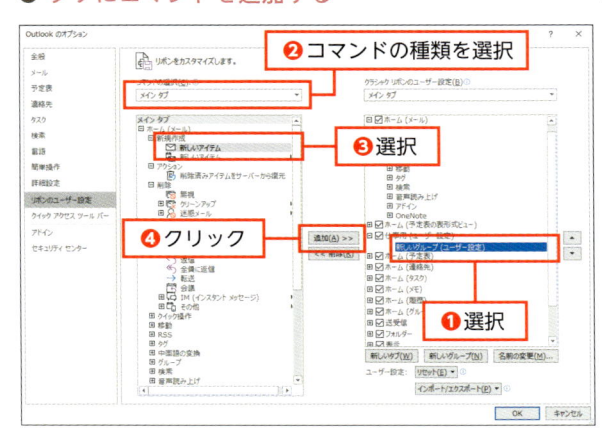

作成したタブの下にある[新しいグループ]を選択し（❶）、[コマンドの選択]で追加したいコマンドの種類を選択（❷）。表示された一覧から追加したいコマンドを選択し（❸）、[追加]をクリック（❹）。この要領で、使いたい操作のコマンドをすべて追加しよう

● 不要なタブや項目は非表示にしておく

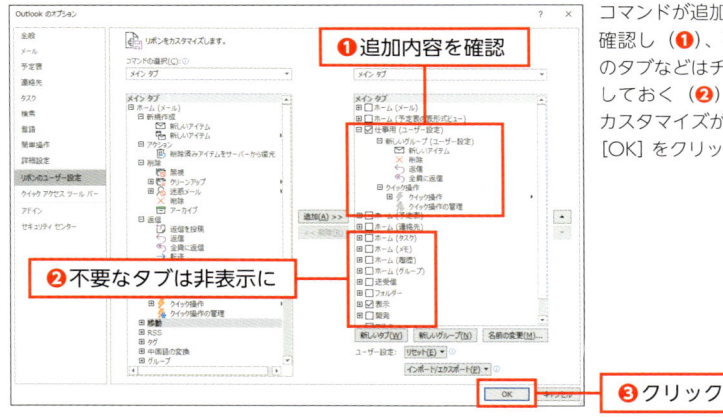

コマンドが追加されたのを確認し（❶）、不要なほかのタブなどはチェックを外しておく（❷）。すべてのカスタマイズが終わったら、[OK]をクリックする（❸）

● オリジナルのタブですばやく操作

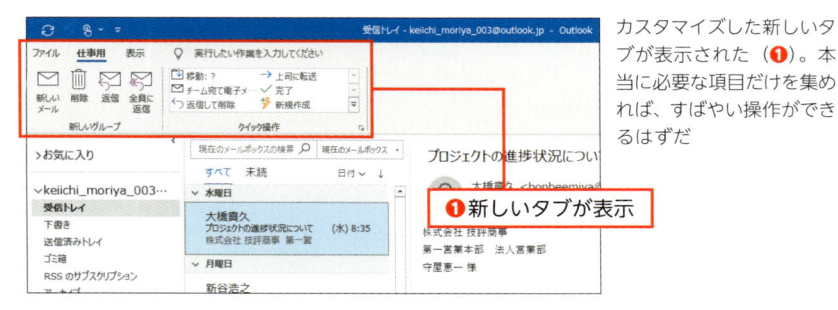

カスタマイズした新しいタブが表示された（❶）。本当に必要な項目だけを集めれば、すばやい操作ができるはずだ

よく使う機能にショートカットキーを割り当てる

ショートカットキーは、操作にかかる時間を短縮するための第一歩です。基本的なものは覚えておくほうが便利ですが、あらかじめアウトルックに用意されているショートカットキーだけでは足りないこともあります。そんなときには、どうしたらいいのでしょうか。

✉ クイックアクセスツールバーを使う

よく使う機能にショートカットキーが割り当てられていない場合、あるいは、覚えにくいが、ショートカットキーでやったほうが作業が大幅に短縮できそうな場合、新しいショートカットキーを作ります。「作る」といっても、まったく新しく作るのではなく、タイトルバー左端に並ぶアイコン（クイックアクセスツールバー）に Alt ＋数字キーを割り当てるのです。

ちなみに、クイックアクセスツールバーは、ほかのオフィスアプリにも搭載されています。エクセルやワードなどでショートカットキーを増やしたいときは、試してみるといいでしょう。

● ［その他のコマンド］を開く

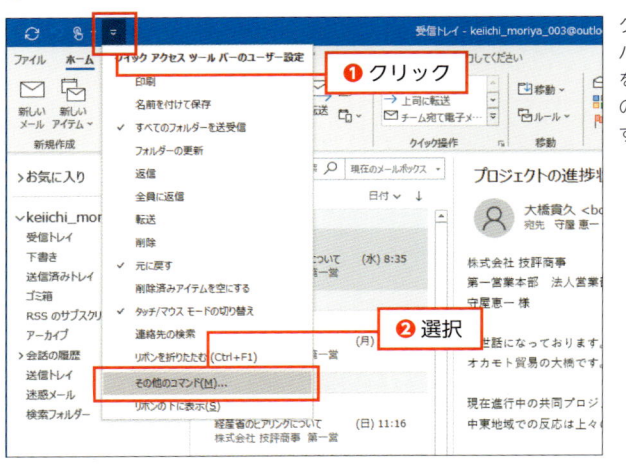

クイックアクセスツールバーの右端にある［▼］をクリックし（❶）、［その他のコマンド］を選択する（❷）

● 表示したいコマンドを追加する

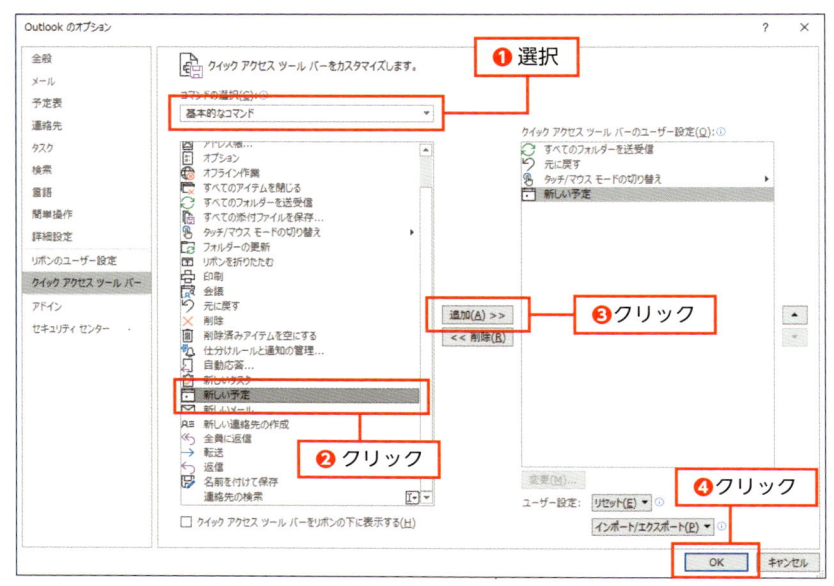

クイックアクセスツールバーの設定画面が表示される。画面左上の［コマンドの選択］でコマンドの種類を選択し（❶）、一覧から追加したいコマンド名を選択して（❷）、［追加］をクリックする（❸）。この要領で表示したい機能をすべて追加したら、［OK］をクリックする（❹）

● クイックアクセスツールバーに追加された

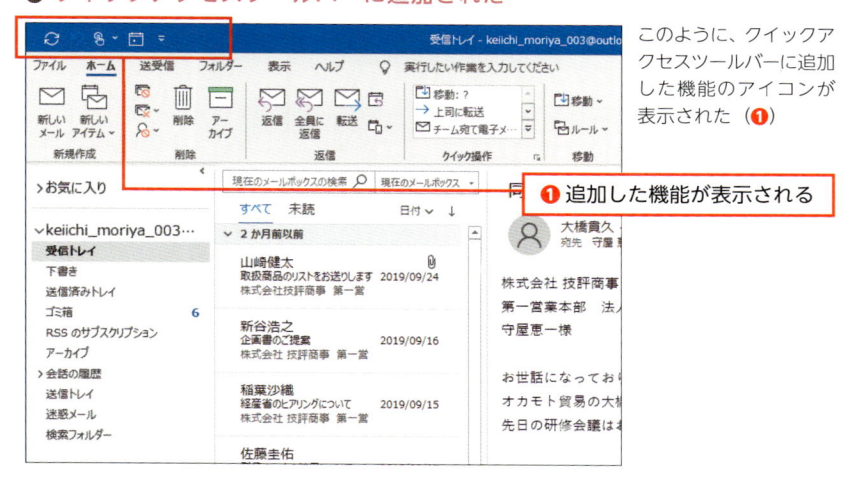

このように、クイックアクセスツールバーに追加した機能のアイコンが表示された（❶）

❶ 追加した機能が表示される

● ショートカットキーで瞬時に操作できる

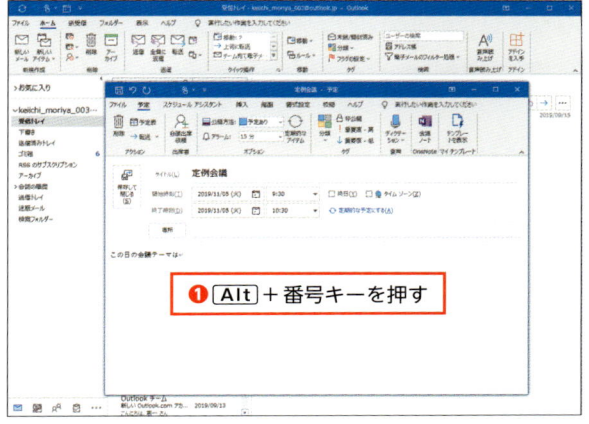

❶ [Alt] + 番号キーを押す

クイックアクセスツールバーに登録した機能には、自動的にショートカットキーが割り当てられる。たとえば、左から4番目にあるコマンドを実行するには [Alt] + [4] キーを押せばよい。なお、ここでは4番めに「新しい予定」コマンドが追加されているので、[Alt] + [4] キーを押すだけで新しい予定の登録画面を表示できる（❶）

Point

クイックアクセスツールバーのアイコンは、マウスでクリックしてもかまいませんが、アイコンが小さいので、ショートカットキーのほうがずっと手早く確実でしょう。

COLUMN
クイック操作にもショートカットキー割り当て可能

P134で述べる「クイック操作」にも、ショートカットキーを割り当てることができます。ただし、割り当て可能なキー操作は [Ctrl] + [Shift] + 数字キーのみです。

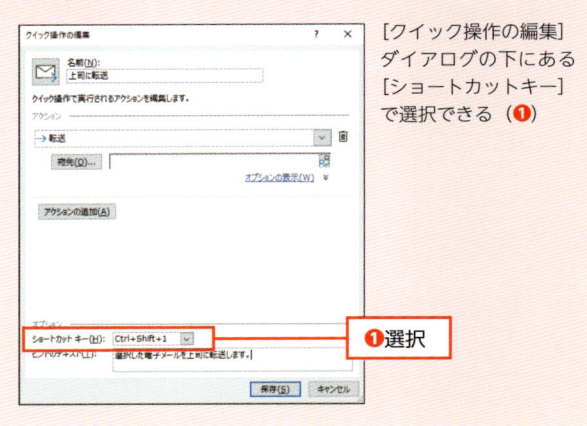

❶選択

[クイック操作の編集]
ダイアログの下にある
[ショートカットキー]
で選択できる（❶）

時短
20分

BCCへアドレスを瞬時に追加する

自分が送信したメールをスマホのアドレスにも送りたいとき、いちいちアドレスを入力していては不便です。何かいい方法はないでしょうか。

✉ クイック操作を利用するのが最も速い

仕事用のアドレスで受信したメールを個人用のスマホのアドレスで受信している人は少なくありませんが、自分が送信したメールをスマホで読みたくなる場面もあるでしょう。送信メールをスマホのメールに転送すればいいのですが、いちいちCCやBCCにスマホのアドレスを入力していたのでは非効率です。

いつもBCCにスマホのアドレスを入力したいなら、クイック操作を使うのが最適でしょう。通常の返信操作とは異なりますが、ショートカットキーも割り当てられるので、それほど不便ではありません。

なお、アドレス入力先がCCでよければ、さらに簡単な仕分けルールを使うことができます。

● クイック操作の設定を開く

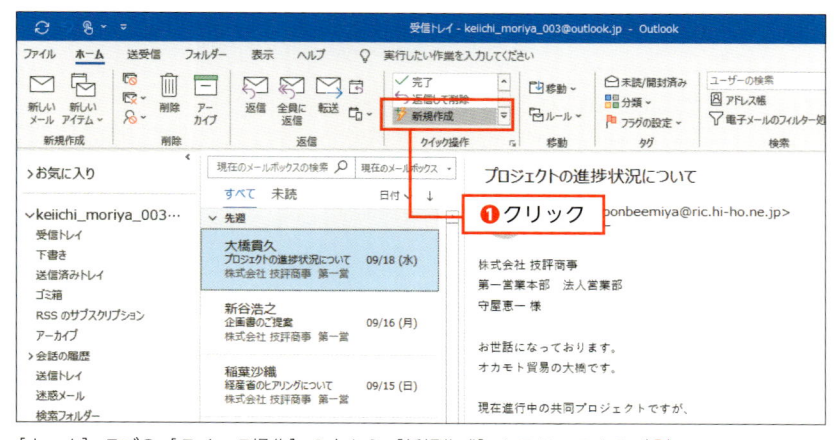

[ホーム] タブの [クイック操作] の中から [新規作成] をクリックする（❶）

● 操作の内容を編集する

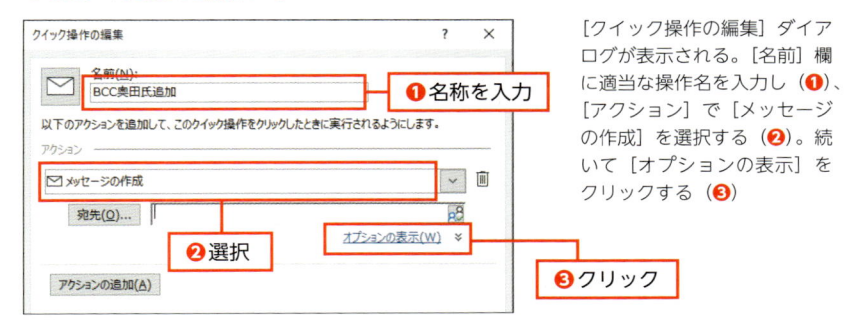

[クイック操作の編集]ダイアログが表示される。[名前]欄に適当な操作名を入力し（❶）、[アクション]で[メッセージの作成]を選択する（❷）。続いて[オプションの表示]をクリックする（❸）

● BCCを追加する

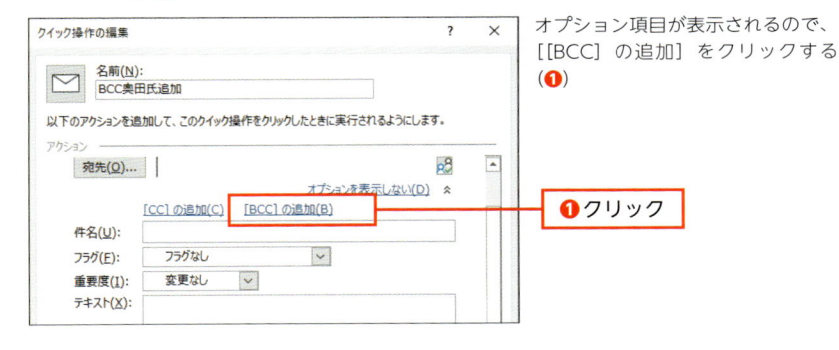

オプション項目が表示されるので、[[BCC]の追加]をクリックする（❶）

● アドレスとショートカットキーを設定

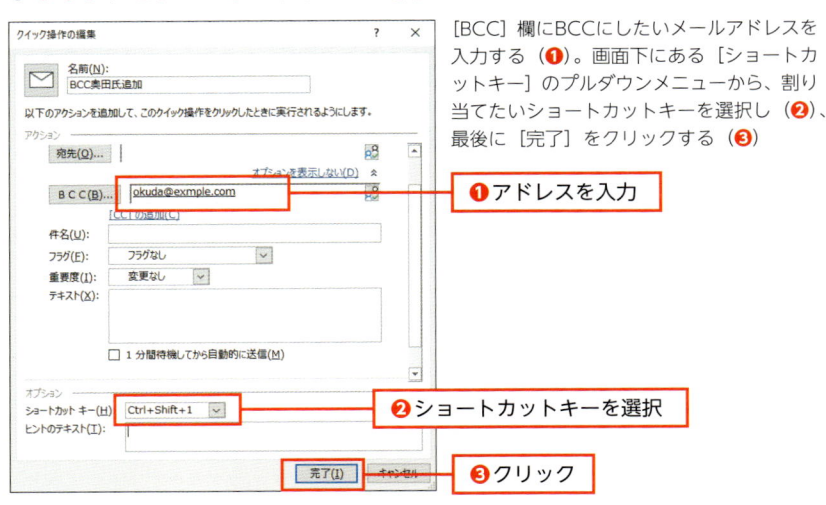

[BCC]欄にBCCにしたいメールアドレスを入力する（❶）。画面下にある[ショートカットキー]のプルダウンメニューから、割り当てたいショートカットキーを選択し（❷）、最後に[完了]をクリックする（❸）

● クイック操作に追加された

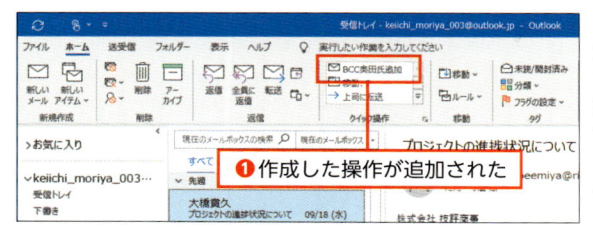

❶ 作成した操作が追加された

[クイック操作] グループに、先ほど作成した操作が追加された（❶）。実行する際は、操作名を直接クリックするか、設定時に割り当てたショートカットキーを押せばよい

● 新規メール画面に自動的にBCCが付く

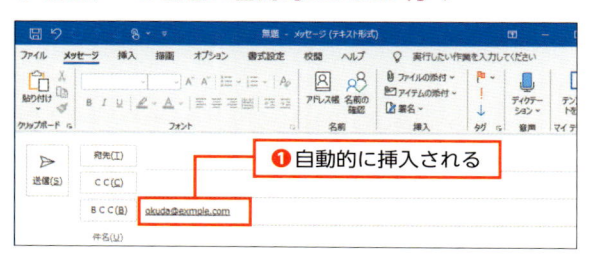

❶ 自動的に挿入される

クイック操作を実行すると、自動的に新規メール画面が開き、設定したBCCアドレスが入力される（❶）

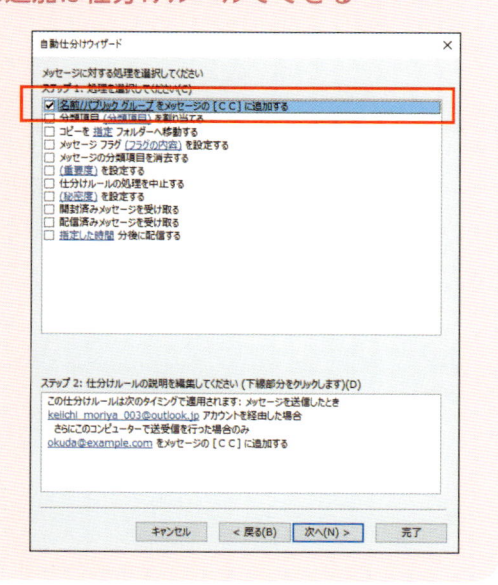

COLUMN
CCへのアドレス追加は仕分けルールでできる

BCCの自動追加はクイック操作でないとできませんが、CCの自動追加に関しては [ファイル] タブ→ [仕分けルールと通知] で設定が可能です。自動仕分けウィザードの案内に従って、CCに追加するアドレスを指定すればOKです。

時短
20分

定型的なメールを
もっとすばやく書く

定型文を作成してうまく使い回せば、かなりの時短につながります。ここで
は、メールの本文を書くのにかかる時間を大幅に減らすための工夫をいくつ
か紹介します。

✉ メール本文にかかる時間を最小にするには

　文章を入力するのは、じつは大変時間のかかる作業です。ビジネスのメールでは、「お世話になっております」「よろしくお願いします」など定型的な言い回しを多用しますが、それをキーボードから入力するとなると、そこそこ時間がかかります。

　問題は、それを毎回くり返さなければいけない点です。1通ならともかく、1日で5通書くと、1カ月で100通、1年では1000通を超えます。1000回も同じ言い回しを入力するのは非効率的です。

　そこで考えたいのが、**定型文（テンプレート）を登録して使うことです**。アウトルックにはいくつか定型文を入力する機能が搭載されており、また定型文入力を支援するアプリも多数あるので、ぜひ使ってみましょう。

　ここではまず、クイック操作を使う方法を紹介します。**宛先が決まっており、文面も毎回同じなら非常にかんたんにメールを作成できます**。設定次第では、送信まで自動化することが可能です。

● クイック操作を利用して定型メールを作る

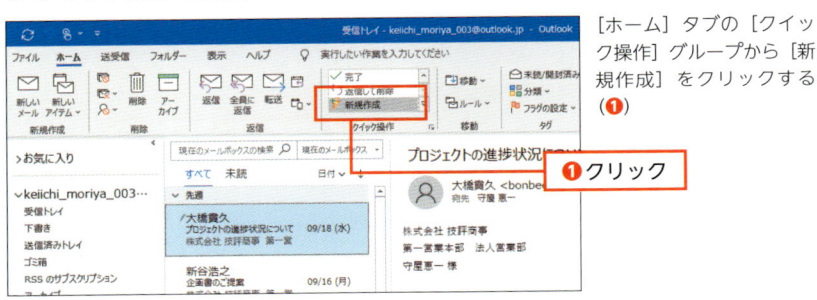

［ホーム］タブの［クイック操作］グループから［新規作成］をクリックする（❶）

❶クリック

● 送信先などを設定する

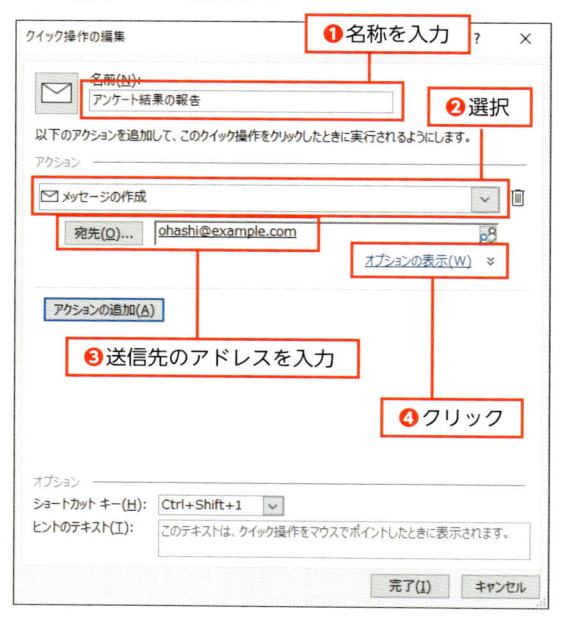

[クイック操作の編集] ダイアログが表示される。[名前] 欄に適当な操作名を入力し（❶）、[アクション] で [メッセージの作成] を選択する（❷）。定型メールの送信先がいつも決まっている場合は [宛先] に送信先アドレスを入力しよう（❸）。続いて [オプションの表示] をクリックする（❹）

● メールの件名と本文などを入力

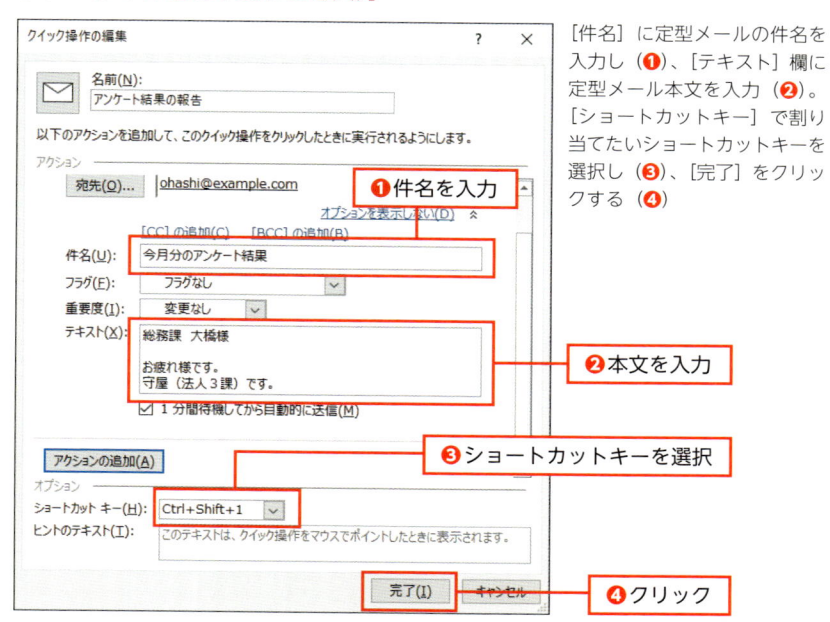

[件名] に定型メールの件名を入力し（❶）、[テキスト] 欄に定型メール本文を入力（❷）。[ショートカットキー] で割り当てたいショートカットキーを選択し（❸）、[完了] をクリックする（❹）

4—06

テンプレートを使って定型メールを作成する

クイック操作は本文だけでなく、宛先や件名、フラグなども設定できるので便利ですが、メール本文の一部だけをテンプレート化するのには向きません。ここでは、本文のテンプレートに適した機能を2つ紹介します。

✉ たまに使う文章ならマイテンプレートで

クイック操作は、ショートカットキーが割り当て可能なことからもわかるように、比較的頻繁に利用する一連の操作をまとめておくのに便利です。しかし、特定の文章を本文の一部に貼り付けることができればよい場合には、ややオーバースペックです。

たとえば、時折入ってくる、部内の新メンバー向けにネットワーク情報を知らせたい場合など、**たまに特定の情報を正確に伝えねばならないときには、マイテンプレートを利用すると便利です**。

● マイテンプレートを使う

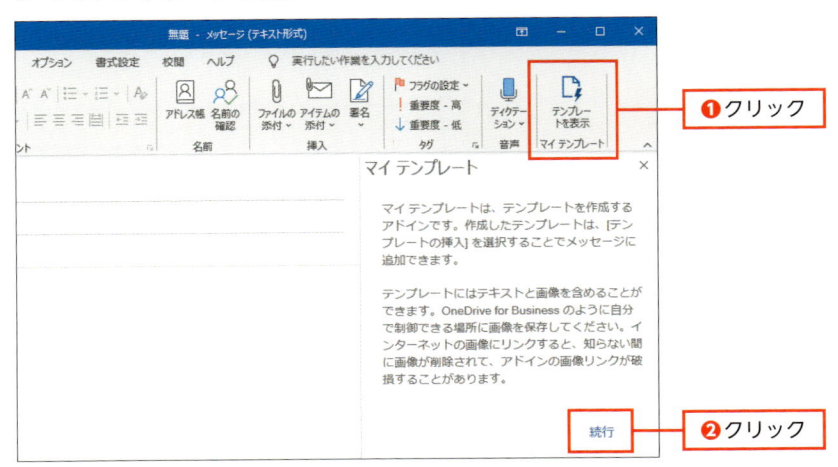

①クリック

②クリック

新規メッセージ画面を開き、リボンの右端にある［テンプレートを表示］をクリック（**①**）。マイテンプレートの案内が表示されるので、そのまま［続行］をクリックする（**②**）

● テンプレートを追加する

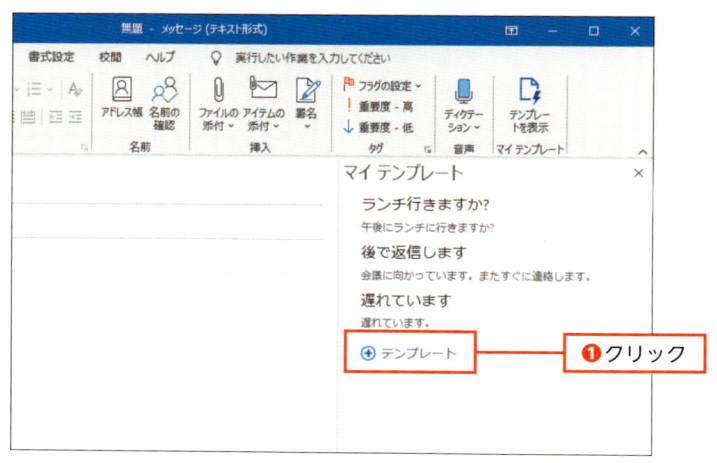

既存のテンプレートのリストが表示されるので、下にある［テンプレート］をクリックする（❶）

● メールを登録する

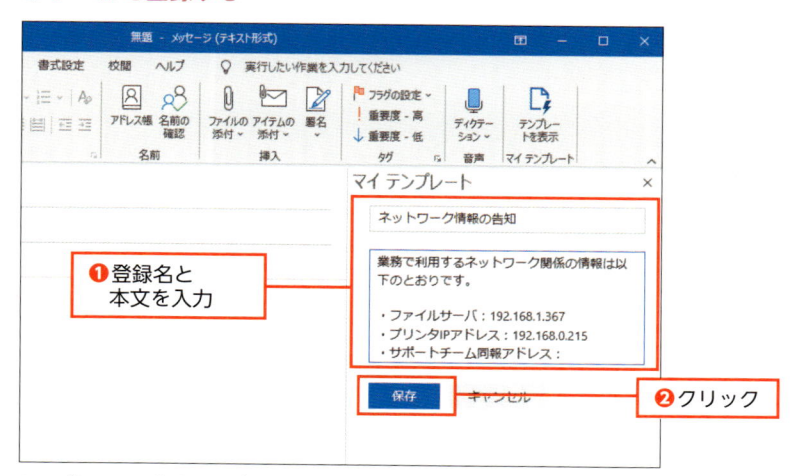

テンプレートの作成画面が表示されるので、上部のボックスに任意の登録名を入力。その下のスペースに登録したいメール本文を入力し（❶）、［保存］をクリックする（❷）

● ワンクリックで挿入できる

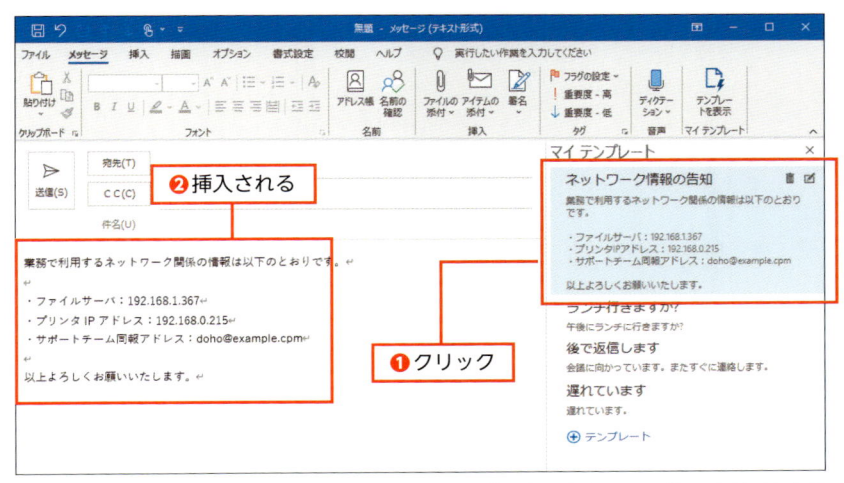

保存したテンプレートがリストに追加された。あとは、使いたいときにテンプレートリストから
クリックするだけで（❶）、メールの本文欄に挿入できる（❷）

ここまでの解説で、たいていの定型的なメールはかんたんに送信できる
ようになるはずです。しかし、添付ファイル付きのメールについては、こ
れから解説するテンプレート機能を利用する必要があります。この機能は
柔軟なテンプレート設定が可能ですが、**呼び出しがかなり面倒なので、添付ファイル付きのテンプレートを作成したいときにのみ使うべきでしょう。**

● 新規メールの作成画面を開く

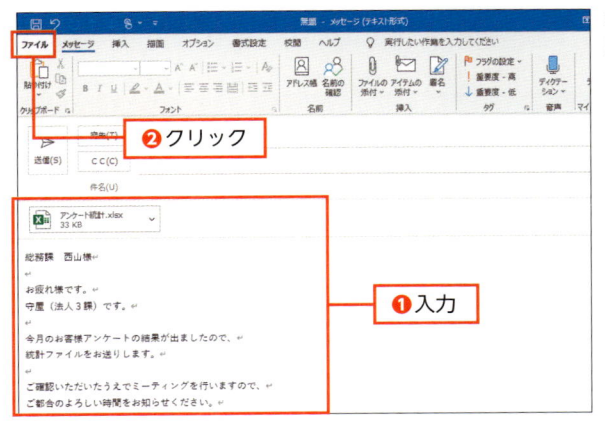

Outlookテンプレートを作成するために、まずは新規メッセージ画面を開く。テンプレートとして追加したい本文を入力し（❶）、[ファイル] タブをクリックする（❷）

● 保存メニューを開く

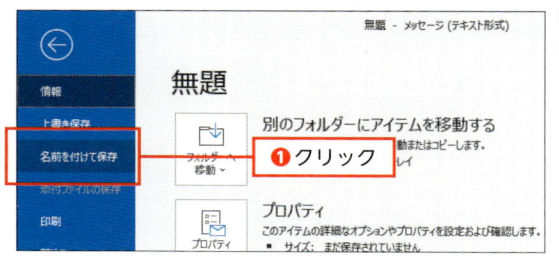

画面左側のメニューの［名前を付けて保存］をクリックする（❶）

● 「.oft」形式で保存する

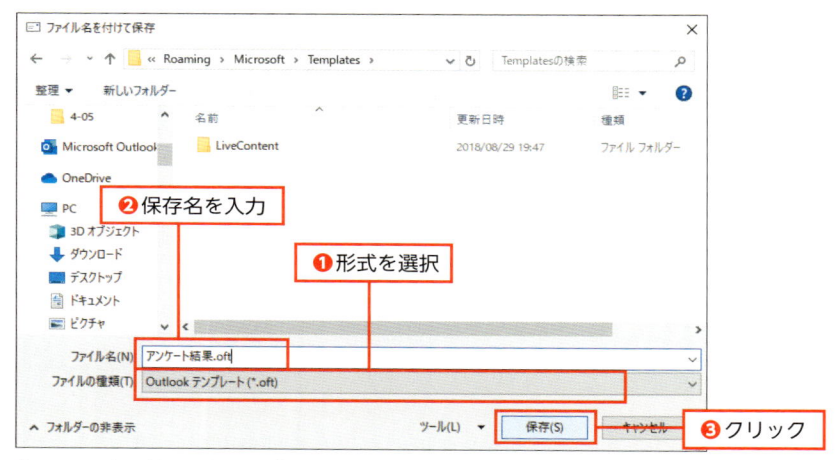

［ファイル名を付けて保存］ダイアログが表示される。［ファイル名の種類］は［Outlookテンプレート］を選択し（❶）、［ファイル名］に任意のファイル名を入力（❷）。最後に［保存］をクリックする（❸）

● ［フォームの選択］を開く

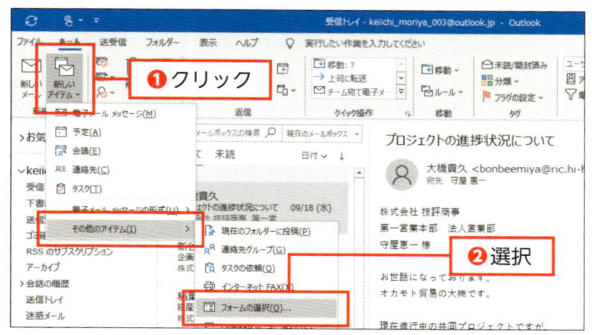

作成したテンプレートを使うときは、［ホーム］タブの［新しいアイテム］をクリックし（❶）、［その他のアイテム］→［フォームの選択］を選択する（❷）

● 使いたいテンプレートを選ぶ

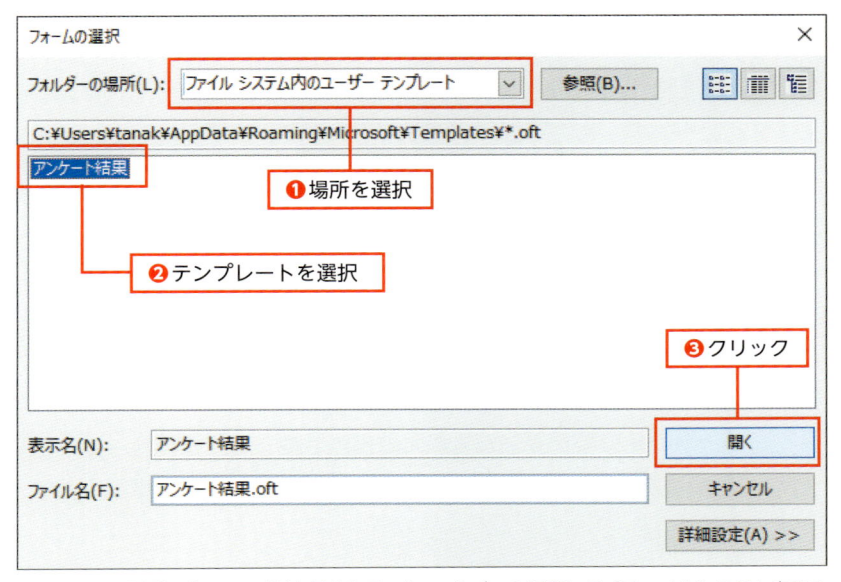

[フォームの選択] ダイアログが表示される。[フォルダーの場所] で [ファイルシステム内のユーザーテンプレート] を選択（❶）。作成済みのテンプレートが表示されるので、利用したいものを選択し（❷）、[開く] をクリックする（❸）

● 添付ファイル付きのメールが表示される

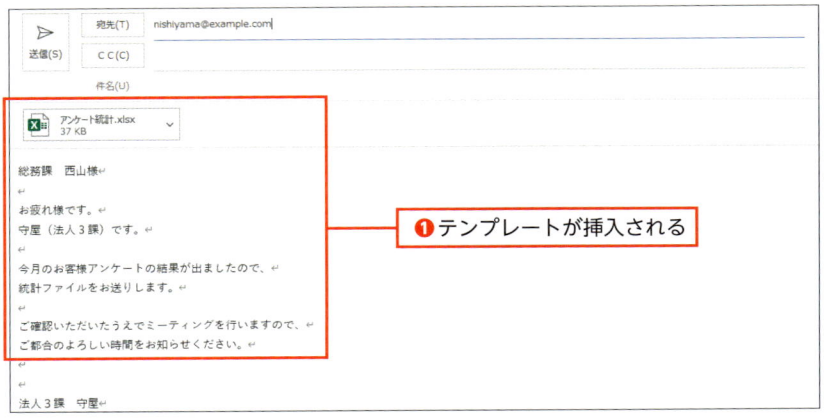

テンプレートが開かれ、そのままメール本文に挿入される（❶）。あとは修正箇所があれば、手を加えて送信すればよい

4 ─ 07

時短 **40**分

宛名から結びのあいさつまでを 3キーで入力する

アプリをインストールできるパソコン環境を使っている場合、ぜひとも試してほしいのが、ここで紹介するスニペットです。たった3キーで、宛名から「よろしくお願いいたします」までを一瞬で入力できます。

✉ スニペットなら大幅にキー入力を減らせる

　自分でパソコンにアプリをインストールできる環境なら、ぜひ試してほしいのがスニペットです。==いろいろな場面で使えますが、メール関係ではキーを数回押すだけで、宛名から結びのあいさつまでを一挙に入力できます==。

　使用するアプリは「PhraseExpress」です。有料のアプリで、年間49.95米ドルかかりますが、メール仕事にかかる時間をどうしても時短したい人にとっては、その価値はあるはずです。

PhraseExpress

https://www.phraseexpress.com

● タスクトレイから画面を開く

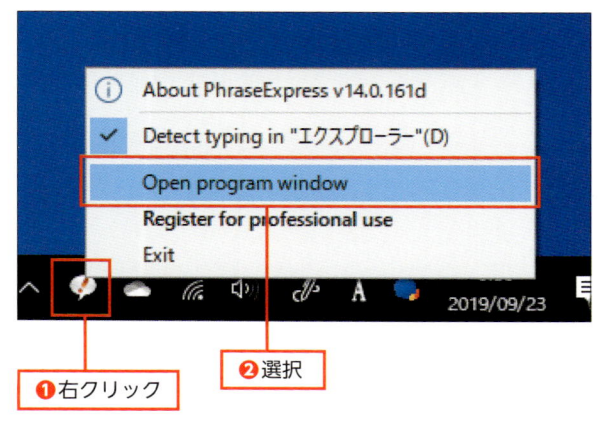

PhraseExpressをインストールして起動すると、タスクトレイにアイコンが表示される。このアイコンを右クリックし（**❶**）、[Open program window] を選択する（**❷**）

❶右クリック

❷選択

● 新規フォルダーを作成する

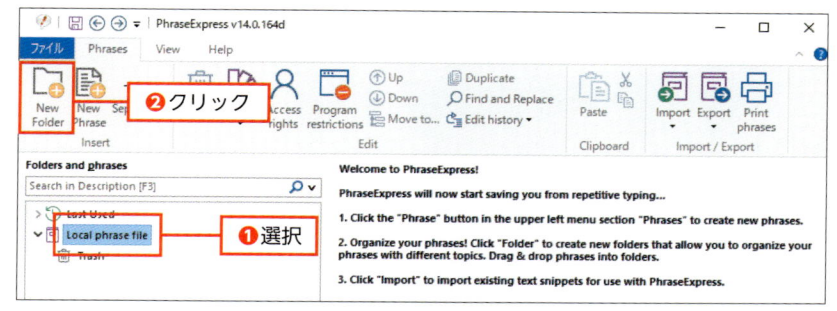

画面左側の［Local phrase file］を選択しておき（❶）、リボンの［New Folder］をクリック
する（❷）

● フォルダー名を設定する

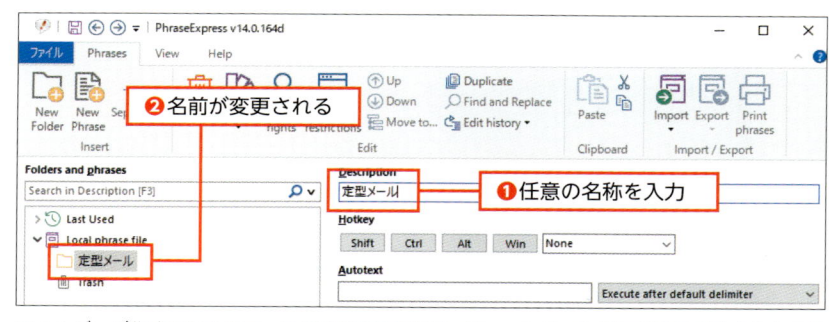

フォルダーが作成されるので、そのまま画面右側の［Description］欄に任意の名称を入力する
と（❶）、フォルダー名を変更できる（❷）

● 新規フレーズの作成

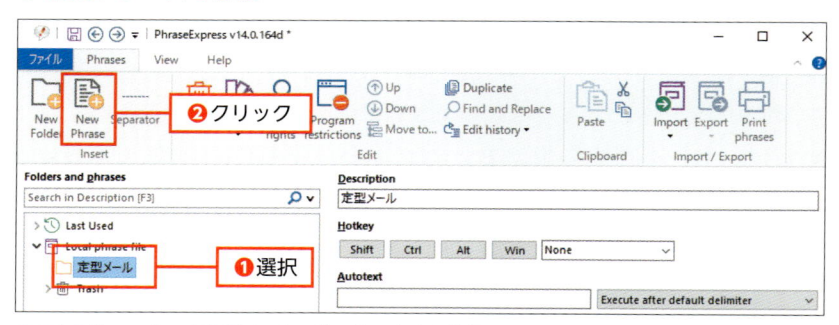

ここからは、いよいよ定型メールに使いたい文章を登録していく。先ほど作成したフォルダーを
選択しておき（❶）、リボンの［NewPhrase］をクリックする（❷）

● フレーズ内容を設定する

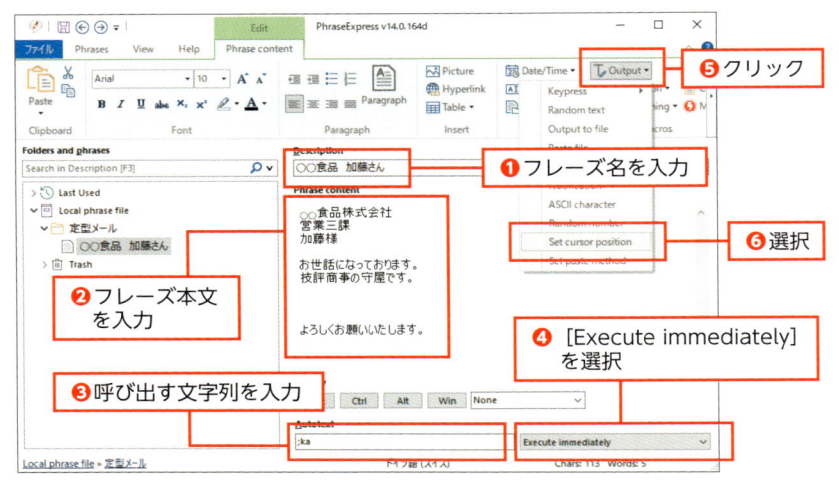

[Description] 欄に任意のフレーズ名を入力し（❶）、下の [Phrase content] に
フレーズ本文を入力する（❷）。呼び出し用の文字列を [Autotext] に入力して（❸）、
右のリストで [Execute immediately] を選択（❹）。フレーズ本文の適当なとこ
ろにカーソルを移動してから、[Output] をクリックして（❺）、[Set cursor
position] を選択する（❻）

　ここで注意したいのは、[Autotext] に設定する呼び出し用の文字列は
先頭にあまり使用しない記号を1つまたは2つ入れ、文字列を長くしすぎな
いことです。たとえば、取引先に「加藤」という人が1人しかいなければ、
「;ka」などという文字列を [Autotext] に設定すればいいでしょう。もし
A社とB社に「加藤」さんがいるなら「;aka」「;bka」とするのが便利です。

　また、[Autotext] の右のリストは、デフォルトは [Execute after
default delimiter] です。呼び出し用の文字列を入力したあと、[Tab]
を押すと設定済みのフレーズに変換されます。このままでもかまわないの
ですが、キーを押す回数はできるだけ少なくしたいので、[Execute
immediately] で呼び出し用文字列が入力されたら、瞬時に変換する設定
をおすすめします。

　ちなみに、[Hotkey] を設定すると、ショートカットキーで同じ入力が
できますが、多くのフレーズを登録すると覚えておくのが大変になるので、
おすすめしません。

● フレーズをキーで呼び出して瞬時に入力

❶ 呼び出し用キーを押す

あとはアウトルックのメール作成画面で本文欄をクリックし、PhraseExpressで設定した呼び出し用のキーを押すだけで、このように瞬時に入力が完了する（❶）。たとえば、「;kato」と入力すれば、一瞬でこのテンプレートが入力され、しかも本文を入力する位置にカーソルが移動する

　次に、宛名を変えながら、まったく同じ文面を複数の人に送信したいときに便利な使い方を紹介します。うまく設定できれば、大きく手間を省くことができるでしょう。

● コピペした人名を複数の箇所に反映させる便利ワザ

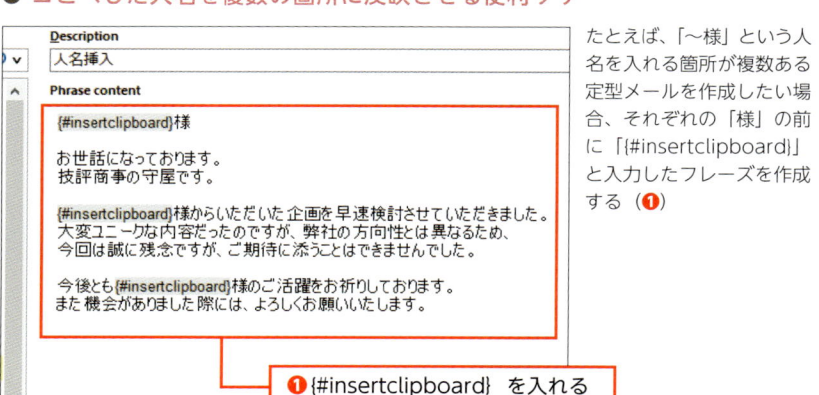

たとえば、「〜様」という人名を入れる箇所が複数ある定型メールを作成したい場合、それぞれの「様」の前に「{#insertclipboard}」と入力したフレーズを作成する（❶）

❶ {#insertclipboard} を入れる

● 挿入する人名をコピペする

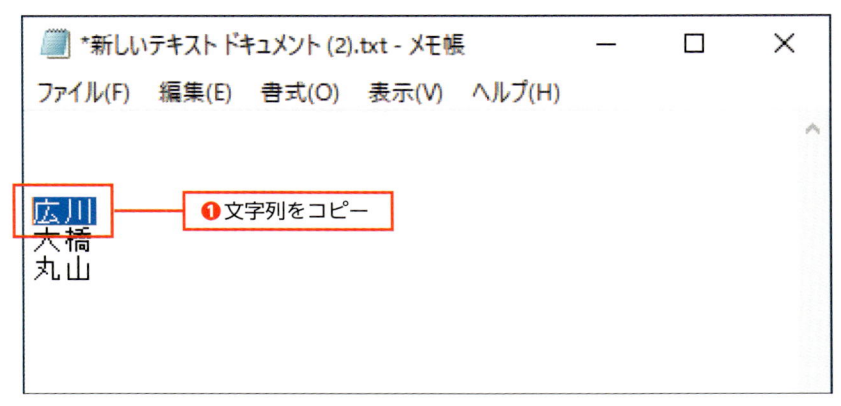

定型メールに挿入したい人名を [Ctrl] + [C] キーでコピーする（❶）

● コピペ部分が挿入された形で入力できる

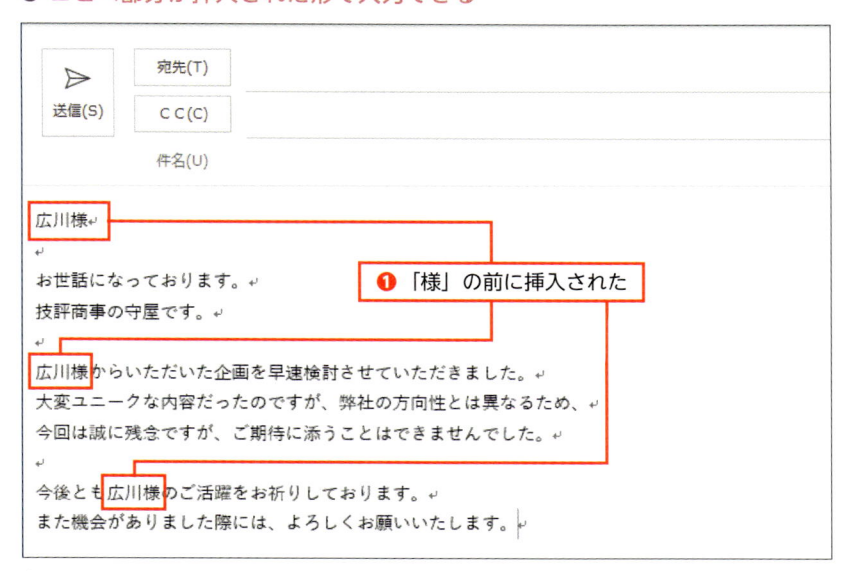

あとはアウトルックのメール作成画面を開き、先ほど作成しておいた定型メールのフレーズを呼びだせば、このように「様」の前にコピペした人名が挿入された形で瞬時に入力ができる（❶）。同じ文面を名前部分だけ変えて使いまわしたい場合に大変便利な機能だ

4 — ⑧

時短 **20**分

内容を確認しながら テンプレートを挿入する

4-07節では有料のアプリを使ったテンプレート挿入方法を紹介しました。ここではアウトルックの機能で、ほぼ同じことをやってみます。

✉ クイックパーツで漢字からテンプレートを挿入する

前節で紹介したスニペット「PhraseExpress」は、いろいろな設定で便利な機能を実現できますが、ツールをインストールできない環境では使えません。また、ちょっと高価なアプリなので、安く済ませたい人には向きません。

そんな場合は、**アウトルック標準機能の「クイックパーツ」を使ってみましょう**。クイックパーツはリボンから呼び出します。

● クイックパーツの登録画面を開く

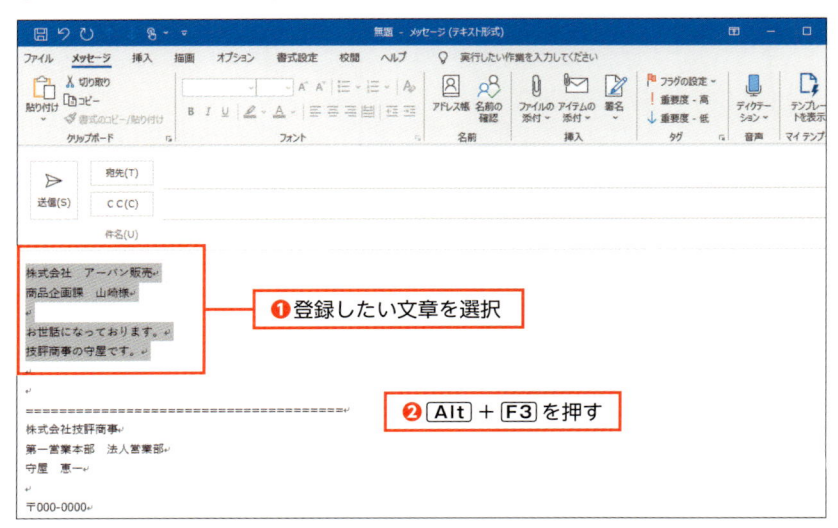

新しいメール画面で登録したい文章を入力。文章を選択した状態で（❶）、Alt + F3 を押す（❷）

● クイックパーツとして保存する

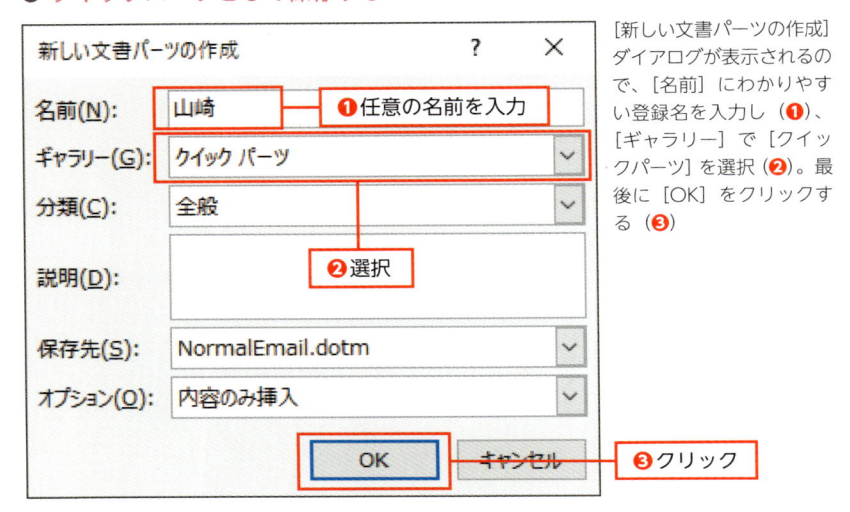

[新しい文書パーツの作成] ダイアログが表示されるので、[名前] にわかりやすい登録名を入力し（❶）、[ギャラリー] で [クイックパーツ] を選択（❷）。最後に [OK] をクリックする（❸）

● クイックパーツを利用する

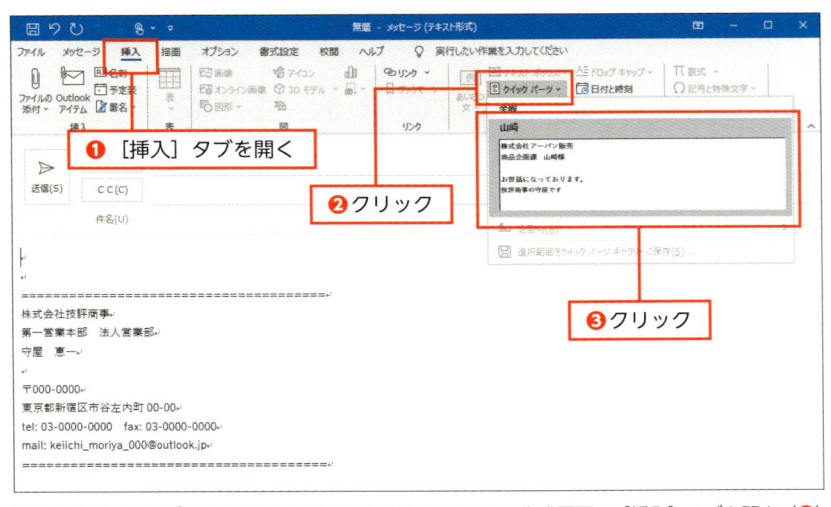

登録したクイックパーツを使いたいときは、新しいメールの作成画面で [挿入] タブを開き（❶）、[クイックパーツ] をクリック（❷）。パーツの一覧が表示されるので、使いたいものをクリックするだけで挿入できる（❸）

クイックパーツの利点としては、漢字を認識することが挙げられます。これはPhraseExpressにはない機能です。「山崎」と入力して F3 を押すと「株式会社アーバン販売　商品企画課　山崎様　お世話になっております。技評商事の守屋です。よろしくお願いいたします。」までを一気に入力することも可能です。

● 入力とキー操作で挿入する場合

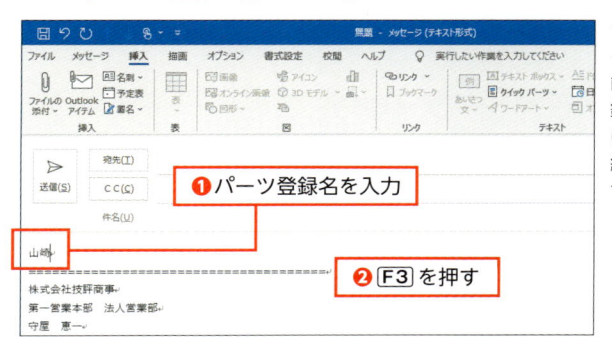

❶パーツ登録名を入力

❷ F3 を押す

クイックパーツは入力とキー操作で呼び出すことも可能だ。クイックパーツに登録した際の登録名(ここでは「山崎」)を入力し(❶)、続いて F3 を押せば挿入できる(❷)

COLUMN
「Clibor」で履歴や定型文をさらに効率化

　「Clibor」は、クリップボード履歴を最大1万件保存できるアプリです。履歴をすばやく呼び出して入力できるほか、定型文の登録もできるので、アウトルックでの定型メールの作成にも大変役立ちます。特におすすめしたい機能が、「FIFO/LIFO」と呼ばれるペースト(貼り付け)機能です。「FIFO」モードではコピーした順序にテキストを貼り付けることができ、「LIFO」モードは、コピーした順序とは逆順にテキストを貼り付けることができます。いちいち履歴を呼び出すことなく、ただ Ctrl + V をくり返すだけで順番に貼り付けできるので、複数の人名や地名、部署名などの入力に活用できるでしょう。

クリップボード	定型文
Clibor ver2.1.0	履歴1(1〜6件/6件中)
1: 筆記具レビュー	
2: キャッチフレーズ	
3: ブログコンセプト	
4: 東京都武蔵野市吉祥寺本町	
5: 経営企画室 経営本部 業務効率化推進…	
6: 2019年9月度：5000万	

ソフト名：Clibor
対応OS：Windows 10/8/7
作者：千草
フリーソフト

時短
5分

添付ファイルを保存する前に内容を確認する

添付ファイルの中身は、パソコンに保存しないと確認できないと思っていませんか。じつは、ファイルの種類は限られますが、アウトルック内で簡易表示可能なのです。

✉ クリックするだけでプレビューできる

　添付ファイルの中身をちょっと確認したいとき、いちいち保存していては「ダウンロード」フォルダーがすぐにいっぱいになってしまいます。どんなファイルでもできるわけではありませんが、**アウトルックに内蔵されているビューワーでプレビュー表示してみましょう**。テキストファイル、一部の画像ファイル、オフィス文書などはプレビューできます。

● プレビューが表示される

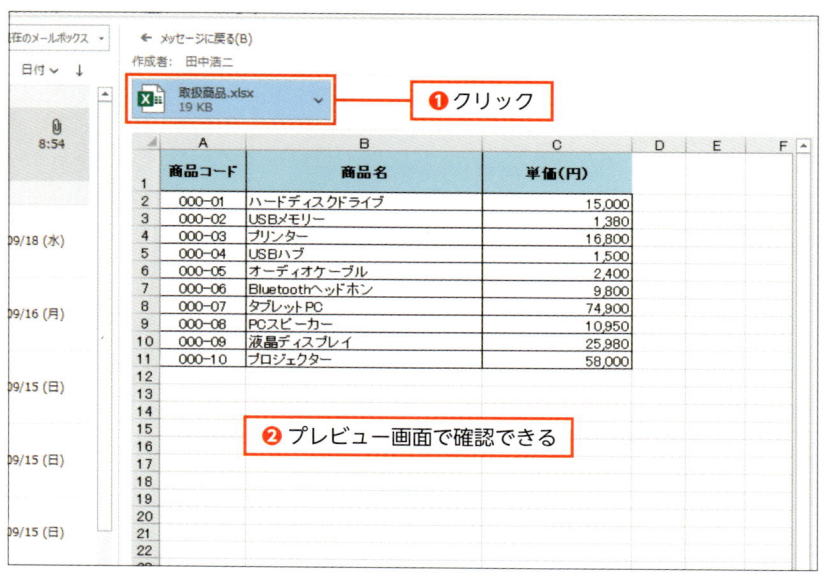

受信メールの上部に表示されている添付ファイルをクリックすると（❶）、プレビュー画面が表示され、このようにファイルの中身を見られる（❷）

第**5**章

連絡先を整理して
アウトルックを倍速にする

取引先や上司、同僚などのメールアドレス・電話番号の管理方法は人によっていろいろです。昔ながらの手帳にメモしている人はさすがに減ってきているでしょうが、単なるメモアプリに書いている人もいるかもしれません。多いのは名刺をベースに名刺管理ソフトを使っている人ではないでしょうか。名刺管理ソフトには便利なものも多く、ネットで利用できるサービスにも優れたものがあるので、最近はそちらのほうが流行です。

しかし、そういった名刺管理アプリ・サービスで管理している場合、アウトルックでは直接利用できないことがあります。メールアドレスが正しくスキャンされていれば、まだ何とかなるかもしれませんが、そもそも名刺管理アプリを呼び出して検索する必要があります。こういった手間を省くには、アウトルックの連絡先にメールアドレスなどの情報を登録する方法が有効です。ほかに名刺管理アプリなどを使用していれば、そこからデータを読み込んだり、連絡をする相手だけ登録したりして、手間をかけずに便利な環境を構築しましょう。

5-01

時短 10分

同じ勤務先の人をすばやく連絡先に追加する

同じ会社の複数の担当者と連絡することになる場面は珍しくありません。それぞれの担当者のメールアドレスや携帯番号などを連絡先に登録する必要がありますが、なるべく早く済ませる方法はないでしょうか。

✉ 会社名や所在地の住所などをコピーする

同じ会社の別の担当者と取引することになった場合、連絡先に新しい担当者の情報を登録する必要があります。その際、会社名や会社の代表番号などを最初からすべて入力していたのでは大変です。

そんなときは、**同じ会社の人、同じ部署の人の情報をコピーして手順をできるだけ省略しましょう**。[同じ勤務先の連絡先] というメニューをたどれば、氏名や携帯番号、メールアドレスなど、個人ごとに異なる情報だけを入力すれば、新しい担当者の連絡先を登録できます。

● [新しいアイテム] から追加する

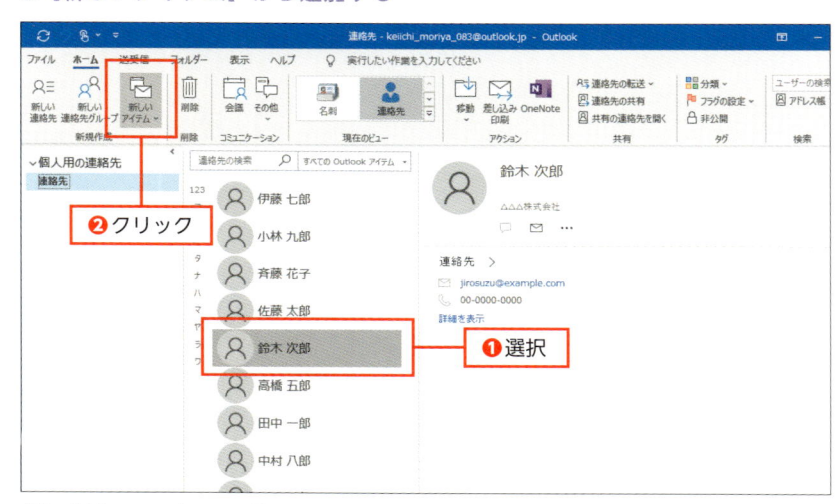

新しく追加したい人と同じ勤務先の人を一覧で選択し（❶）、[ホーム] タブの [新規作成] グループで [新しいアイテム] をクリックする（❷）

● 同じ勤務先の連絡先を新規作成する

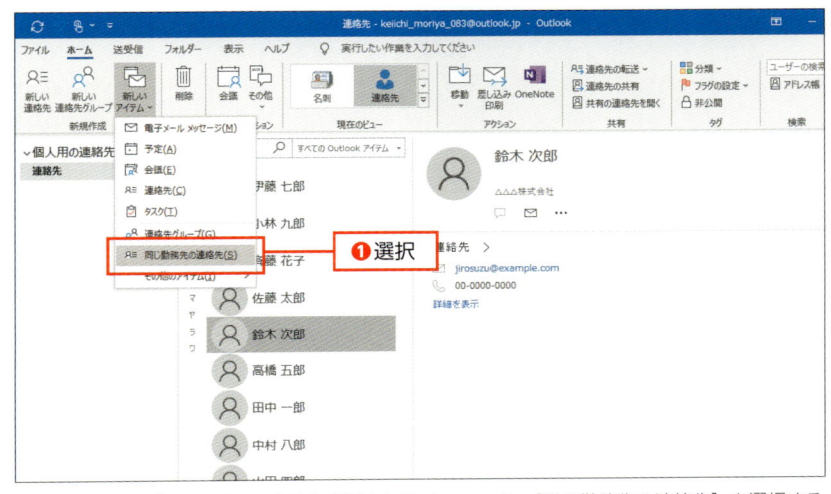

[新しいアイテム]をクリックすると表示されるメニューで、[同じ勤務先の連絡先]を選択する（❶）

● 勤務先名や電話番号などを確認する

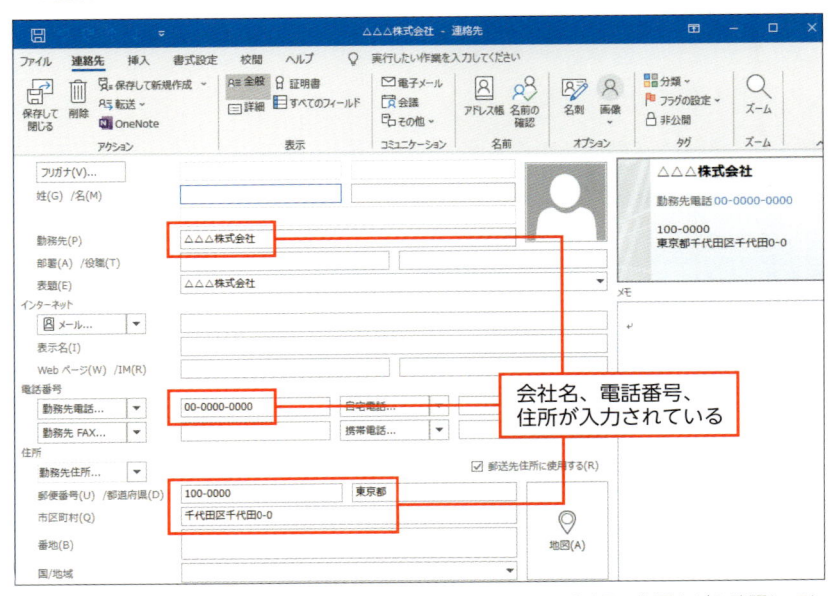

新しい連絡先のウィンドウが表示されるので、勤務先の名称や電話番号、住所などを確認してから、氏名などほかの情報を入力する

時短 **60**分

大量の連絡先を
一気に登録したい

アウトルックの連絡先を本格的に使いたいなら、業務でメールを送る相手を
いちいち登録するのではなく、まとめて登録しておきましょう。

✉ エクセルファイルの連絡先リストから登録する

　アウトルックの連絡先機能は、使わずに済ませている人も多いでしょう。
別の住所録管理ソフトに登録していればいいのですが、もし連絡するたび
にメールの署名や名刺を探しているのであれば、いっそのこと、アウトル
ックにまとめて登録してみましょう。

　**社内のメール環境がアウトルックに統一されていれば、同僚に取引先担
当者の連絡先を知らせたいときに、vCard形式（電子名刺の標準フォーマ
ット）で知らせることができます。** また、**関係者をグループとして登録し、
グループ宛にメールを送信することで、連絡し漏れをなくすことも可能で
す。**

● エクセルの住所録からエクスポートを開始

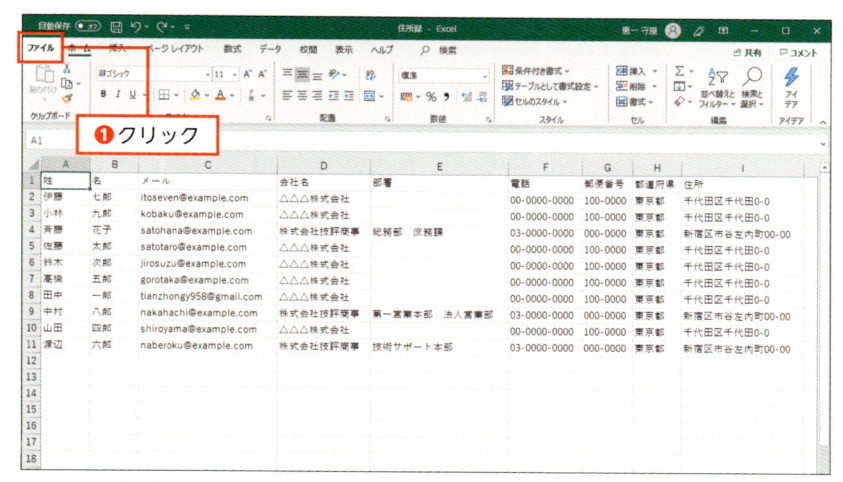

エクセルで住所録を開き、［ファイル］をクリックする（❶）

ただ、登録が面倒なのが問題です。なるべくかんたんにやるには、エクセルで住所録をまとめて、一括してアウトルックに読み込みます。準備としては、登録したい人の姓、名、メールアドレス、社名、部署、電話番号、郵便番号などをリスト形式で入力します。もちろん、ほかの住所録管理ソフトからエクスポートしたものでもかまいません。各項目の順序はあとで変更できるので、気にせず用意します。

● エクスポートするファイルの形式を選択

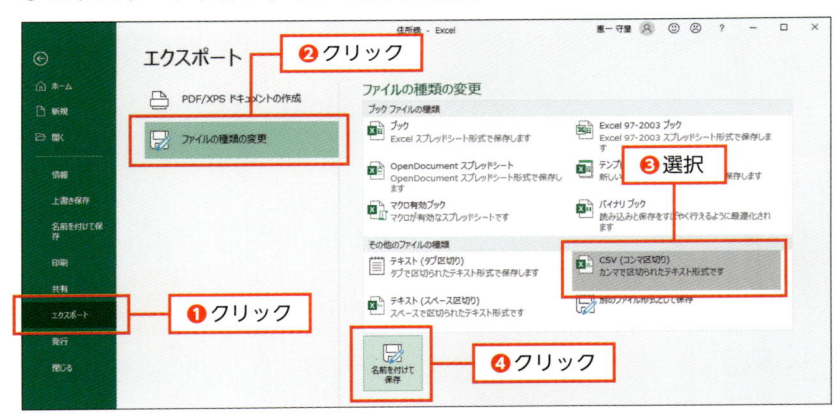

［エクスポート］をクリックし（❶）、［ファイルの種類の変更］をクリックする（❷）。［その他のファイルの種類］で［CSV（コンマ区切り）］を選択し（❸）、［名前を付けて保存］をクリックする（❹）

● フォルダーを選んでCSVファイルを保存

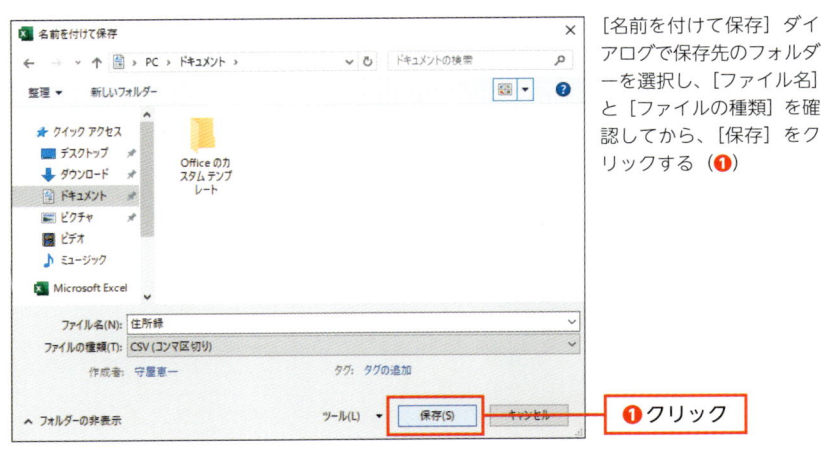

［名前を付けて保存］ダイアログで保存先のフォルダーを選択し、［ファイル名］と［ファイルの種類］を確認してから、［保存］をクリックする（❶）

● アウトルックでインポートを開始

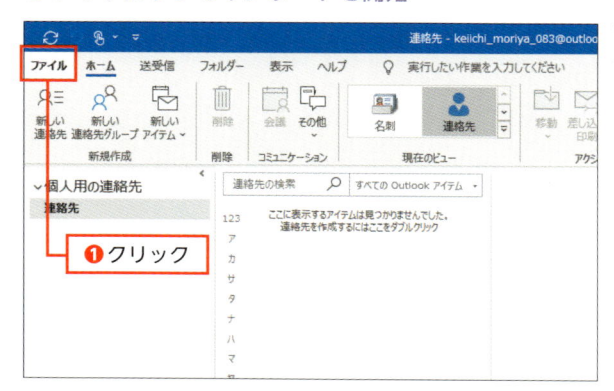

アウトルックの［連絡先］を開き、［ファイル］をクリックする（❶）

● インポート用のウィザードを開く

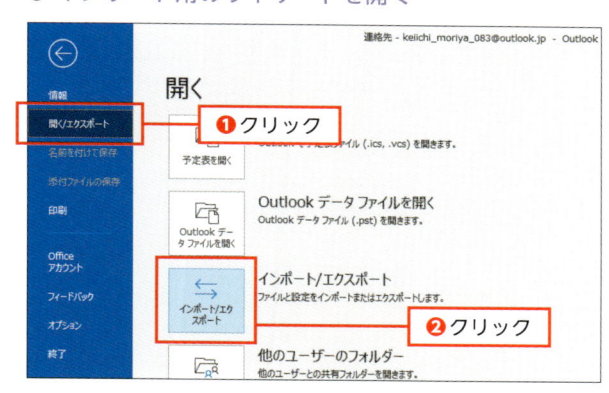

［開く/エクスポート］をクリックし（❶）、［インポート/エクスポート］をクリックする（❷）

● ウィザードで実行する処理を選択

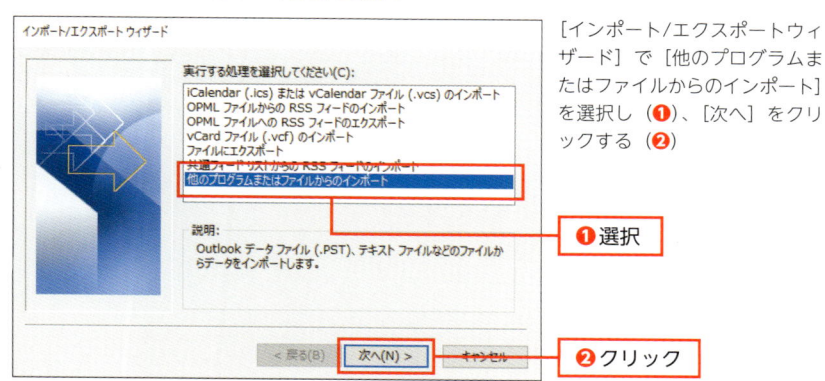

［インポート/エクスポートウィザード］で［他のプログラムまたはファイルからのインポート］を選択し（❶）、［次へ］をクリックする（❷）

● インポートするファイルの種類を選択

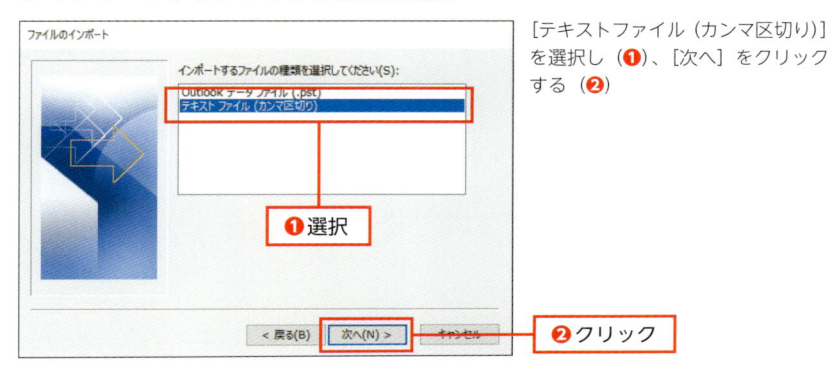

[テキストファイル（カンマ区切り）]
を選択し（❶）、[次へ]をクリック
する（❷）

● インポートするファイルの選択を開始

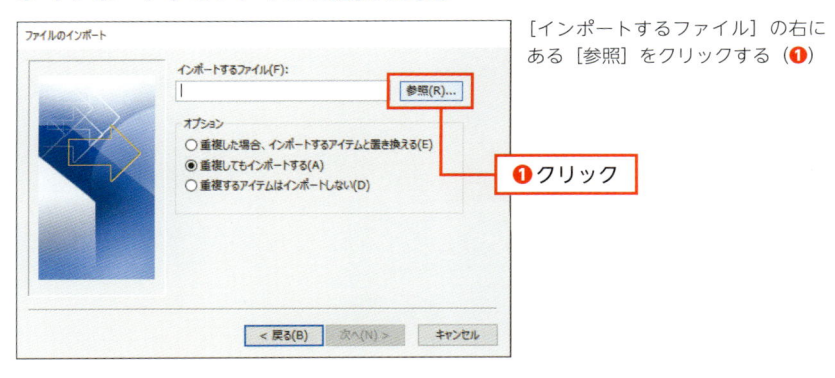

[インポートするファイル]の右に
ある[参照]をクリックする（❶）

● ダイアログでCSVファイルを選択

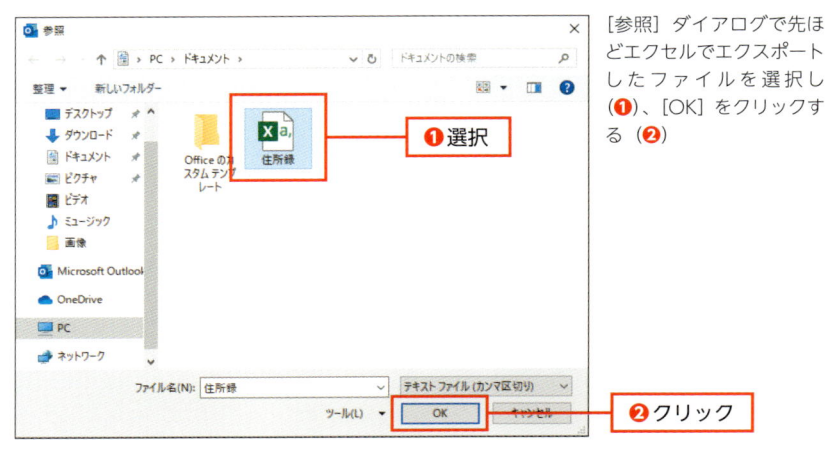

[参照]ダイアログで先ほ
どエクセルでエクスポート
したファイルを選択し
（❶）、[OK]をクリックす
る（❷）

● 重複時のオプションを選択する

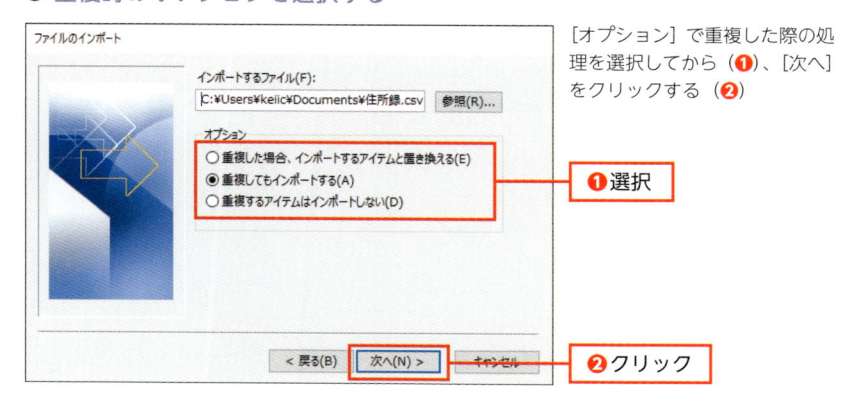

[オプション]で重複した際の処理を選択してから（❶）、[次へ]をクリックする（❷）

❶選択

❷クリック

● インポート先フォルダーの選択

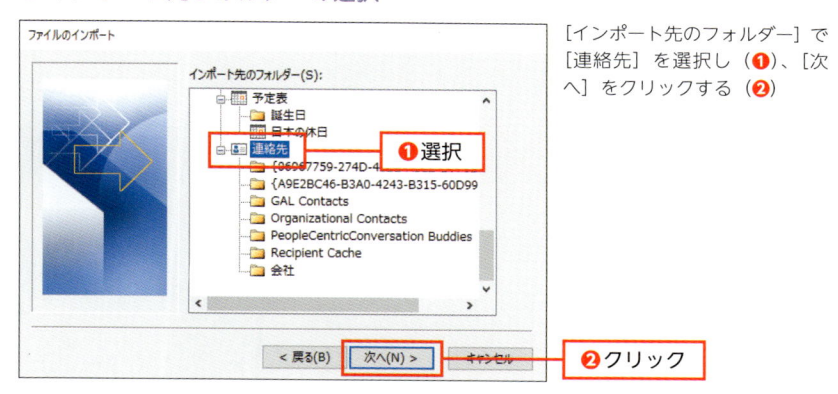

[インポート先のフォルダー]で[連絡先]を選択し（❶）、[次へ]をクリックする（❷）

❶選択

❷クリック

● フィールドの対応を確認する

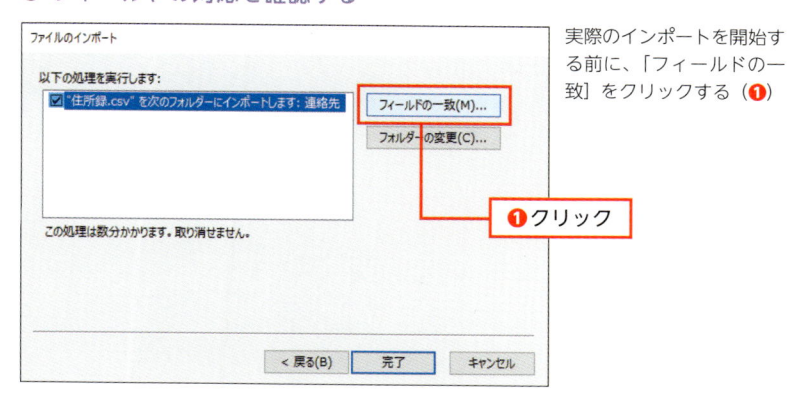

実際のインポートを開始する前に、「フィールドの一致」をクリックする（❶）

❶クリック

● 項目同士の対応を確認・修正する

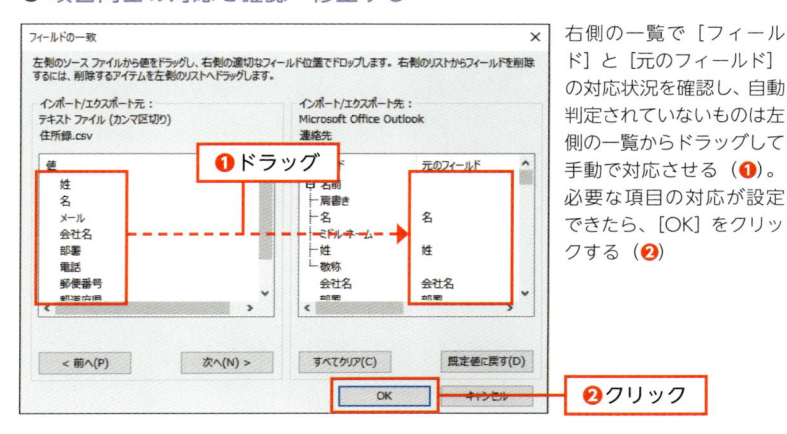

右側の一覧で［フィールド］と［元のフィールド］の対応状況を確認し、自動判定されていないものは左側の一覧からドラッグして手動で対応させる（❶）。必要な項目の対応が設定できたら、［OK］をクリックする（❷）

● 実際のインポート作業をスタート

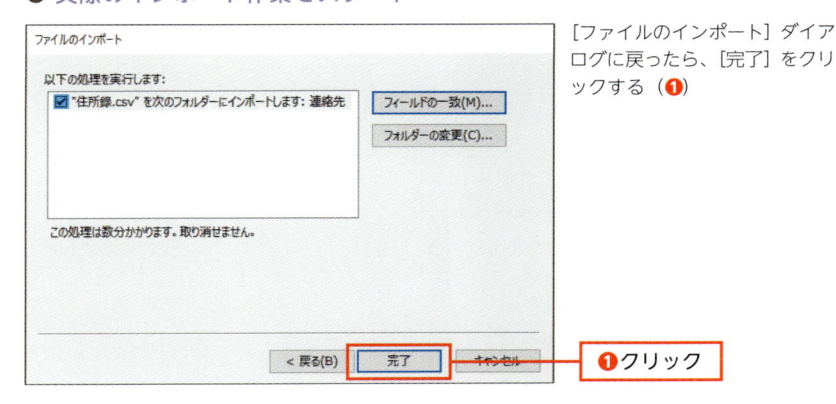

［ファイルのインポート］ダイアログに戻ったら、［完了］をクリックする（❶）

● インポートした連絡先を確認する

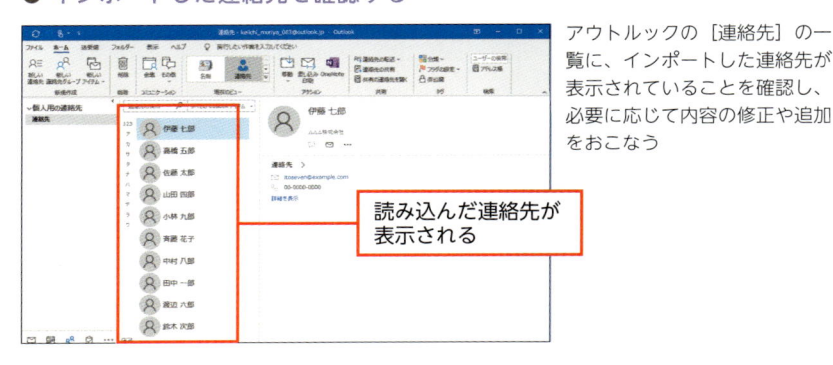

アウトルックの［連絡先］の一覧に、インポートした連絡先が表示されていることを確認し、必要に応じて内容の修正や追加をおこなう

COLUMN

Googleの連絡先をインポートする

　ブラウザでGoogleの［連絡先］を開き、［エクスポート］をクリックすると（❶）、［連絡先のエクスポート］ダイアログが表示されるので、［Outlook CSV 形式］を選択し（❷）、［エクスポート］をクリックします（❸）。書き出したCSVファイルは［ダウンロード］フォルダーに保存されるので、これをアウトルックの［連絡先］でインポートしましょう。インポート時にエラーが出る場合は文字コードの問題なので、いったんテキストエディターかワープロソフトでCSVファイルを開き、別名で保存してからインポートし直すといいでしょう。

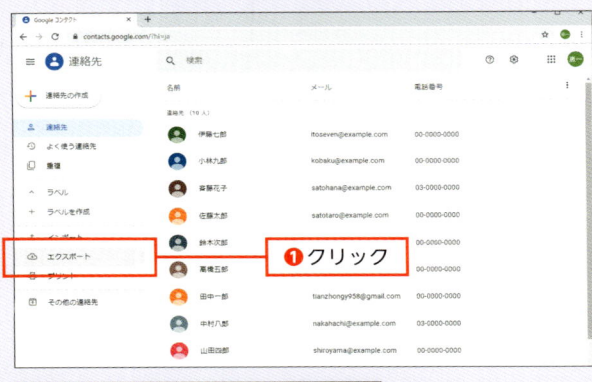

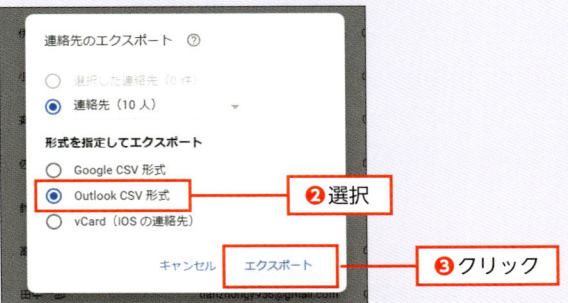

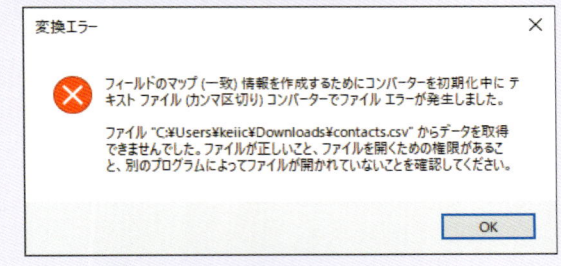

文字コードに問題がある場合、このようなエラーダイアログが表示される。テキストエディターやワープロ（ワードなど）で開いて保存し直してから、再度同じ手順を実行する

5 — 03

時短
5分

連絡先を属性別に分類して整理したい

特定の相手に頻繁に連絡を取るとき、いちいち検索していては面倒です。そういうときは、色分類項目を設定しておき、必要になったら抽出しましょう。

✉ 分類項目をあらかじめ設定しておく

連絡先に登録している人が多くなると、目的の人の情報を探し出すのが面倒になってきます。たとえば、同じプロジェクトのメンバーなど、頻繁に連絡する場合、必要になるたびに検索していたのでは非効率です。

そんなときは、**分類項目を設定しておき、必要に応じて抽出します**。まずは連絡先に分類項目を設定しましょう。

● 分類項目の編集ダイアログを表示する

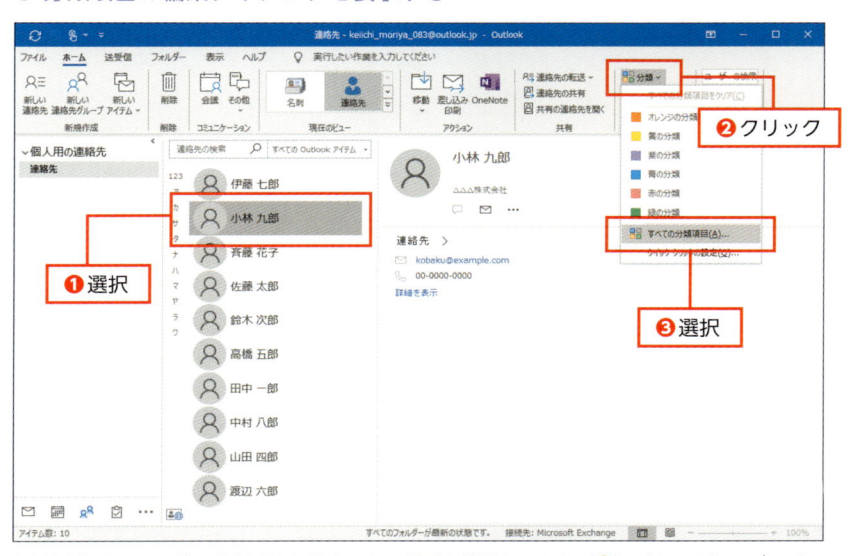

［連絡先］画面の一覧で分類項目を設定したい相手を選択してから（**❶**）、［ホーム］タブの［タグ］グループで［分類］をクリックし（**❷**）、表示されるメニューで［すべての分類項目］を選択する（**❸**）

● 分類項目を新規作成する

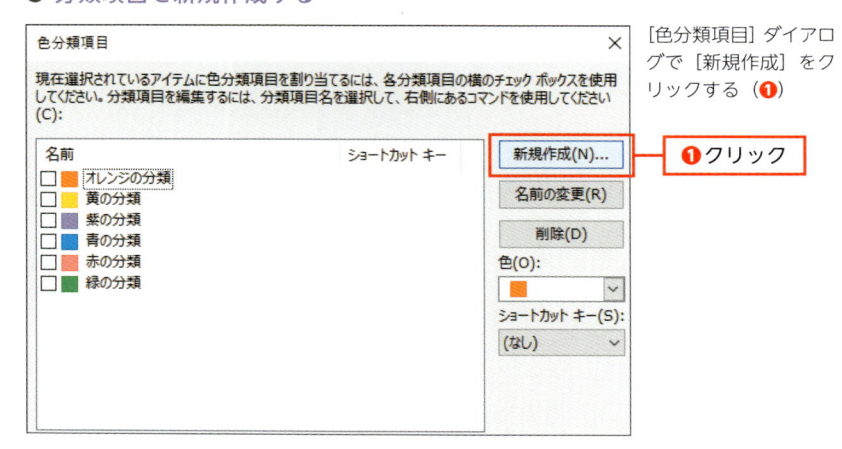

[色分類項目] ダイアログで [新規作成] をクリックする（❶）

● 新しい分類項目を追加する

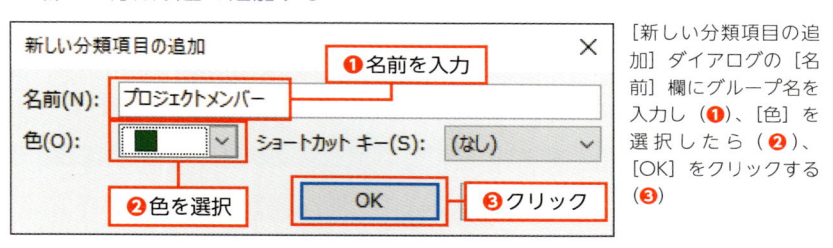

[新しい分類項目の追加] ダイアログの [名前] 欄にグループ名を入力し（❶）、[色] を選択したら（❷）、[OK] をクリックする（❸）

● 作成した分類項目を適用する

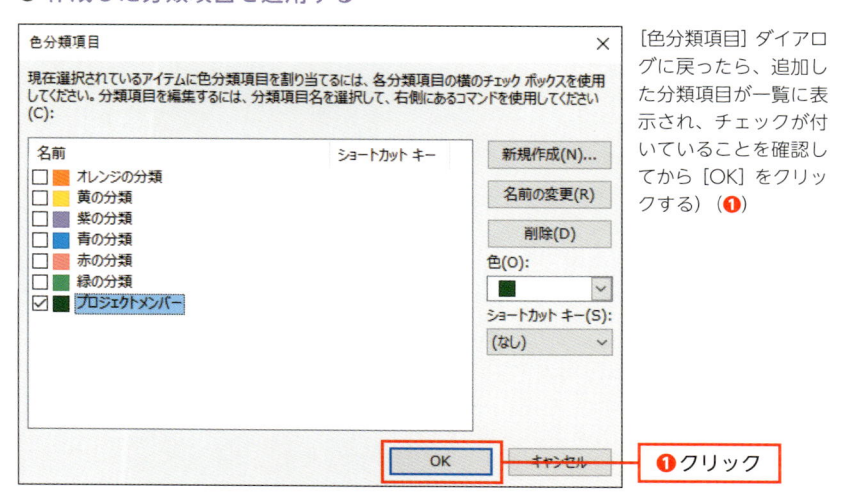

[色分類項目] ダイアログに戻ったら、追加した分類項目が一覧に表示され、チェックが付いていることを確認してから [OK] をクリックする）（❶）

● 個々の連絡先での分類項目の表示

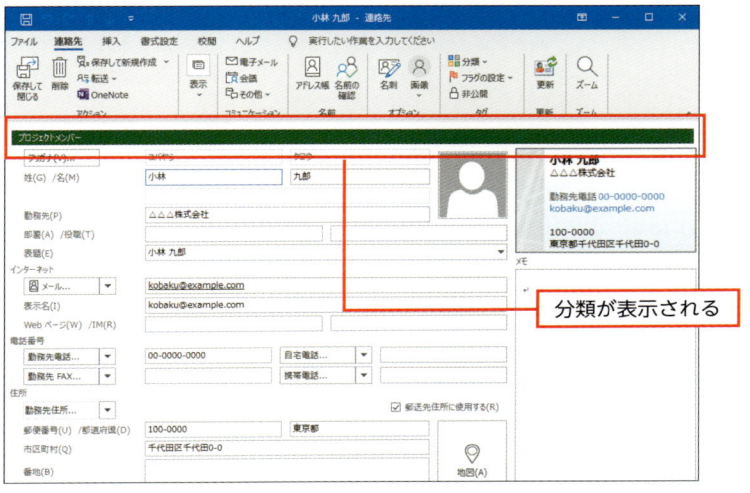

分類項目を適用した連絡先を開くと、上部にグループ名が色付きの帯で表示される

● ほかの人に作成済みの分類項目を設定する

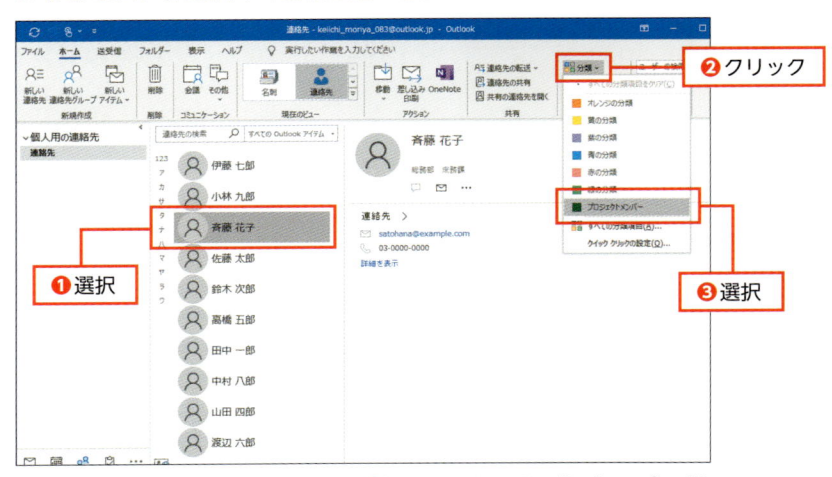

2人目以降は一覧で相手を選択してから（❶）、［ホーム］の［タグ］グループで［分類］をクリックし（❷）、表示されるメニューで先ほど作成したグループ名を選択する（❸）。一覧で右クリックメニューを使っても設定できる

分類項目が設定できたら、抽出してみます。

● 分類項目で検索する

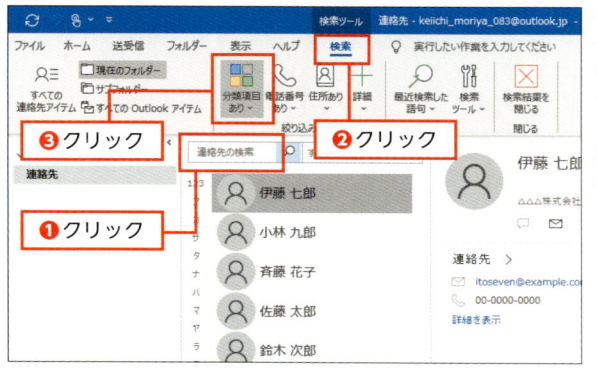

❸クリック
❷クリック
❶クリック

一覧の上部にある［クイック検索］の入力欄をクリックしてから（❶）、［検索］タブをクリックし（❷）、［絞り込み］グループで［分類項目あり］をクリックする（❸）

● 絞り込みの対象となる分類項目を選択

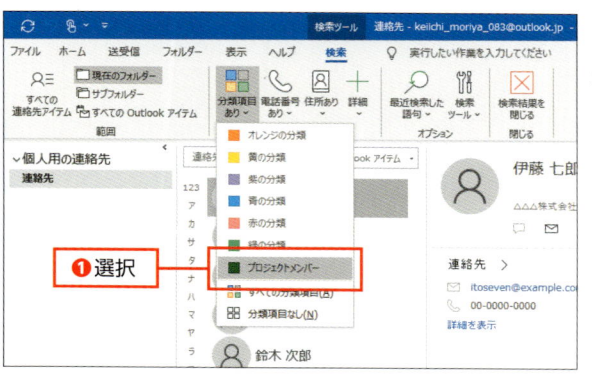

❶選択

［分類項目あり］をクリックするとメニューが表示されるので、絞り込みの対象とする分類項目を選択する（❶）

● 絞り込み検索の結果を確認する

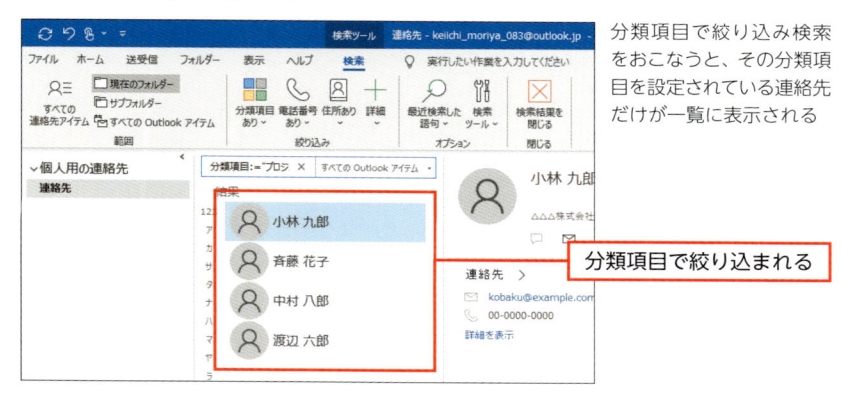

分類項目で絞り込み検索をおこなうと、その分類項目を設定されている連絡先だけが一覧に表示される

分類項目で絞り込まれる

連絡先を会社別に
リストアップする

連絡先を一覧表示して、会社名から目的の連絡先を探したいときは、ビュー
を切り替えましょう。

✉ 連絡先を［一覧］表示に変更する

取引先の会社ごとに担当者の連絡先をまとめて表示したいときは、ビュ
ーを切り替えます。**メールの画面と同様、ビューを切り替えることで連絡
先の情報をいろいろな方法で表示可能です**。

● 連絡先のビューを切り替える

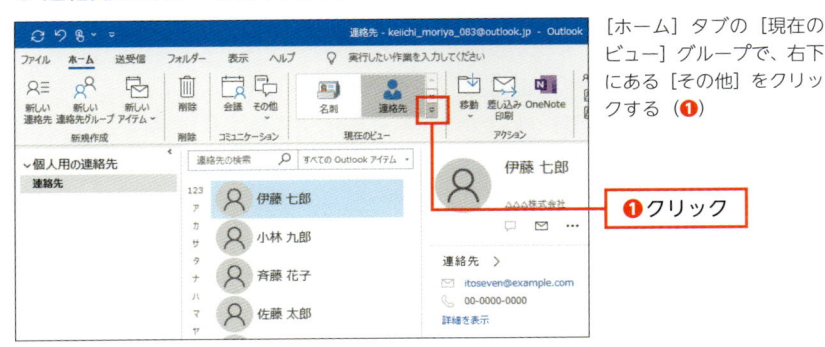

［ホーム］タブの［現在の
ビュー］グループで、右下
にある［その他］をクリッ
クする（❶）

❶クリック

● 一覧のビューを選択する

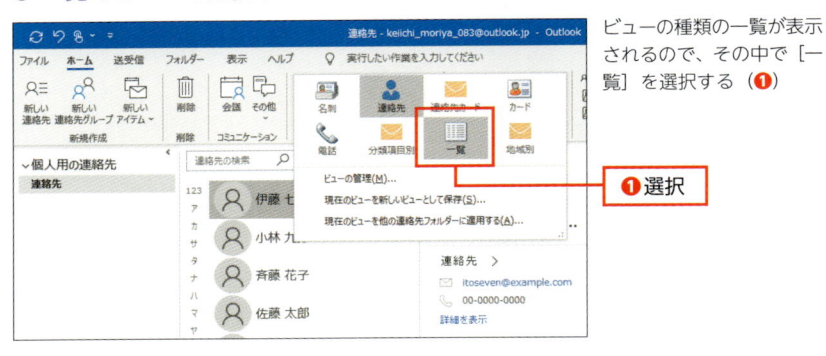

ビューの種類の一覧が表示
されるので、その中で［一
覧］を選択する（❶）

❶選択

167

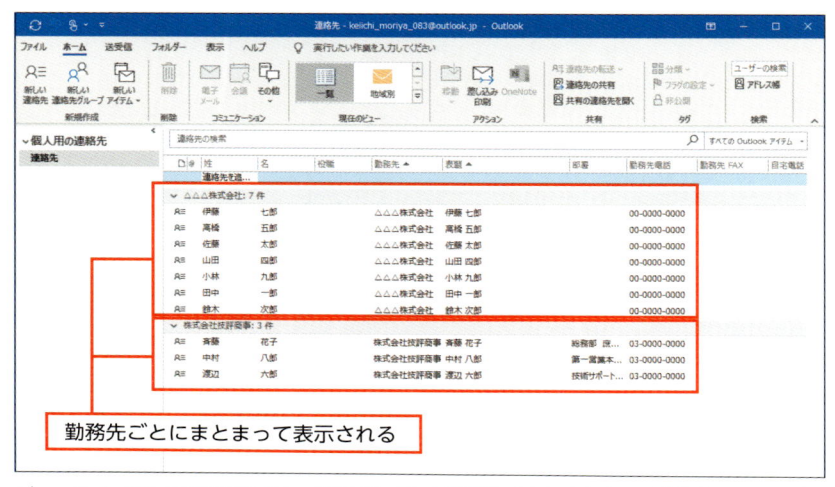

勤務先ごとにまとまって表示される

ビューを［一覧］に切り替えると、登録されている勤務先ごとにまとまって連絡先のリストが表示される

COLUMN

「People」アプリとアウトルックを連携させる

「People」アプリの連絡先からメールを作成しようとすると、Windows標準の［メール］アプリが起動してしまうことがあります。「People」からアウトルックでメールを作成したい場合は、［設定］→［アプリ］→［既定のアプリ］を開き（❶）、［メール］にある［メール］アプリのアイコンをクリックし（❷）、［アプリを選ぶ］のリストで［Outlook］を選択しておきます（❸）。

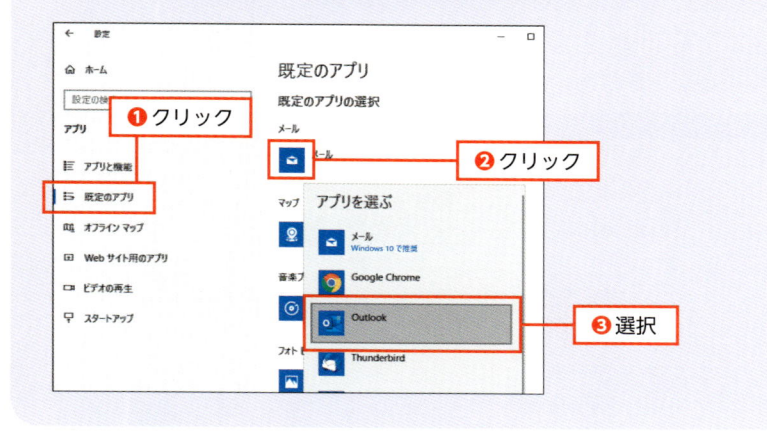

時短
10分

必ずCCに入れる相手は
連絡先でグループにしておく

CCに必ず入れなけらばならない人がたくさんいる場合、いちいち連絡先から相手を検索していたのでは時間がかかってしまいます。そんなときは、まとめてしまいましょう。

✉ [連絡先グループ] を作成する

　取引先もこちら側も数名ずつで1つの案件を進めるケースを考えてみましょう。何か連絡したいとき、関係者全員に漏れなくメールをCCで送る必要があります。その際、**いちいちCCに1人ずつメールアドレスを選択していては面倒なので、全員でグループを作ってそこに送信します。**

● 新しい連絡先グループを作成する

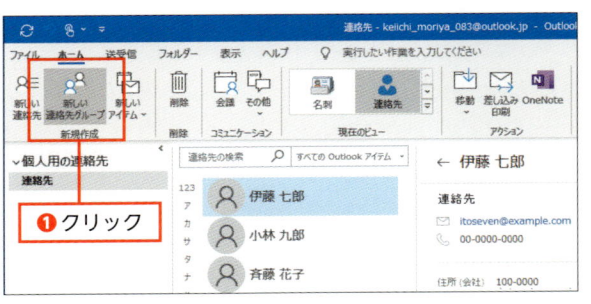

❶クリック

[連絡先] 画面で [ホーム] タブの [新規作成] グループにある [新しい連絡先グループ] をクリックする (❶)

● グループメンバーの追加を開始する

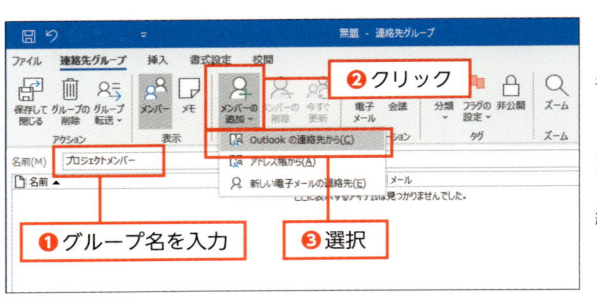

❶グループ名を入力　❸選択　❷クリック

[連絡先グループ] ウィンドウの [名前] にグループ名を入力してから (❶)、[連絡先グループ] タブの [メンバー] グループで [メンバーの追加] をクリックし (❷)、[Outlook の連絡先から] を選択する (❸)

● グループに入れるメンバーを選択して追加

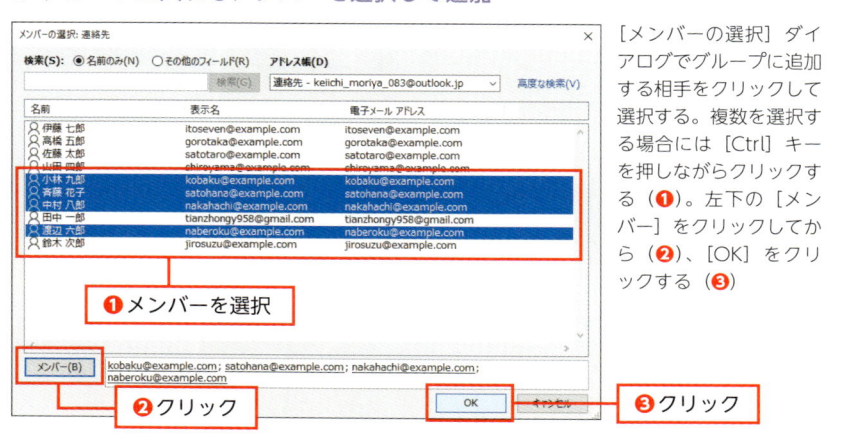

[メンバーの選択] ダイアログでグループに追加する相手をクリックして選択する。複数を選択する場合には [Ctrl] キーを押しながらクリックする（**❶**）。左下の [メンバー] をクリックしてから（**❷**）、[OK] をクリックする（**❸**）

● メンバーを追加したグループを保存する

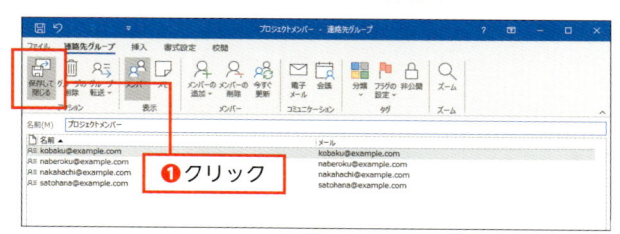

[連絡先グループ] ウィンドウに戻ったら、[連絡先グループ] タブの [アクション] グループで [保存して閉じる] をクリックする（**❶**）

● 一覧でグループを確認する

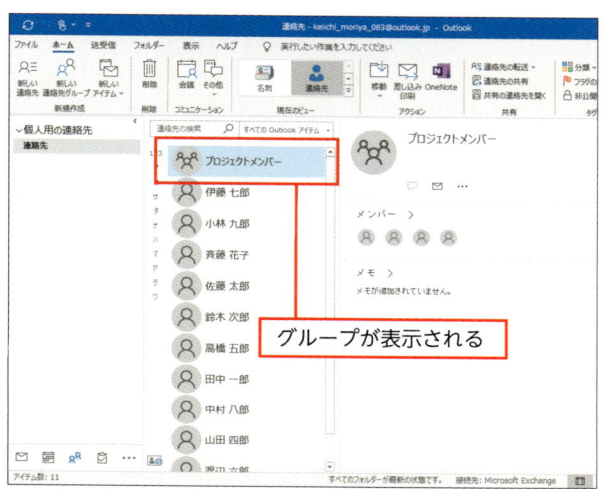

[連絡先] 画面の一覧に、作成したグループが表示される。ここからグループメンバー全員に宛てたメールを新規作成することも可能だ

● メールの宛先としてグループを利用する

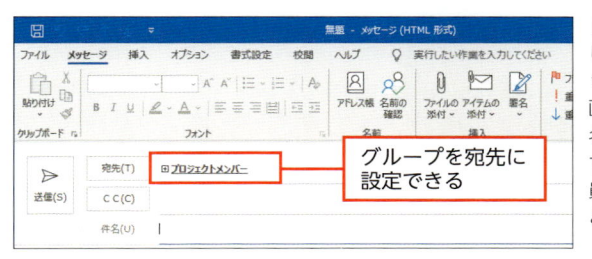

グループを宛先に
設定できる

［連絡先］でグループを選択
してメールのアイコンをクリ
ックするか、メッセージ作成
画面の［宛先］欄でグループ
名の最初の何文字かを入力
すると、グループメンバー全
員に宛てたメールを作成する
ことができる

COLUMN
連絡先グループが作成できない場合の対処方法

　Outlook.comのアカウントなど、メールアカウントの種類によっては、連絡
先グループを作成できないことがあります。これを解決するにはまず、［ファイ
ル］タブ→［情報］をクリックし、［アカウント情報］画面で［アカウント設
定］→［アカウント設定］を開きます。次に、［アカウント設定］ダイアログで
［データファイル］タブの［追加］をクリックし（❶）、［Outlookデータファイ
ル］を保存します。最後に、作成した新しいOutlookデータファイルを選択し
てから（❷）、［既定に設定］をクリックします（❸）。［メール配信場所］ダイ
アログが表示されたら、［は
い］をクリックし（❹）、［ア
カウント設定］ダイアログ
を閉じたら、アウトルック
を終了して、起動し直しま
しょう。

❶クリック

❸クリック

❷選択

❹クリック

171

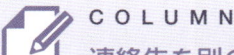

COLUMN
連絡先を別のユーザーに教える

　連絡先の情報をほかの人に教えたい場合は、目的の連絡先を開いて［連絡先］タブの［アクション］グループで［転送］をクリックします（❶）。教えたい相手がアウトルックを使っている場合は、［Outlookの連絡先として送信］を選びます（❷）。ほかのアプリだったり不明の場合は［インターネット形式 (vCard)］を選ぶといいでしょう。［名刺として送信］を選ぶと、連絡先ウィンドウ右上に表示されている画像がメールに添付されます（❸）。

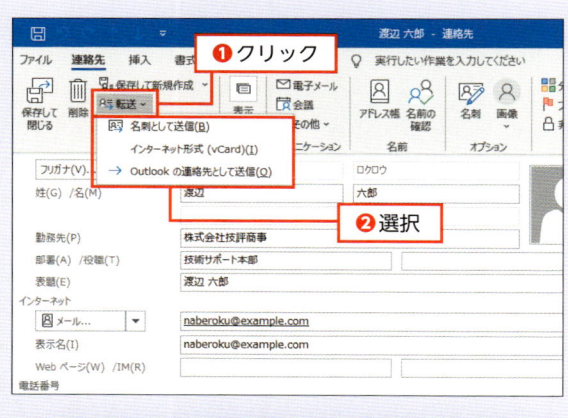

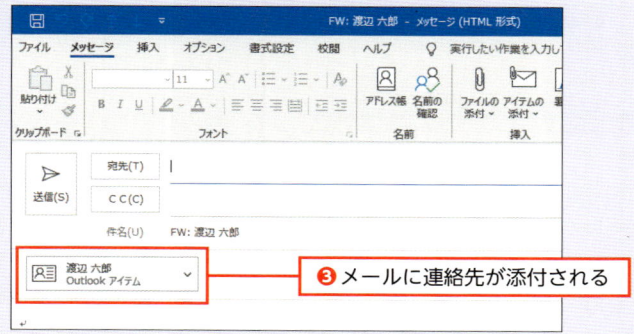

第6章
スケジュールと
タスクを使いこなす

スケジュールとタスクの管理方法は、人によって便利・快適と思う基準が異なります。スケジュール帳なら、サイズ、紙質、罫線の色、カバーの材質といった素材面をはじめとして、月ごとの予定表は1か月1ページなのか3か月1ページなのか、週ごとの予定表は日曜日スタートか月曜日スタートか、土日は平日より狭くてもいいのか、毎週の予定表は右ページにフリースペースがあるのかないのかなど、違いを挙げていけばキリがありません。そして、まったく違いを気にしない人もいれば、細かい違いが気になって仕方がない人もたくさんいます。タスク管理も同じです。

本章では、アウトルックでスケジュールとタスクの管理をやってみようと思った人向けに、ちょっとしたヒントになることを解説しています。紙幅の関係で、基本から応用まですべて触れているわけではありませんが、ざっと目を通す価値はあるはずです。

6 — ① 新しい予定を登録・編集する

アウトルックのスケジュール機能は、使ったことがない人も多いでしょう。ここでは、まず新しい予定を登録したり、登録した予定を編集したり、基本操作を確認しておきます。

✉ アウトルックですべての予定を集中管理する

スケジュールの管理方法は、人によって大きく異なります。手帳に手書きで予定を書き込む人がまだまだ多い一方で、スケジュール管理アプリやサービスにすべて入力する人もいます。どんな管理方法が快適で便利なのかは、自分でいろいろと試してみるしかありませんが、パソコンでの管理に抵抗がないなら、アウトルックのスケジュール機能にまとめてもいいでしょう。**メールとの連携も取りやすいのが最大のメリットです。**

まずは、新規の予定を登録する手順を確認しておきましょう。

● スケジュール画面に切り替える

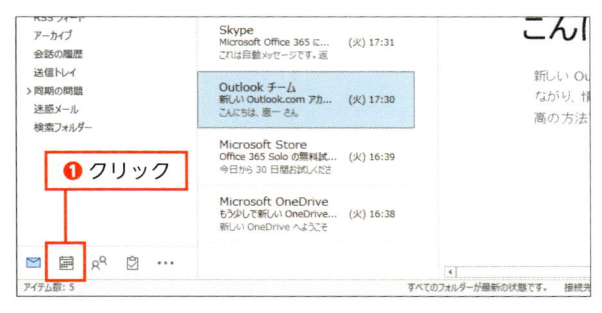

画面左下の［スケジュール］ボタンをクリックするか（❶）、Ctrl + 2 を押す

 **Point**

アウトルックのスケジュール機能を利用するなら、スケジュール画面に切り替えるショートカットキー Ctrl + 2 と、メール画面に戻る Ctrl + 1 は必ず覚えておきましょう。切り替える［スケジュール］ボタンが小さいため、マウス操作は時間がかかります。

● 新しい予定を追加する

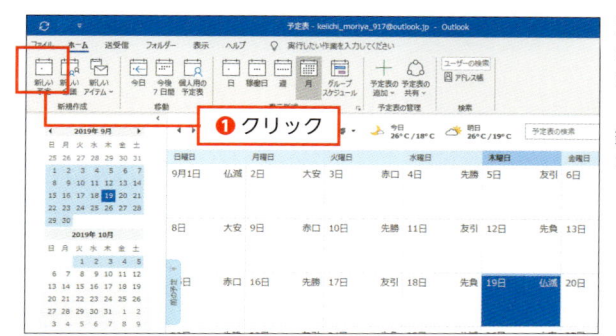

スケジュール画面に切り替わったら画面左上の［新しい予定］をクリックする（❶）か、または予定を登録したい日にちをダブルクリックする

● 予定のタイトルや日時を入力する

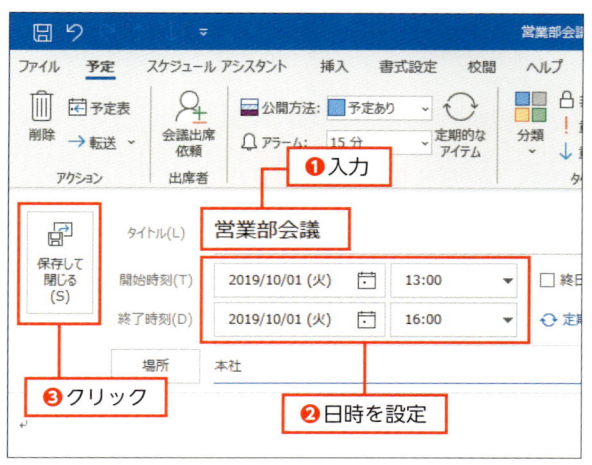

予定の登録画面が表示される。［タイトル］に予定の名前を入力し（❶）、日時、開始時刻、終了時刻を設定する（❷）。必要に応じて場所なども登録可能。編集が完了したら、［保存して閉じる］をクリックする（❸）

● 予定が反映される

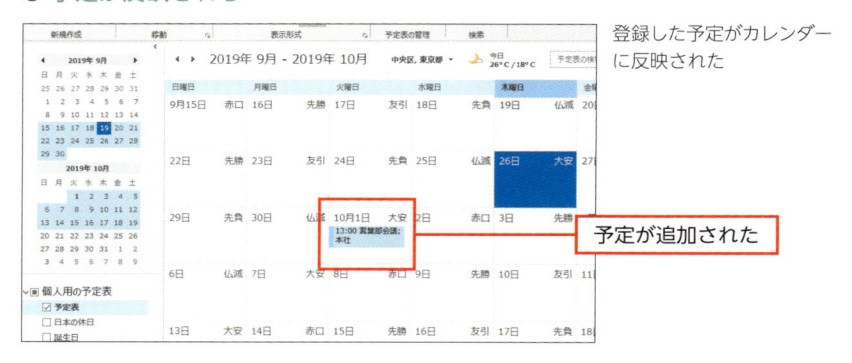

登録した予定がカレンダーに反映された

予定が追加された

次に、**登録した予定の内容を変更する方法を見ておきます**。予定をダブルクリックすれば、編集画面が表示されます。

● 変更したい予定の編集画面を呼び出す

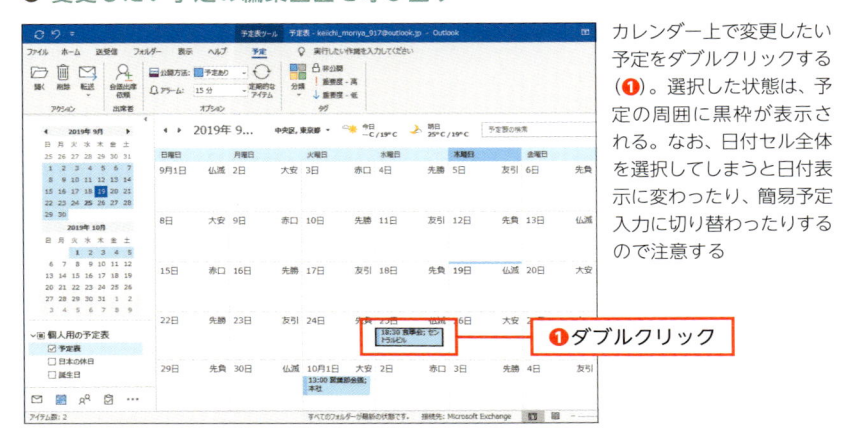

カレンダー上で変更したい予定をダブルクリックする（❶）。選択した状態は、予定の周囲に黒枠が表示される。なお、日付セル全体を選択してしまうと日付表示に変わったり、簡易予定入力に切り替わったりするので注意する

● 予定の内容を変更する

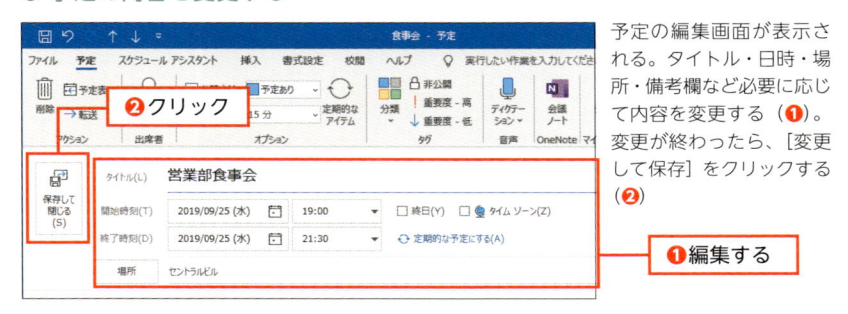

予定の編集画面が表示される。タイトル・日時・場所・備考欄など必要に応じて内容を変更する（❶）。変更が終わったら、［変更して保存］をクリックする（❷）

● 予定の変更が反映される

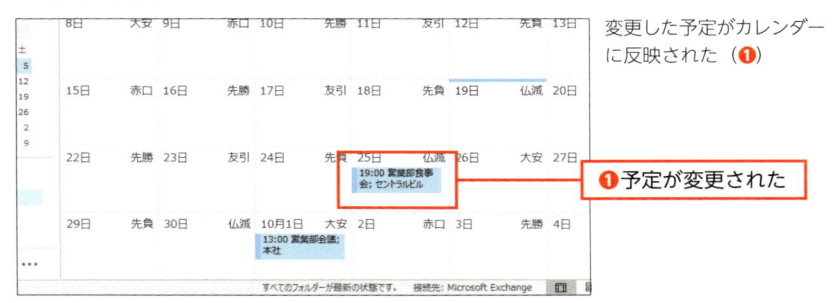

変更した予定がカレンダーに反映された（❶）

最後に、**登録した予定の削除方法も見ておきましょう。**

● 予定を選択する

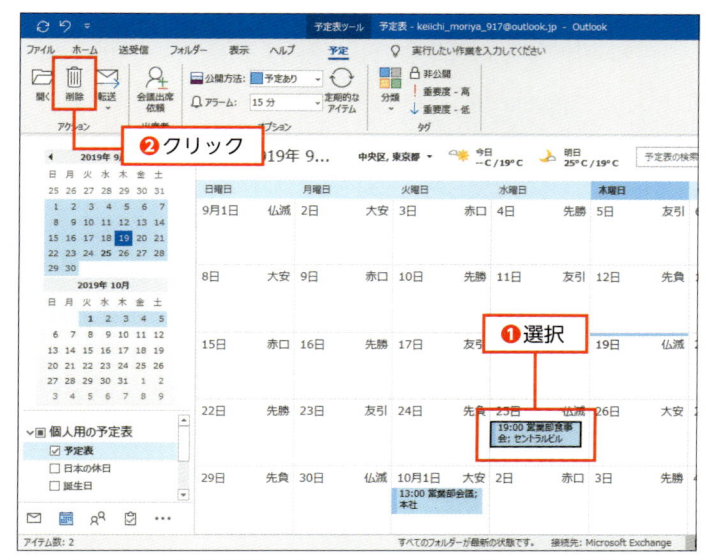

削除したい予定にポインタを合わせ、クリックして選択する（❶）。続いて、画面
左上の［削除］をクリック（❷）、またはキーボードで［Delete］を押す

● 予定が削除された

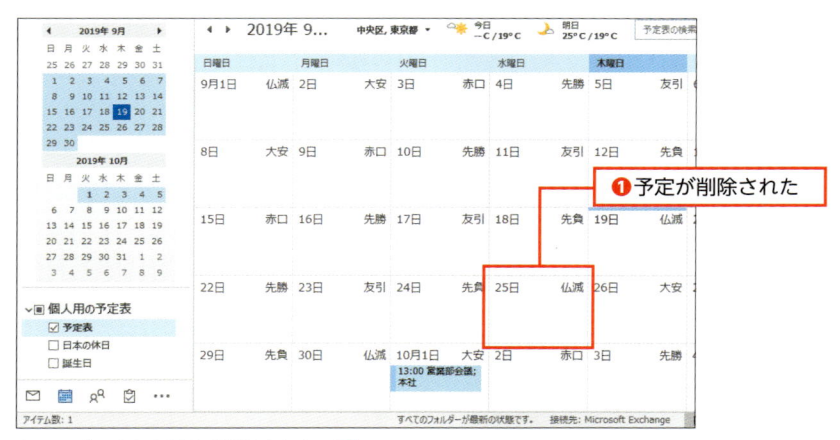

カレンダー上から予定が削除された（❶）

時短
10分

予定の時刻が近づいたら
アラームを鳴らす

アウトルックのスケジュール機能には、あらかじめ登録済みの予定の開始時刻が近づいてきたら、自動的に知らせてくれる機能があります。うまく利用すれば、予定に遅れたり、予定そのものを忘れることがなくなるはずです。

✉ 予定の開始時刻前にアラームを設定する

　デジタルでスケジュールを管理するメリットの1つは、予定の開始時刻が迫ってきたときに、通知してくれるように設定できることです。アウトルックのスケジュール機能では、**予定の開始時刻前にアラームのダイアログを表示されるように設定可能です**。開始時刻のどのくらい前にアラームを表示できるかは、0分（開始時刻と同時）から2週間前まで24段階の中から選択できます。

● 予定の編集画面を表示する

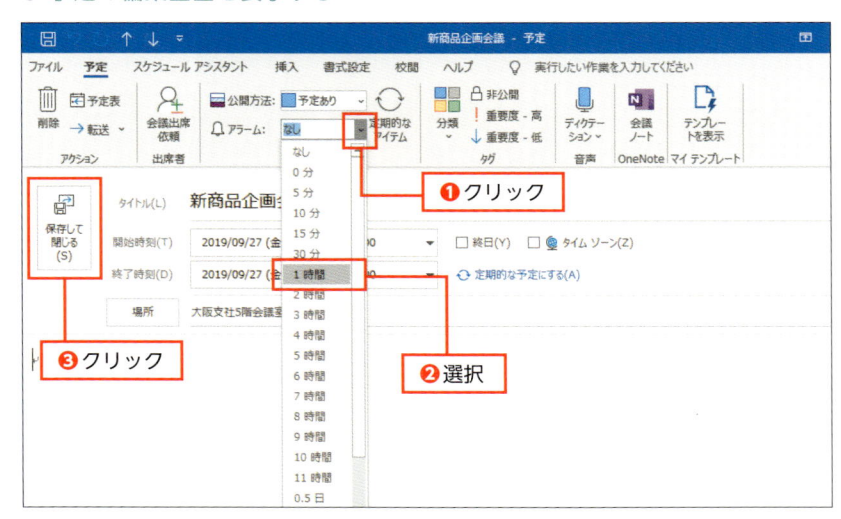

予定の新規入力画面または編集画面を表示する。そして、［アラーム］右の［▼］をクリックして（❶）、開始時刻のどのくらい前にアラームを鳴らしたいかを選択する（❷）。設定が完了したら、［保存して閉じる］をクリックする（❸）

● アラームが鳴る

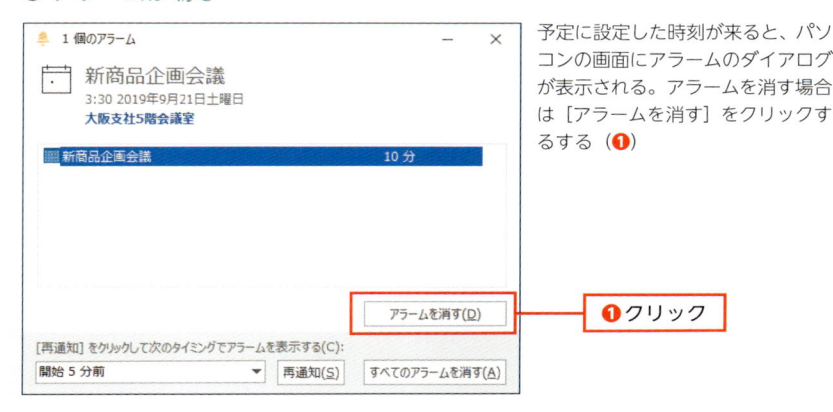

予定に設定した時刻が来ると、パソコンの画面にアラームのダイアログが表示される。アラームを消す場合は［アラームを消す］をクリックするする（**❶**）

❶クリック

● アラームを再通知する

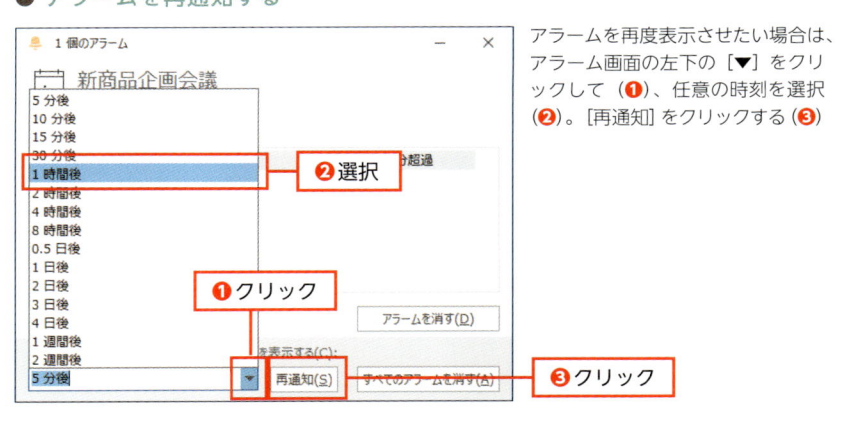

アラームを再度表示させたい場合は、アラーム画面の左下の［▼］をクリックして（**❶**）、任意の時刻を選択（**❷**）。［再通知］をクリックする（**❸**）

❷選択

❶クリック

❸クリック

✉ ATTENTION !

開始時刻のどのくらい前にアラームを表示できるかは、リストから選択できる時刻以外に「1分」「23時間」「5日」「1.5週間」などの設定も可能です。ただし、「1時間5分」など複数の単位が混ざる設定はできません。また、「午前8時25分」など時刻の指定もできません。

✉ ATTENTION !

1つの予定に対して、設定できるアラームは1つだけです。Googleカレンダーのように複数設定することはできません。

時短
5分

「毎月第1月曜日」のような
くり返しの予定を入れたい

毎月特定の日にくり返される予定を設定する方法を知っておきましょう。定
例会議やゴミの日など、いろいろな場面で使えるはずです。

✉ 予定にくり返しを設定する

　デジタルでのスケジュール管理のメリットとして、**くり返しがかんたん
に設定できることも挙げられます**。冊子タイプのスケジュール帳への手書
きだと、どうしても手間がかかってしまいますが、アウトルックのスケジ
ュール機能だと、かんたんにくり返しが設定可能です。

● 定期的な予定を設定する

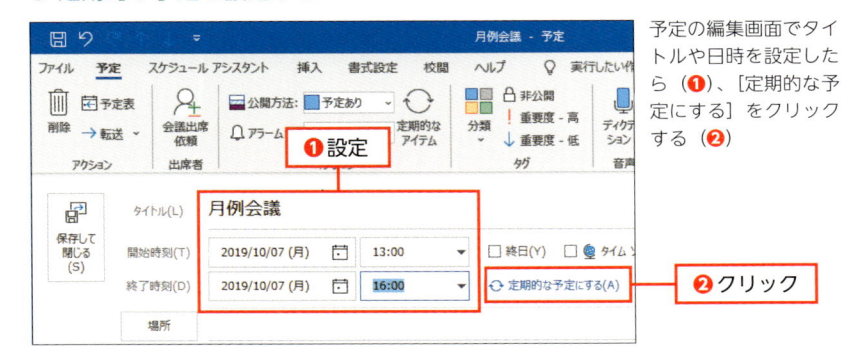

予定の編集画面でタイ
トルや日時を設定した
ら（❶）、[定期的な予
定にする] をクリック
する（❷）

COLUMN
複数の日にまたがる予定を入力するには

　数日間に及ぶ予定を入力するのに、いったん1日限りの予定を入力してから
[開始時刻] や [終了時刻] を編集していたのでは面倒です。月ごとの表示に変
更してから、予定のある日をマウスでドラッグして選択し、[ホーム] タブの
[新しい予定] をクリックするか、Ctrl + N を押して新しい予定の画面を表
示します。すると、日にちが正しく入力した状態で設定できます。

● くり返しのパターンを設定する

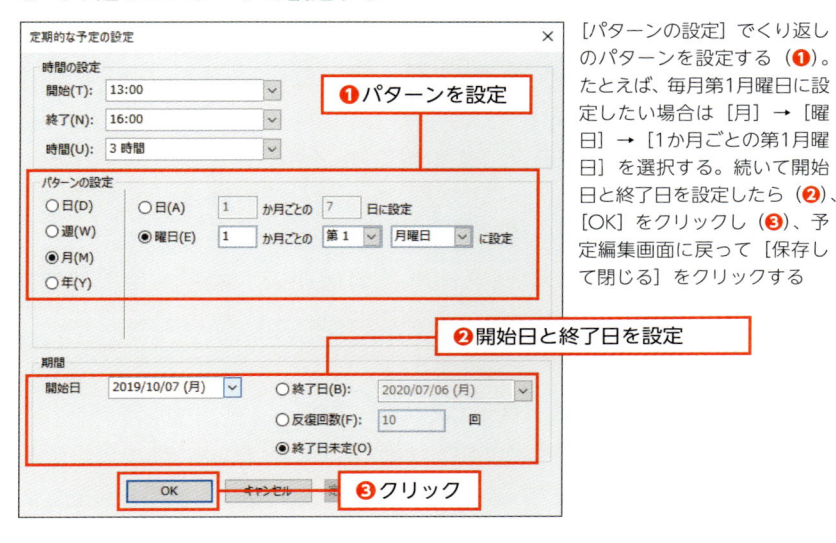

[パターンの設定] でくり返しのパターンを設定する（❶）。たとえば、毎月第1月曜日に設定したい場合は［月］→［曜日］→［1か月ごとの第1月曜日］を選択する。続いて開始日と終了日を設定したら（❷）、［OK］をクリックし（❸）、予定編集画面に戻って［保存して閉じる］をクリックする

✉ ATTENTION !

毎月第1月曜日だけでなく、第1と第3月曜日に定期的な予定を入れたいなら、第1月曜日と第3月曜日の予定を別々に設定する必要があります。

📝 COLUMN
週の最初の曜日を月曜日に変更する

　週の最初の曜日は、初期設定では日曜日になっています。最近では月曜日スタートのスケジュール帳も増えており、月曜日を週の最初に変更したいと思う人もいるでしょう。アウトルックのスケジュール機能なら、かんたんに変更できます。

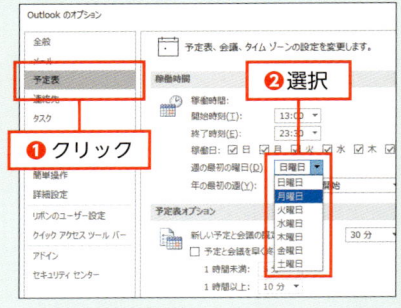

　［ファイル］タブ→［オプション］をクリックして［Outlookのオプション］ダイアログを表示します。［予定表］をクリックして（❶）［週の最初の曜日］から［月曜日］を選択すれば（❷）、月単位の表示に変更したとき、左端に月曜日が表示されるようになります。

6

時短
20分

Googleカレンダーと
スケジュールを同期する

Googleカレンダーに登録した予定を参照したい場合、いちいち並べて見比べるのは面倒です。ここでは、Googleカレンダーをアウトルックで利用する方法を紹介します。

✉ アウトルックにGoogleカレンダーを追加する

Googleカレンダーのユーザーであれば、アウトルックのカレンダー上でGoogleカレンダーに登録した予定も確認したいことがあるでしょう。そんな場合は、**アウトルックでGoogleカレンダーを閲覧する機能を利用します**。

ここで注意したいのは、ここで紹介する方法ではアウトルック上でGoogleカレンダーの予定を表示できますが、予定を変更したり新規登録することはできないことです。そのため、完全な同期ではありません。また、この機能には「購読」と「インポート」の2つがありますが、Googleカレンダー上での変更を随時反映できるのは購読のみです。ここでは、前者の設定手順を紹介します。

● Googleカレンダーの設定を開く

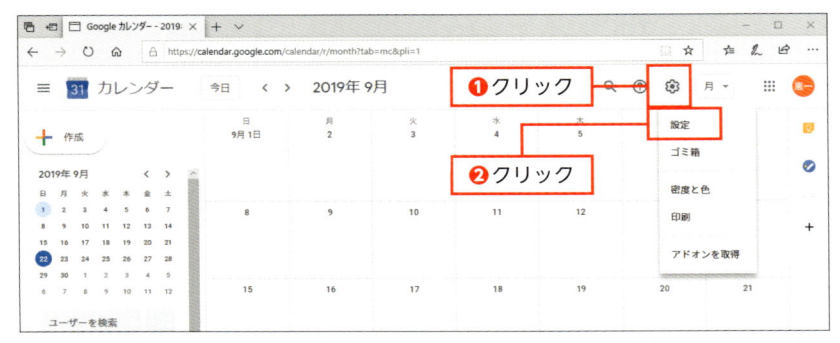

Webブラウザで「Googleカレンダー（https://calendar.google.com/）」を開き、Googleアカウントでログインする。続いて、［設定メニュー］ボタンをクリックして（❶）、［設定］をクリックする（❷）

● カレンダーのURLをコピーする

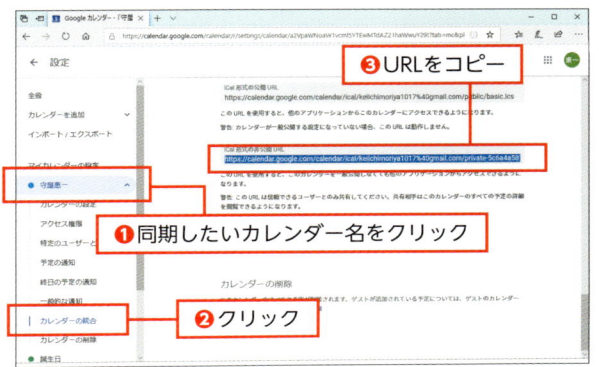

同期したいカレンダー名をクリックし（❶）、［カレンダーの統合］をクリックする（❷）。「iCal形式の非公開URL」に記載されているURLをコピーする（❸）

● アウトルックでアカウント設定を開く

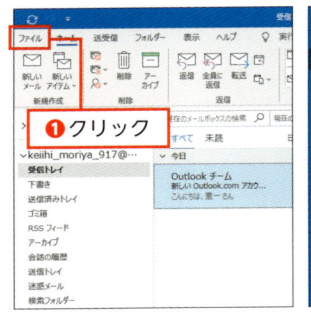
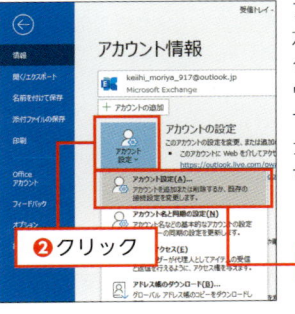

アウトルックに戻り、画面左上の［ファイル］タブをクリックする（❶）。［アカウント設定］をクリックして（❷）、メニューから［アカウント設定］をクリックする（❸）

● インターネット予定表を新規登録する

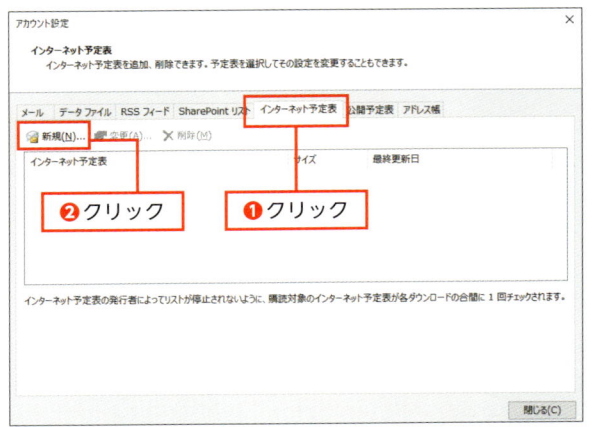

［インターネット予定表］タブをクリックし（❶）、［新規］をクリックする（❷）

● URLをペーストしてカレンダーを追加する

[Outlookに追加するインターネット予定表の場所を入力してください] にコピーしたGoogleカレンダーのURLをペーストし（❶）、[追加] をクリックする（❷）

● カレンダーの名前を入力する

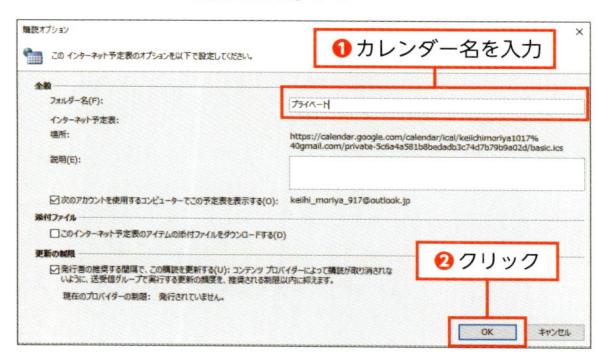

「フォルダー名」にカレンダーの名前を入力し（❶）、[OK] をクリックする（❷）。「アカウント設定」画面に戻ったら、「インターネット予定表」の一覧に入力したカレンダー名が反映されていることを確認し、[閉じる] をクリックする

● Googleカレンダーが追加された

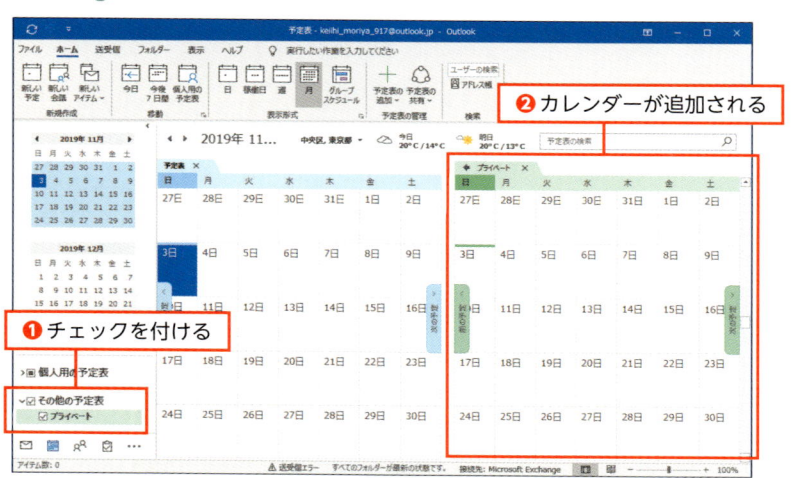

アウトルックに戻り、[その他の予定表] をクリックしてチェックを付けると（❶）、追加したGoogleカレンダーが表示される（❷）

時短
10分

予定をジャンル別に
色分けして表示する

アウトルックでスケジュールを管理するなら、仕事の予定もプライベートの
予定も両方登録したいところです。ただ、表示が混ざってしまっては、見づ
らくなってしまいます。どうすればよいのでしょうか。

📩 分類項目で予定を色分けする

　アウトルックのスケジュール機能で、**仕事だけでなくプライベートの予
定も管理したいなら、予定ごとに色分けすると便利です**。メール機能でも
解説した分類項目を使えば、色分けが可能です。

● ［分類］を選択する

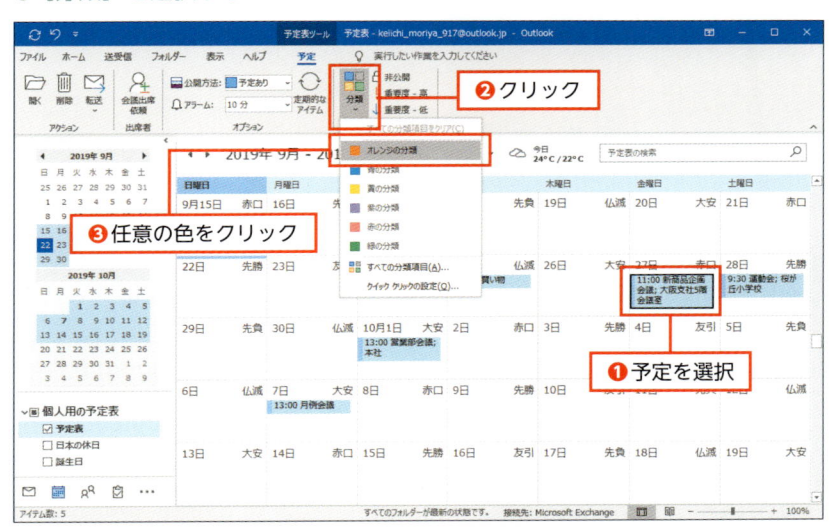

予定を選択し（❶）、［分類］をクリックする（❷）。一覧から変更したい色をクリックする（❸）

Point　ここではすでに登録済みの予定の色を変更していますが、新しい予
定を登録する際に、分類項目を設定することも可能です。

● ジャンル名を入力する

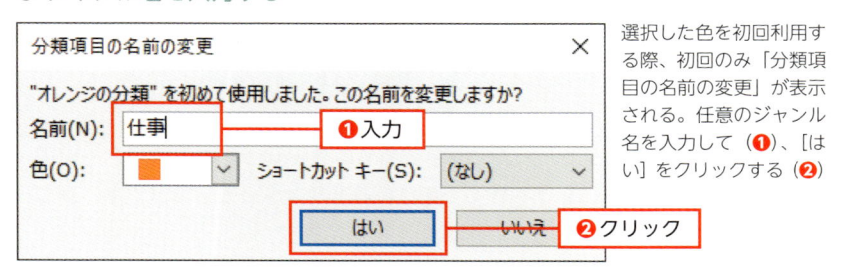

選択した色を初回利用する際、初回のみ「分類項目の名前の変更」が表示される。任意のジャンル名を入力して（❶）、[はい]をクリックする（❷）

● 予定の色が変わった

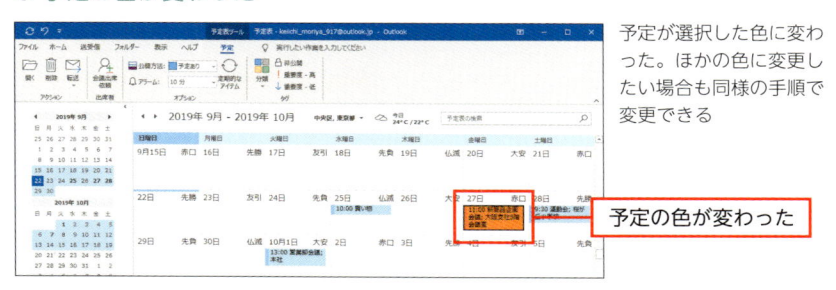

予定が選択した色に変わった。ほかの色に変更したい場合も同様の手順で変更できる

予定の色が変わった

COLUMN
特定の色の予定だけ抽出する

特定の色の予定だけを表示したい場合は、アウトルックの検索機能を活用しましょう。画面右上の検索ボックスをクリックし（❶）、[分類項目あり]をクリックします（❷）。メニューから絞り込みたい予定の色をクリックすると（❸）、該当の色の予定だけが一覧表示されます（❹）。

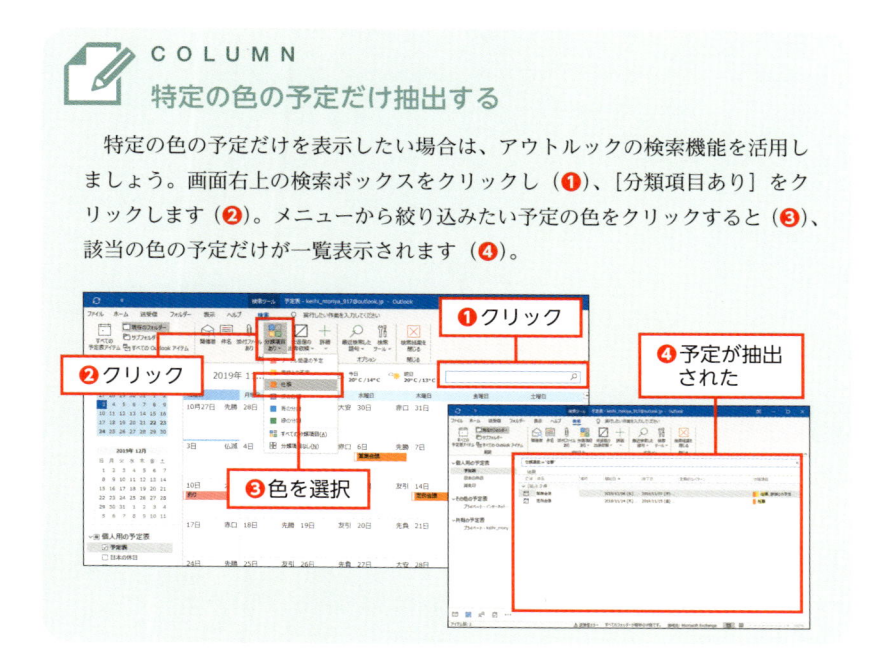

メールで受信した内容を 予定として追加する

受信したメールに書かれていた内容で予定を作成したいとき、いちいちウィンドウを並べてコピー＆ペーストしていては面倒です。もっとかんたんな方法はないでしょうか。

✉ メールの内容から予定を作成する

　メールで連絡された会議などの予定をスケジュールに登録するのに、メールの画面とスケジュールの画面を並べて見比べながら作業していては、面倒なだけでなく、コピーミスなど事故の原因になります。また、ノートパソコンの画面サイズでは、ウィンドウの切り替えが生じてしまって非常に手間がかかります。

　そこで、**メールをそのまま予定に登録し、同じウィンドウ内で作業できるようにします**。メール自体を予定の参考資料として付けておきたいときも便利です。

● メールを［予定表］アイコンにドラッグ＆ドロップ

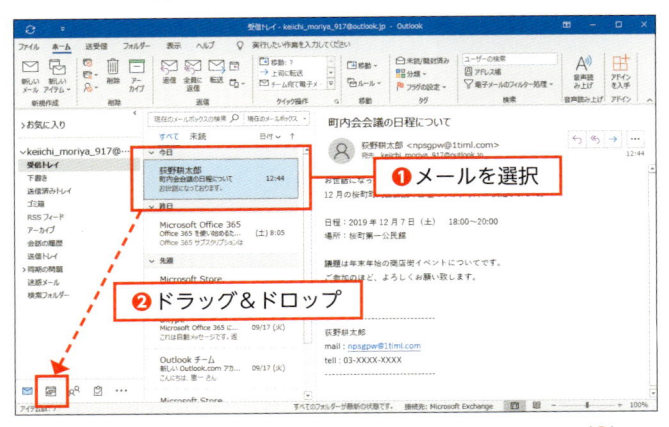

メール画面で、日付や場所など予定が記載されたメールを選択する（❶）。メールを選択した状態で、画面下部の［予定表］アイコンまでドラッグし、アイコンの上に重ねるようにしてドロップする（❷）

● メールの内容が反映される

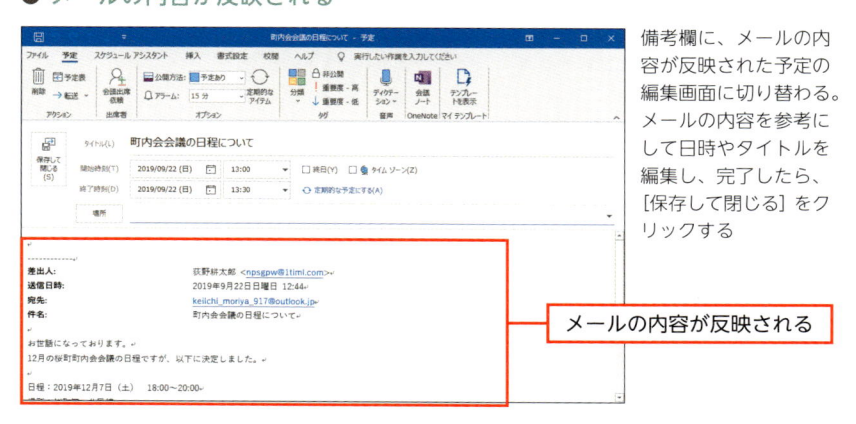

備考欄に、メールの内容が反映された予定の編集画面に切り替わる。メールの内容を参考にして日時やタイトルを編集し、完了したら、[保存して閉じる] をクリックする

メールの内容が反映される

COLUMN

会議の人集めは会議機能を使うと便利

　会議など同じ時刻に複数のメンバーを集めなければならないとき、メールで出欠を管理すると大変煩雑です。こういった問題を解決するためのサービスもありますが、メンバー全員がアウトルックを使っているのなら、アウトルックの会議機能を使って全員に日時と場所を送信し、出欠を問いあわせるメールを送信します。

　この機能の優れているところは、アウトルックのスケジュール機能との連携です。送信するだけで、相手のスケジュールに会議の情報が登録されます。また、出席依頼を承諾するか拒否するかを返信すれば、出席依頼をおこなった人のスケジュールに自動的に集約され、誰が出席で誰が欠席なのか、一覧表示も可能です。なお、この機能の利用そのものにはExchangeサーバーは不要ですが、通常のOutlook.comアカウントでは一部の機能が利用できません。

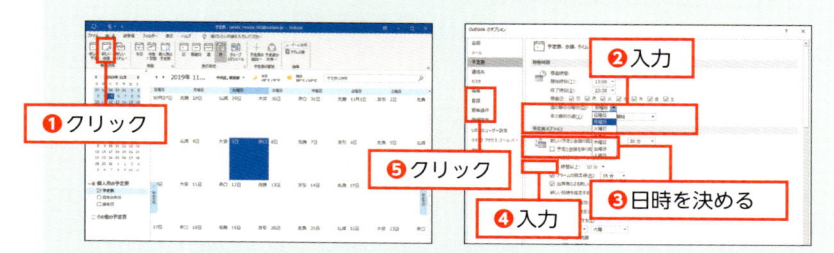

スケジュール画面で [ホーム] タブの [新しい会議] をクリック（❶）。出席を依頼したい人のメールアドレスを入力し（❷）、会議の日時を決めて（❸）、場所を入力する（❹）。[送信] をクリックすれば（❺）、相手に出席依頼が届く

時短
10分

予定を参加者にメールで知らせる

すでに作成済みの予定をほかの関係者に知らせたいとき、予定を見ながらメールを書くのは無駄な作業です。もっと手早く済ませたいなら、予定をそのままメールに貼り付けます。

✉ 予定の内容をメールに反映させる

　すでにスケジュールに登録済みの予定をメールで知らせたいとき、**予定を見ながらメールを書くのではなく、中身をいきなりコピー＆ペーストしてしまいましょう**。

● 予定を［メール］アイコンにドラッグ＆ドロップ

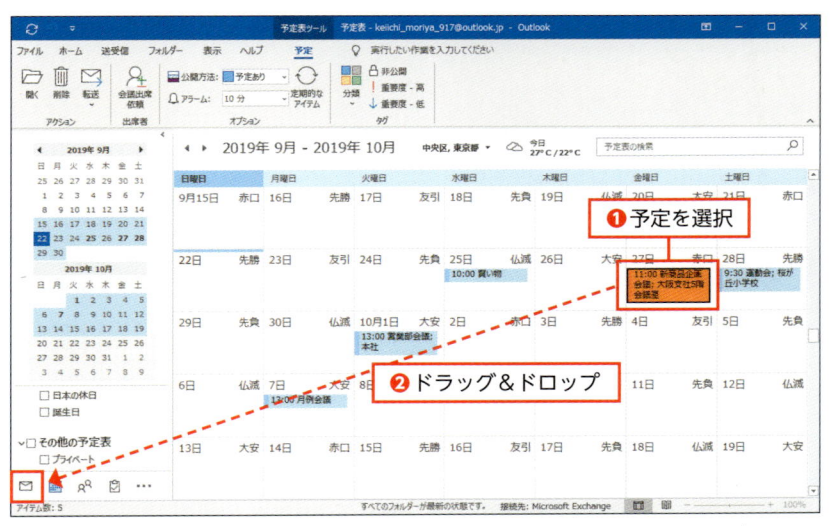

メールで知らせたい予定を選択する（❶）。画面下部の［メール］アイコンにドラッグ＆ドロップする（❷）

● メールに予定が反映される

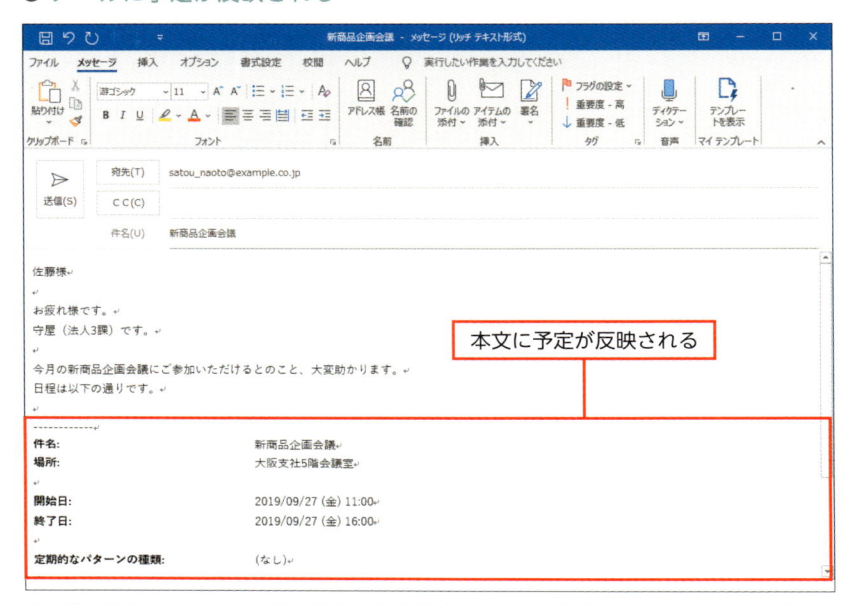

本文欄に予定のタイトル、日時、場所などが反映されたメール作成画面に切り替わる。宛先や件名、本文などを入力して相手に送信しよう

Point

この手順では、必ず新規メールに予定が貼り付けられ、返信メールを作成することはできません。また、すでにメール作成画面を表示しておき、そこに予定をドラッグ＆ドロップすると、予定がメールに添付されます。ただし、アウトルック形式なので、ほかのメールアプリで開けるかどうかはアプリによります。ちなみに、パソコンのGmailで受信すると、Googleカレンダーに登録可能です。なお、相手もアウトルックを利用していると分かっていれば、6-06節のコラムで紹介した会議機能を使ったほうが便利です。

アウトルックで設定した予定をスマホで確認する

パソコンのアウトルックでスケジュールに登録した予定をスマホでチェックしたいときは、どうすればよいでしょうか。ここでは、スマホの標準カレンダーアプリを使う方法と、アウトルックアプリを使う方法を紹介します。

✉ iPhoneでアウトルックのスケジュールを確認する

iPhoneでは、設定でMicrosoftアカウントを登録すれば、アウトルックで設定したスケジュールを標準のカレンダーアプリに読み込むことができます。iPhone側で内容を編集することも可能です。

まず、設定の［パスワードとアカウント］→［アカウントを追加］からMicrosoftアカウントを登録しておきます。

● iPhoneでアウトルックのカレンダーを確認する

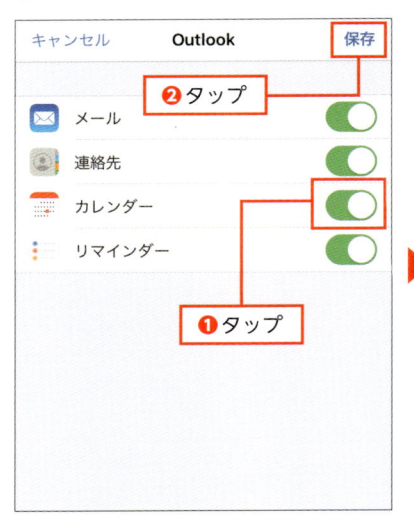

設定の［パスワードとアカウント］からカレンダーを読み込みたいアカウントをタップ。この画面で［カレンダー］をオンにして（❶）、［保存］をタップする（❷）。同期が完了すると、［カレンダー］アプリにアウトルックのカレンダーの予定が反映される（❸）

次に、Androidでアウトルックアプリを使って予定を確認する方法を紹介します。

● Microsoftアカウントでサインインする

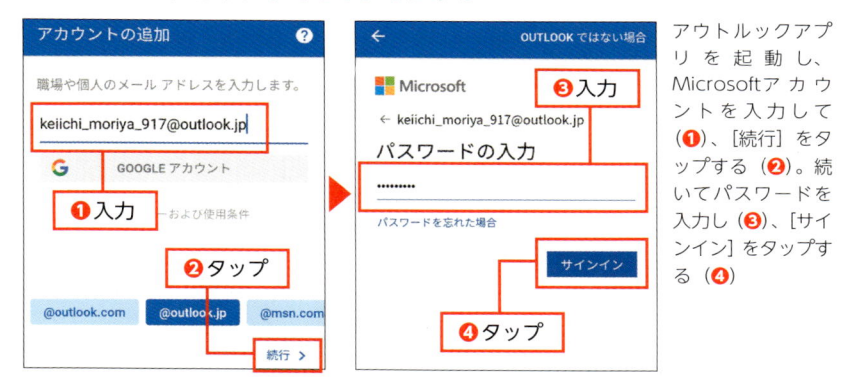

アウトルックアプリを起動し、Microsoftアカウントを入力して（❶）、[続行]をタップする（❷）。続いてパスワードを入力し（❸）、[サインイン]をタップする（❹）

● カレンダー画面に切り替える

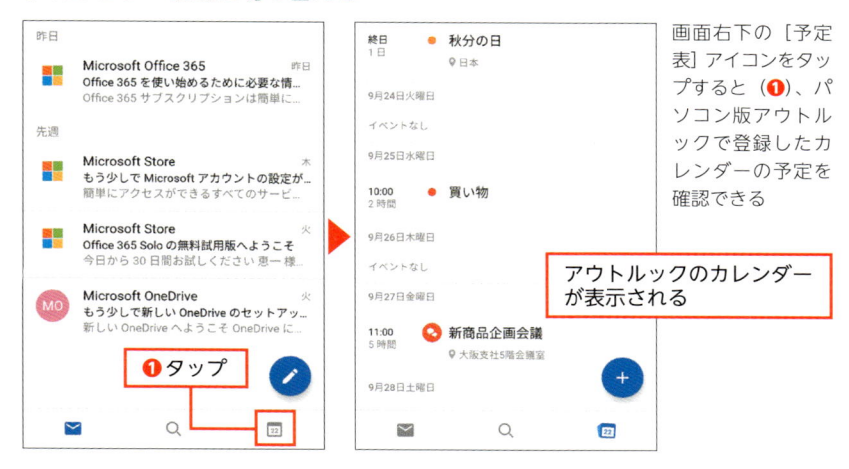

画面右下の[予定表]アイコンをタップすると（❶）、パソコン版アウトルックで登録したカレンダーの予定を確認できる

アウトルックのカレンダーが表示される

6 – 09

時短 20分

大切なタスクを忘れずに実行するには

毎日のタスク管理をどうしようか迷っているなら、アウトルックのタスク機能を使ってみるのもいいでしょう。メールと同じアプリで管理できるので便利です。

✉ タスクを登録する

　アウトルックでは、メールにフラグを付けると、タスクとして登録されますが、**メールとは関係なくタスクを登録することも可能です**。タスクには、期限や進捗状況、優先度、アラーム、メモを追加することもできるので、まとめて記録しておけば大変便利です。

● タスク画面で新規タスクを作成する

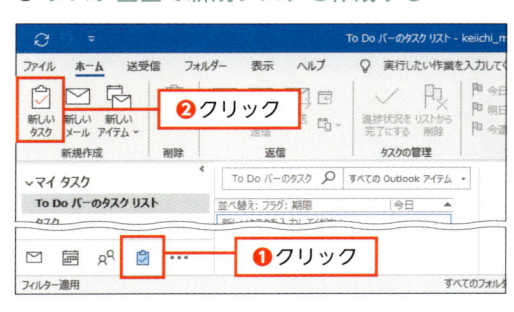

画面左下の［タスク］アイコンをクリックするか（❶）、Ctrl + 4 を押して、タスク画面の切り替える。続いて、画面左上の［新しいタスク］をクリックするか（❷）、Ctrl + N を押す

Point　タスク画面への切り替えと、新しいタスクの作成のショートカットキーは、タスク機能を使うなら、必ず覚えておきましょう。

 ATTENTION !

タスク機能は、パソコンのアウトルックでしか確認できません。スマホでチェックすることはできないので、どうしてもスマホで確認したい場合は、タスク管理は別のアプリを使うべきでしょう。

● タスクの内容を設定する

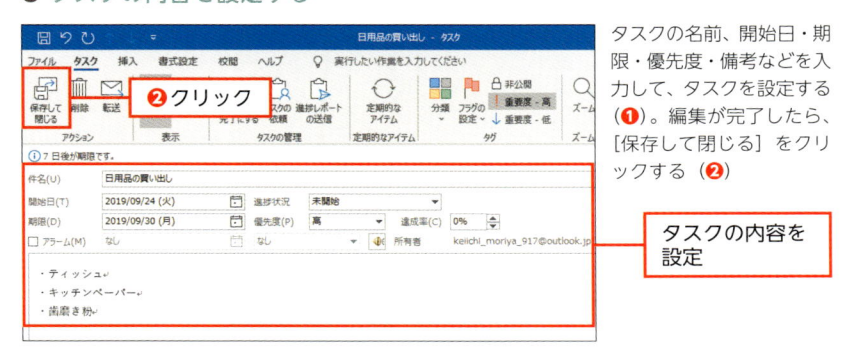

タスクの名前、開始日・期限・優先度・備考などを入力して、タスクを設定する（**❶**）。編集が完了したら、[保存して閉じる] をクリックする（**❷**）

タスクの内容を設定

● タスクを完了する

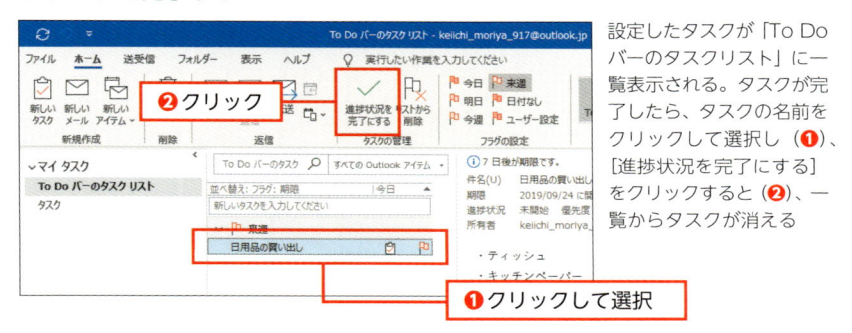

設定したタスクが「To Do バーのタスクリスト」に一覧表示される。タスクが完了したら、タスクの名前をクリックして選択し（**❶**）、[進捗状況を完了にする] をクリックすると（**❷**）、一覧からタスクが消える

COLUMN
タスクをうまく管理したいなら

　タスク管理は、スケジュール帳同様に個人の好みが出てきます。A4コピー用紙に今日のタスクを書きなぐる人もいれば、小さな手帳に細かい文字で書いていくのがいい人もいます。パソコンの高価なアプリを好む人もいれば、おまけのようなサービスで済ませる人もいます。

　私は以前、10年以上にわたってB7の横罫入りリングノートを愛用していました。その日のタスクを書いておき、終わったら赤ペンで消すのが快く感じたものです。現在は、バレットジャーナルと呼ばれるシステムをアレンジしてB5の方眼入りノートに書いていますが、アウトライナーと呼ばれるジャンルのサービスをパソコンやスマホのタスク管理アプリ代わりに使うこともあります。

　ここでは、アウトルックを使ったやり方を紹介しますが、タスク管理にはたくさんの方法が存在するので、ぜひ自分に合ったものを見つけてください。

時短
5分

今日の予定とタスクを一覧表示して確認したい

スケジュールやタスクの機能を使っているなら、おすすめの機能があります。
それは「Outlook Today」です。メール、スケジュール、タスクのすべてが
チェックできます。

✉ Outlook Todayを表示する

　アウトルックを使いこなすようになってくると、メール画面だけでなく、
スケジュールやタスク、連絡先を頻繁に切り替えることになります。それ
ぞれショートカットキーが割り当てられているので、パッパッと画面を切
り替えながら作業を続けることになるのですが、予定とタスクだけでも同
じ画面で一覧したいと思うことがあるでしょう。

　そんなときに使ってみたいのが「Outlook Today」です。**予定とタス
ク、それに指定したフォルダーの未読メール数がまとめて表示されます**。

● 予定とTo Doが一画面に表示される

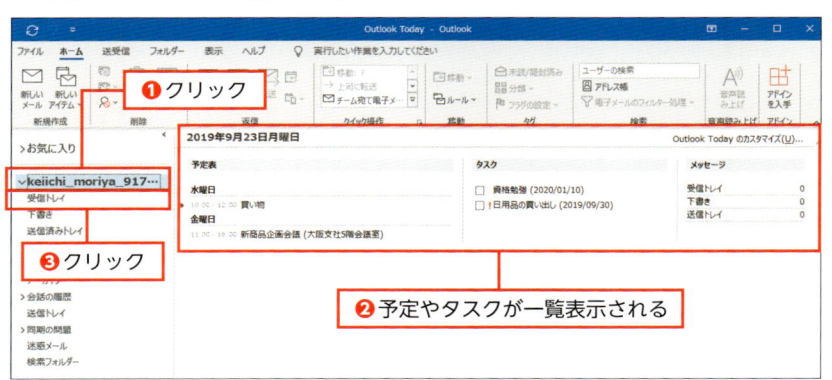

メール画面でアカウントをクリックすると（❶）、直近の予定やタスクが一画面に表示される（❷）。
元の画面に戻りたいときは、［受信トレイ］をクリックする（❸）

Outlook Todayをカスタマイズする

　起動時にOutlook Todayを表示したいときや、メールの未読を表示したいフォルダーを選択したいとき、表示列を減らしたいときには、カスタマイズをおこなうといいでしょう。Outlook Todayを表示して［Outlook Todayのカスタマイズ］をクリックすれば、設定を変更することができます。

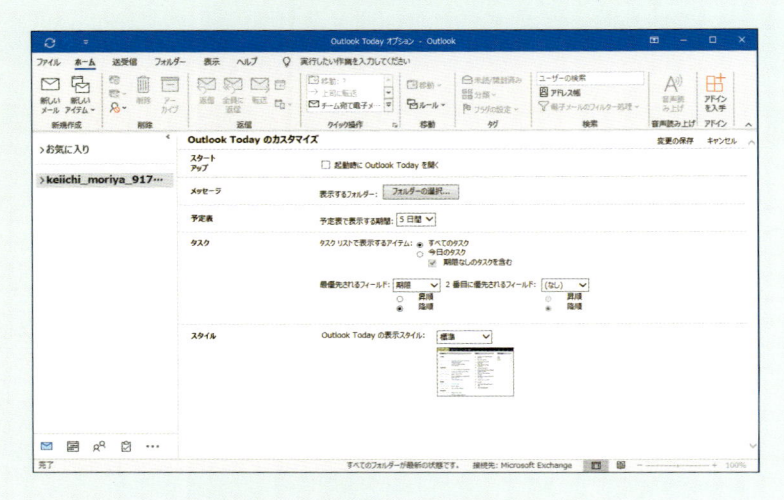

第7章

アウトルックをさらに便利にするテクニック

アウトルックでのメール仕事を時短するために、本書では3つの方法を提案しています。改めて挙げておくと、①ショートカットキーはマウス操作の時間を減らすことに役立ちます。②クイックパーツやマイテンプレート、スニペットを使うことで文字入力の時間を短縮します。そして、③クイック操作やアドイン、マクロを使うことでアウトルックの操作そのものを時短します。

本章では、この③に含まれるアドインとマクロを中心に解説します。所属する会社によっては、セキュリティ保護の目的で両方とも禁止されているかもしれませんが、もし制限がないなら、ぜひ使ってみてください。これまでの苦労がウソのように楽になることでしょう。

7 — 01

時短 **5分**

アウトルックとほかの
サービスを連携するには

アウトルックで受信したメールの本文を外部のサービスで保存したいとき、メールの文面をコピー＆ペーストするしかないのでしょうか。じつはもっとかんたんなしくみが用意されているのです。

✉ アドインを使って機能を拡張する

　アウトルックと外部のサービスを連携させるため、「アドイン」というしくみが用意されています。**アドインは一種のプログラムで、アウトルックに組み込んで、機能を拡張することができます。**

　たとえば、アドインを使えば、受信したメールの本文をメモサービスにかんたんにコピーしたり、メールの添付ファイルを保存し直さずにオンラインストレージにアップロードしたりできます。

　ここでは、まずアドインのインストール方法を紹介します。なお、社内のセキュリティポリシーにより、アドインのインストールを禁止している会社もあります。不明なときは、インストール前に社内の担当者に確認しましょう。

✉ **ATTENTION !**

ストア版のアウトルックでは、アドインはインストールできません。また、出所のわからないアドインはマルウェアである可能性があるので、インストールしないようにしましょう。

Point

アドインには、いろいろな種類があります。ここでは、アドインの公式ストアからの入手方法を紹介しますが、別のサイトで配布されている場合もあります。

● アドインの公式ストア画面を開く

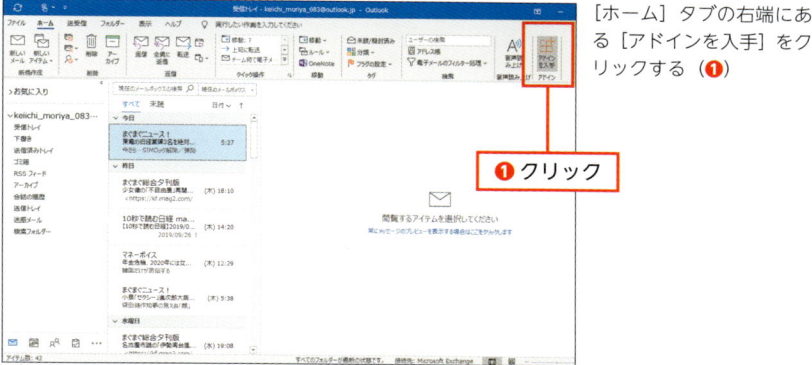

[ホーム］タブの右端にある［アドインを入手］をクリックする（**❶**）

● 使いたいアドインを探すには

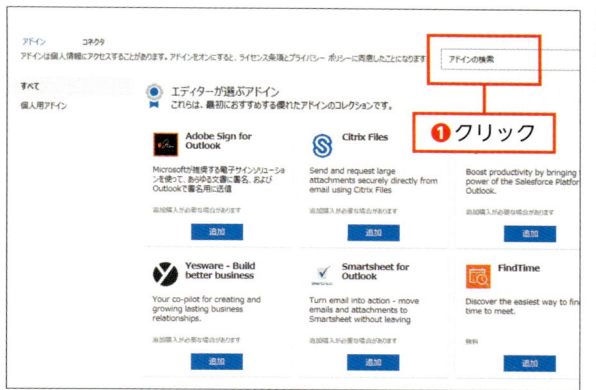

アドインの一覧画面が表示されたら、右上の［アドインの検索］をクリックする（**❶**）

● キーワードでアドインを検索する

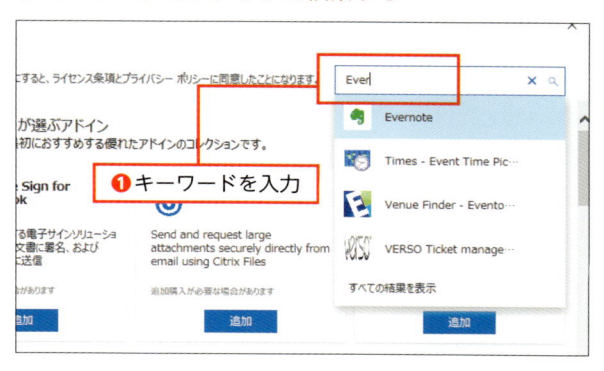

検索ボックスにアドイン名などのキーワードを入力して **Enter** を押す（**❶**）。途中で下部に表示される候補の中に目的のものがある場合は、それをクリックしてもかまわない。なお、ここでは7-02節で解説する「Evernote」のアドインをインストールする

● 検索結果からアドインの詳細画面を開く

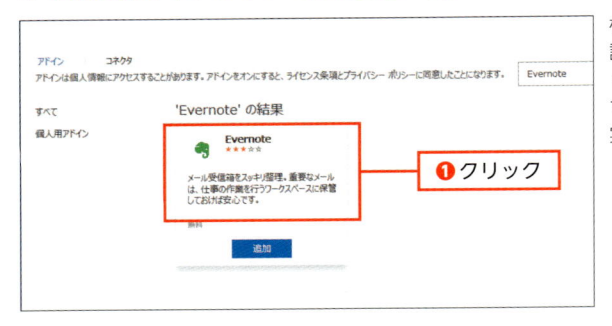

検索結果が表示されたら、詳細を確認するためにクリックしよう（❶）。この場ですぐにアドインの追加を実行することも可能だ

● アドインの追加を実行する

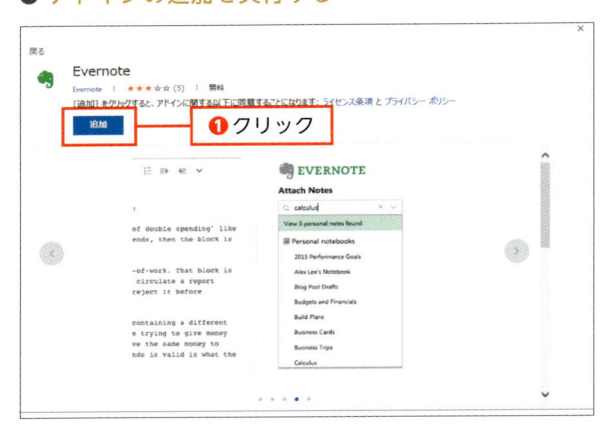

アドインの紹介と説明に目を通して、使いたい場合は［追加］をクリックする（❶）。違う場合は［戻る］をクリック

● アドインのストア画面を閉じる

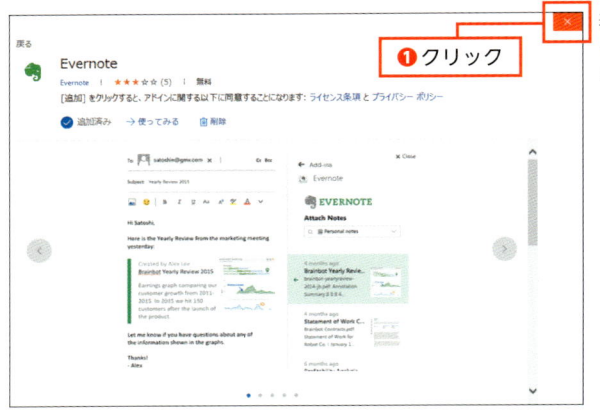

表示が［追加済み］に変わったら、右上の［×］をクリックする（❶）

● 追加されたアドインの表示を確認する

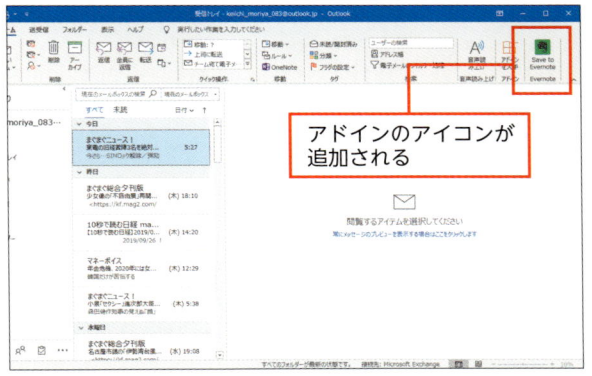

アドインのアイコンが追加される

[ホーム] タブの [アドインを入手] の右側に、追加したアドインのアイコンが表示される。薄い色になっている場合は、アウトルックを再起動すれば使えるようになる

● 追加済みのアドインを削除するには

❶クリック

❷クリック

[ホーム] タブで [アドインを入手] をクリックし、アドインのストア画面の左側で [個人用アドイン] をクリックする（❶）。表示が切り替わったら、削除したいアドインを選んでクリックしよう（❷）

● アドインの削除を実行する

❶クリック

アドインの詳細画面で [削除] をクリックする（❶）。前の画面で […] をクリックすると表示されるメニューからも削除は可能だ

時短 20分

受信したメールの内容を Evernoteにコピーする

メールの件名と本文をそのままEvernoteにコピーしたいなら、アドインを使いましょう。

✉ Evernoteにログインして設定する

「Evernote」は、代表的なメモサービスの1つです。2008年にサービスがスタートし、Windowsだけでなく、Macやスマホでも利用できるアプリが提供されています。アプリ上でデータを保存すると、専用サーバーを経由して、どの端末でも同じデータを閲覧・編集できるのが特徴です。無料でも利用可能なので、ユーザー数は同種のサービスの中では、かなり多いほうだといわれています。

Evernoteにアウトルックからメールの内容を保存したいときは、まずアウトルックにアドインをインストールします。あとは、アドイン上でアカウントを入力すれば、メール画面上でワンクリックで保存可能です。どう

● メールを選んでアドインを使う

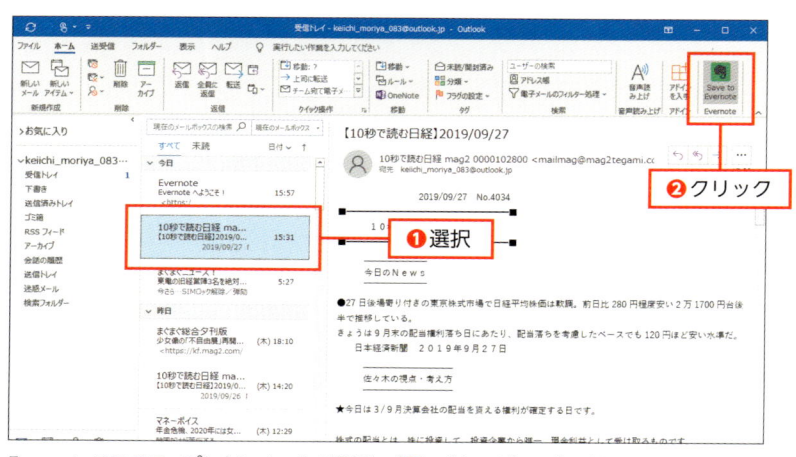

Evernoteにスクラップしたいメールを選択し（❶）、[ホーム] タブの [Save to Evernote] をクリックする（❷）

しても保存しておきたい重要なメールや、自分が興味のあるジャンルのメルマガなどを保存しておくのに使うと便利です。

　なお、Evernoteアドインのインストール方法は前節を参照してください。

● Evernoteにログインまたは新規登録する

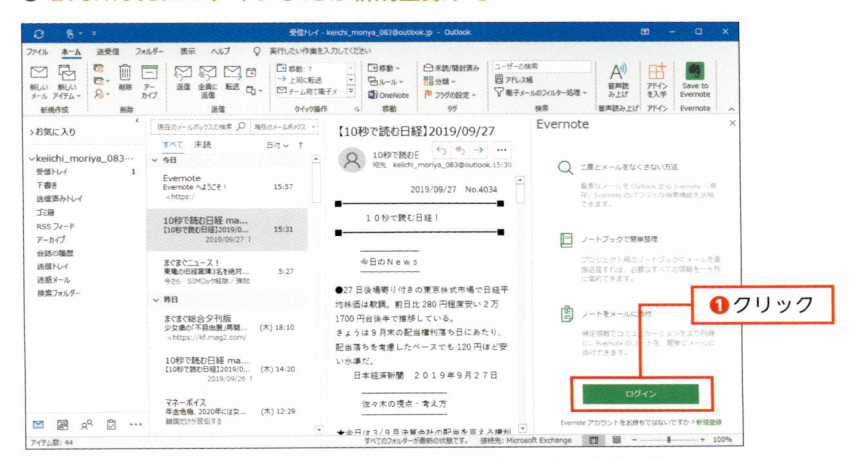

はじめてEvernoteのアドインを使う際には、説明とログインの画面が表示されるので、Evernoteのアカウントがある場合は［ログイン］クリックする（❶）。まだアカウントがない場合は［新規登録］をクリックしよう

● メールアドレスとパスワードの入力

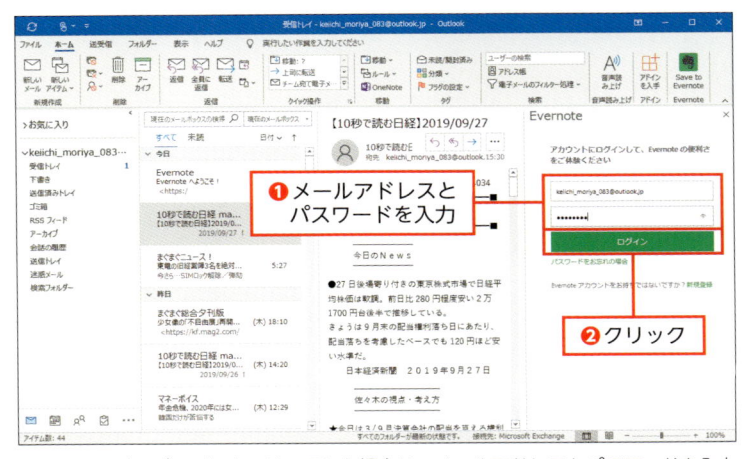

前の画面で［ログイン］をクリックした場合は、メールアドレスとパスワードを入力してから（❶）、［ログイン］をクリックする（❷）

● メールのスクラップを実行する

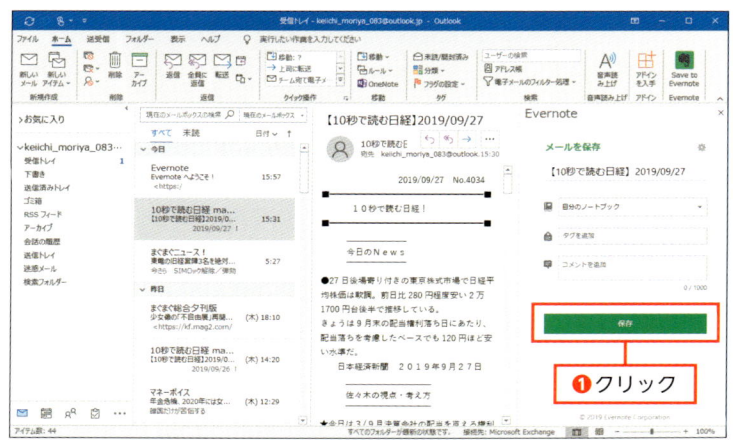

[メールを保存] 画面が表示されたら、必要に応じて保存先のノートを選択し、タグやコメントの追加をしてから、[保存] をクリックする（**❶**）

● Evernoteでスクラップしたメールを確認

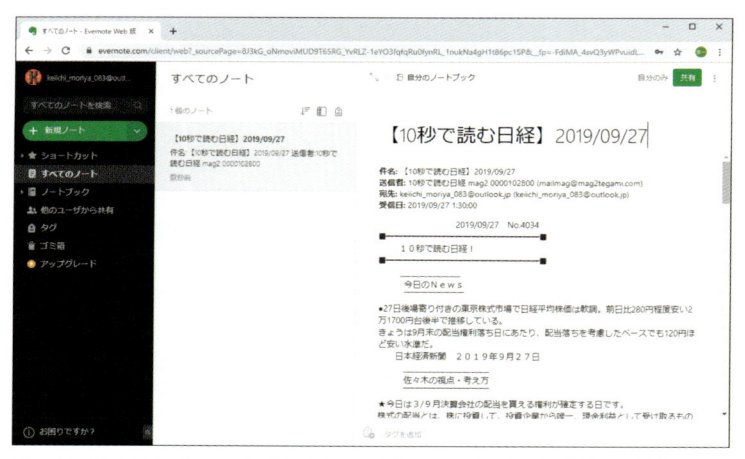

ブラウザやアプリでEvernoteを開くと、アウトルックのアドインを使って保存したメールが確認できる。ここで編集や加工することも可能だ

Point アドインのインストールが終われば、本節最初の手順でEvernoteにメールを保存できます。

7 ─ ③

時短 30分

添付ファイルをDropboxに アップロードする

添付ファイルを共有したり、バックアップしたりするときには、Dropboxの アドインを使うと便利です。

✉ アウトルックから直接Dropboxにアップロードできる

「Dropbox」は、オンラインストレージサービスの1つです。2008年に サービスをスタートし、現在ではWindows、Mac、iPhone、Androidな ど主要なプラットホームに対応したアプリを公開しています。どれか1つ の端末上で保存したデータは、すべての端末から閲覧・編集することが可 能です。また、データのバックアップを目的として利用されることも少な くありません。

アウトルックで受信したメールに添付されていたファイルをDropboxに 保存しようと思った場合、通常はアウトルック上で保存してから、Dropbox にアップロードするか、Dropboxで同期しているフォルダーに移動します。 この操作を面倒だと感じる人は、アドインを使ってみましょう。特に、**メー ルに複数のファイルが添付されているときに、ワンクリックですべての ファイルを保存できるので便利です。**

● Dropboxのアドインを追加する

❶クリック

[ホーム] タブ→ [アドイ ンを入手] をクリックし、 「Outlook版Dropbox」ア ドインを検索して [追加] をクリックする（❶）

● メールを選択してアドインを使う

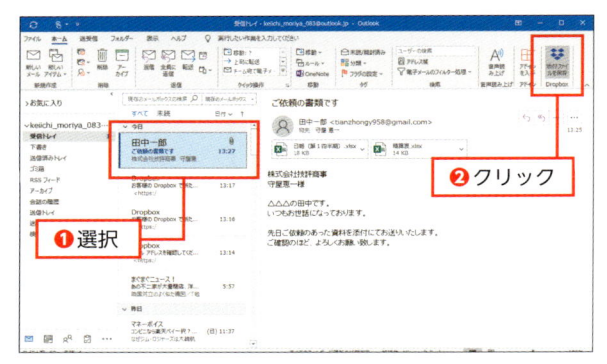

Dropboxに保存したい添付ファイル付きのメールを選択し（❶）、[ホーム] タブの [Dropbox] グループの [添付ファイルを保存] をクリックする（❷）

● Dropboxにログインまたはアカウントを作成

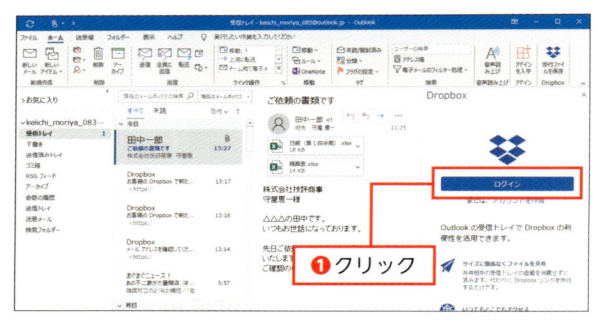

はじめてDropboxのアドインを使う際には、説明とログインの画面が表示されるので、Dropboxのアカウントがある場合は [ログイン] をクリックする（❶）。まだアカウントがない場合は [アカウントを作成] をクリックしよう

● メールアドレスとパスワードの入力

前の画面で [ログイン] をクリックした場合は、メールアドレスとパスワードを入力してから（❶）、[ログイン] をクリックする（❷）

206

● アップロード先のフォルダーを切り替える

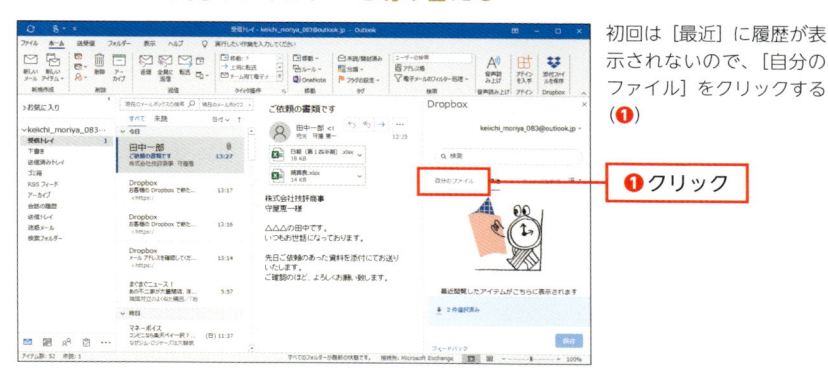

初回は［最近］に履歴が表示されないので、［自分のファイル］をクリックする（❶）

❶クリック

● 添付ファイルのアップロードを実行する

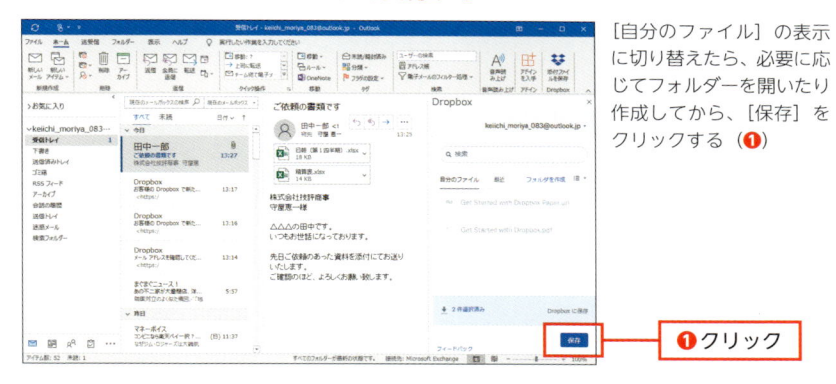

［自分のファイル］の表示に切り替えたら、必要に応じてフォルダーを開いたり作成してから、［保存］をクリックする（❶）

❶クリック

● Dropboxアドインの画面を閉じる

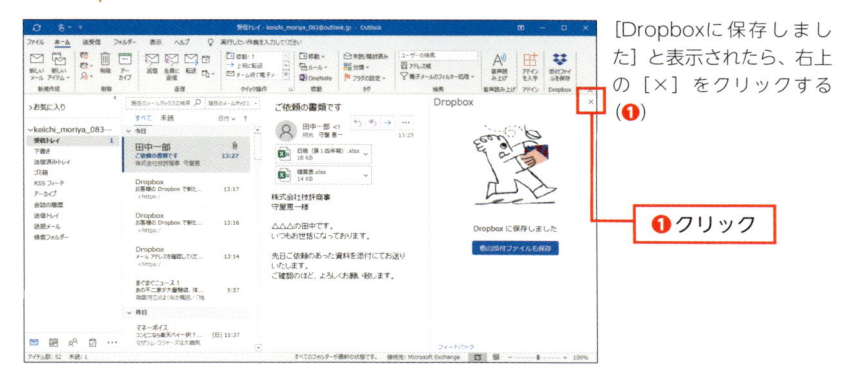

［Dropboxに保存しました］と表示されたら、右上の［×］をクリックする（❶）

❶クリック

● アップロードしたファイルをDropboxで確認

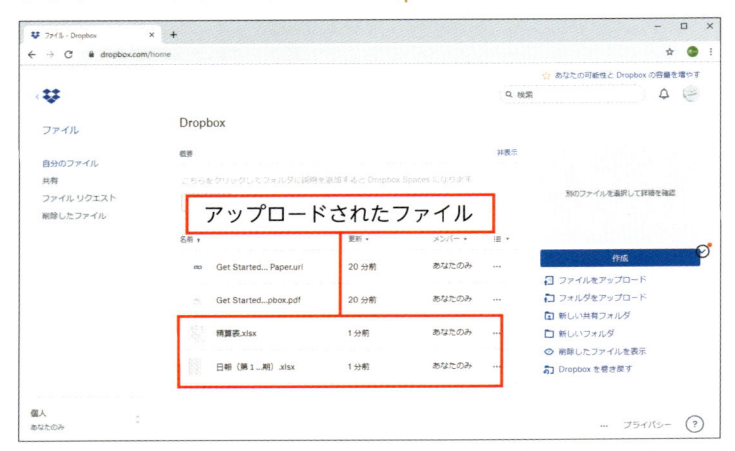

ブラウザなどでDropboxを開くと、アドインを使ってアップロードした添付ファイルが保存されている

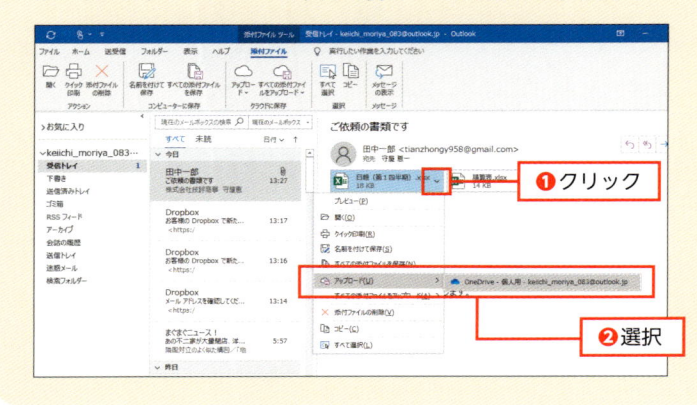

7 — ④

時短 **60**分

致命的な宛先ミスを防ぐには

誤った宛先にメールを送ってしまうと、場合によっては個人情報の流出など大変なことになってしまいます。送信前に注意する以外に、何か方法はないでしょうか。

✉ 「おかん for Outlook」を利用する

　無関係な人にメールを誤って送信してしまう宛先ミスは、重大な結果をもたらすことがあります。たとえば、顧客から懸賞の商品発送用に集めた住所をまとめたファイルをメールに添付し、社外の第三者に送信してしまうと、新聞沙汰になるかもしれません。

　そういう事態を防ぐために有効なのが、ここで紹介するアドイン「おかん for Outlook」です。無料で使えて、カスタマイズも可能なので、重要な情報をメールで送信することが多いなら、使ってみるといいでしょう。

● インストーラをダウンロードする

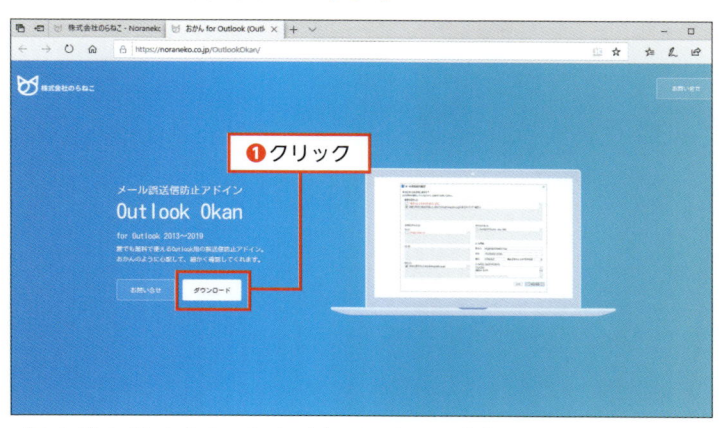

ブラウザで「おかん for Outlook」のWebページ（https://noraneko.co.jp/OutlookOkan/）にアクセスし、［ダウンロード］をクリックする（❶）。次の画面では、自分の環境に合わせて32bit版または64bit版を選んでダウンロードを実行しよう

● アドインをインストールする

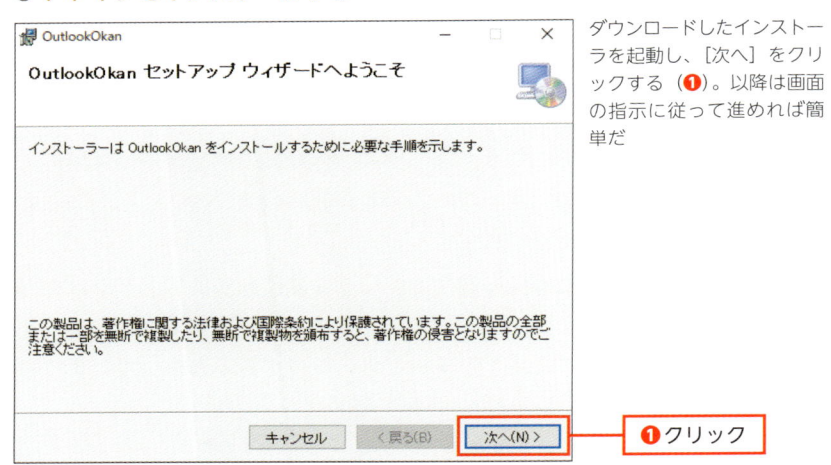

ダウンロードしたインストーラを起動し、［次へ］をクリックする（❶）。以降は画面の指示に従って進めれば簡単だ

❶クリック

● チェックする条件の設定画面を開く

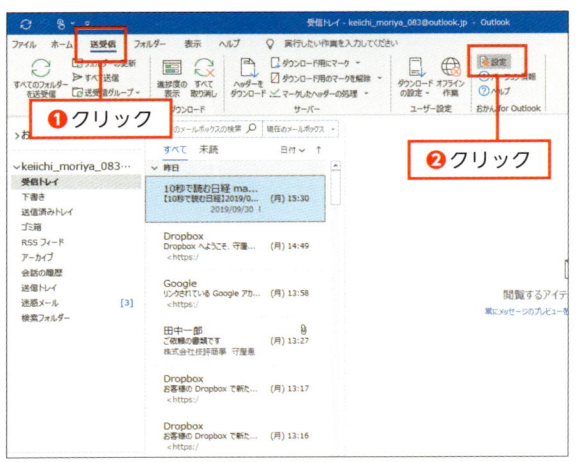

アウトルックで［送受信］タブをクリックし（❶）、［おかん for Outlook］グループにある［設定］をクリックする（❷）

❶クリック

❷クリック

● 設定する条件のジャンルを切り替える

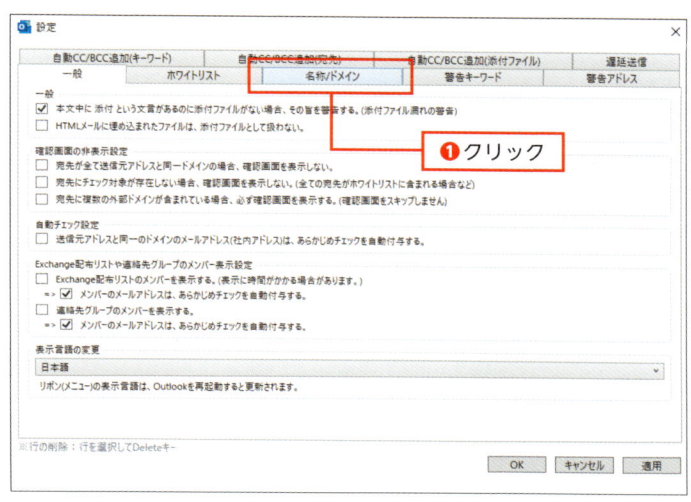

[設定] ダイアログでは、さまざまチェック条件を設定できるが、ここでは宛先ミスを防ぐための設定を行うので、[名称/ドメイン] タブをクリックする（❶）

● 宛先に使う組織の名称とドメイン名を設定

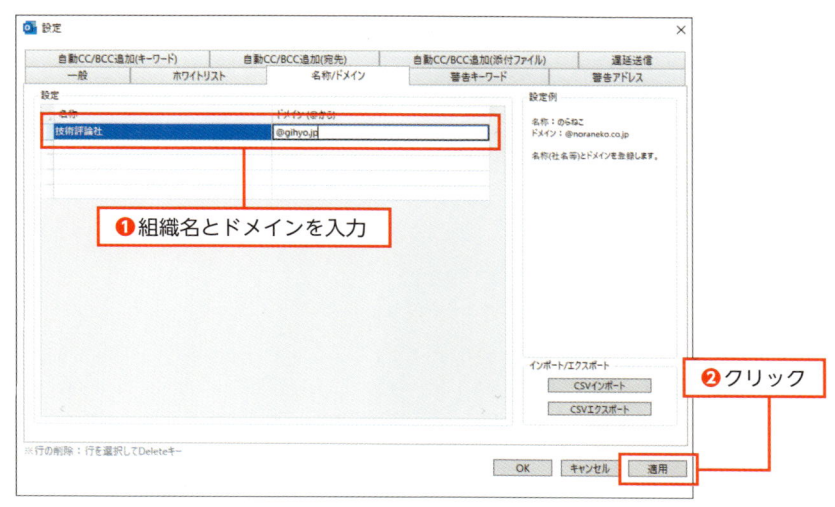

[名称] に宛先の会社名などの組織名を入力し、[ドメイン] にメールアドレスの「@」以降を入力したら（❶）、[適用] をクリックする（❷）

● 宛先と本文の宛名書きが一致しないメール

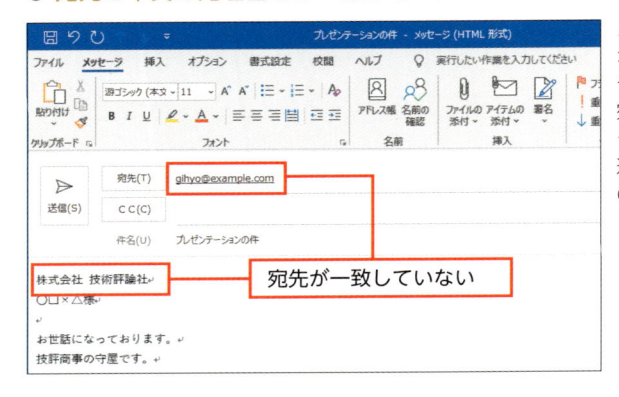

メールの宛先を入力する際、オートコンプリートの候補やアドレス帳で似たような宛先を誤って選択してしまうケースは多い。このまま送信してしまうとトラブルの原因になる

宛先が一致していない

● 送信時にアドインが表示する警告

問題のあるメールを送信しようとすると、[おかん for Outlook] が警告ダイアログを表示する。内容をよく確認して、メールを修正しよう

COLUMN
そもそも重要な情報はメールで送信しない

　すでに述べたように、メールは相手のメールアドレスさえ知っていれば、簡単に送信できるところが最大のメリットであり、大変危険なポイントでもあるのです。重要な情報は、①ビジネスチャットのようにクローズドな場所で共有する、②アカウントで制限がかけられるオンラインストレージを使用する、③SMSで送信したパスコードがなければ開けないようにするなどの方法を利用して送付するのがおすすめです。

　重要な情報に限りませんが、もはやメールに何でも添付して送る時代は終わったと考えたほうがよさそうです。

時短
20分

英語など外国語のメールを
手軽に翻訳する

取引先の外国人から英文で何やら送られてきたが、いちいち英語のできる同僚に訳してもらうのも気が引ける……。そんなときに使ってみたいのが翻訳用のアドインです。

✉ アウトルック上で簡単に翻訳できる

　英文のメールが送られてきたとき、とりあえず内容を知りたいなら、「Google翻訳」など翻訳サービスを利用することが多いでしょう。無料で、まあまあの翻訳精度なので便利ですが、いちいちサービスにメール本文をコピー&ペーストする手間がかかります。

　そこで使ってみたいのが、**アウトルック上でメールを翻訳するアドイン**「Outlook用翻訳ツール」です。**翻訳対象の言語は、英語だけでなく、主要各国語に対応しています。**

● Outlook用翻訳ツールアドインを追加する

[ホーム] タブ→ [アドインを入手] をクリックし、「Outlook用翻訳ツール」アドインを検索して [追加] をクリックする（❶）

● 外国語のメールを選択してアドインを使う

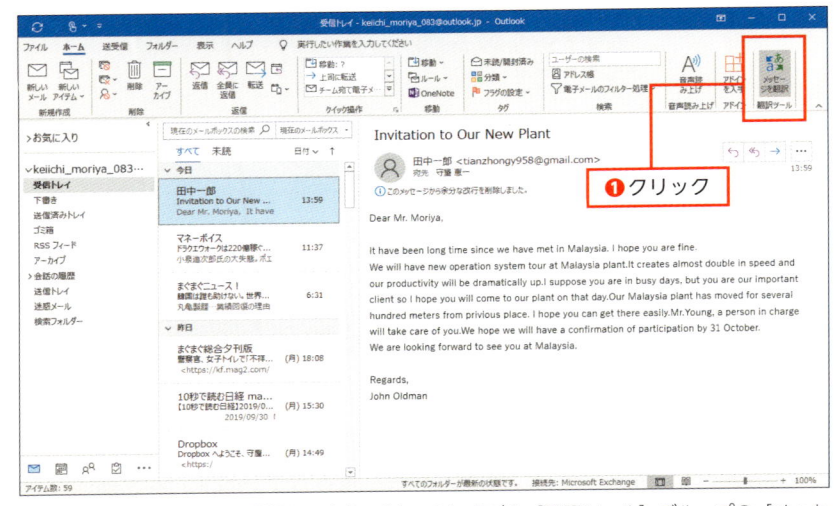

外国語で書かれたメールを選択してから、［ホーム］タブの［翻訳ツール］グループの［メッセージを翻訳］をクリックする（❶）

● 翻訳されたメールの内容を確認する

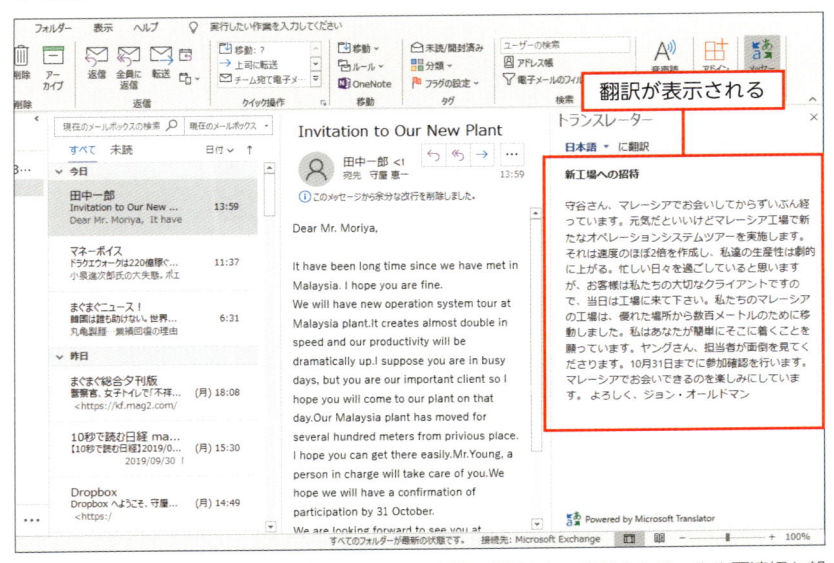

ウィンドウの右側にメールの内容が外国語から日本語に翻訳されて表示される。やや不適切な部分もあるが、だいたいの内容は把握できるだろう

時短
40分

添付ファイルを自動的に Googleドライブに保存する

メールに添付されたファイルをいちいち保存し直すのは面倒です。ここで紹介する方法なら、受信したメールに添付ファイルがあれば、自動的にGoogleドライブの指定したフォルダーに保存されます。

✉ Microsoft FlowでGoogleドライブと連携する

「Microsoft Flow」とは、Microsoftが提供しているタスク自動化ツールです。サービスをつないで、いろいろな操作を自動化できます。ここでは、<mark>Outlook.comに届いたメールの添付ファイルをあらかじめ設定したGoogleドライブのフォルダーに保存する方法を紹介します。</mark>

なお、Microsoft Flowは有料プランも用意されており、無料ではタスクの実行間隔や実行回数に制限があります。

● Microsoft Flowに登録する

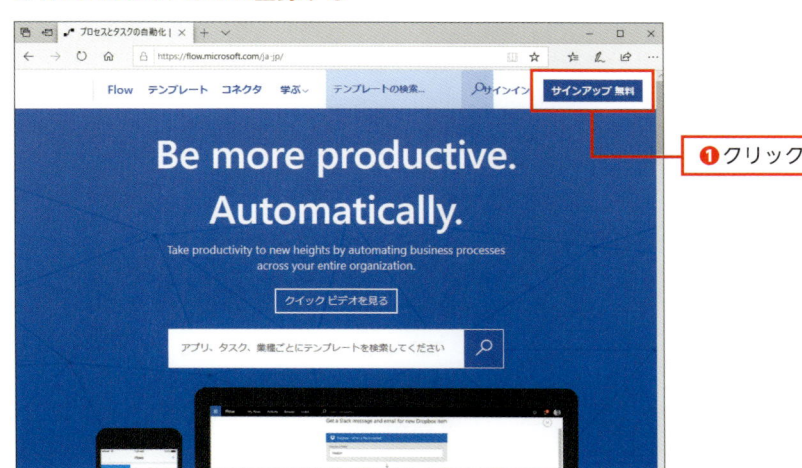

Microsoft Flowのページ（https://flow.microsoft.com/）にアクセスし、[サインアップ無料]をクリックする（❶）。Microsoftアカウントを持っていても、初回はサインアップが必要なことに注意する

215

● フローを検索する

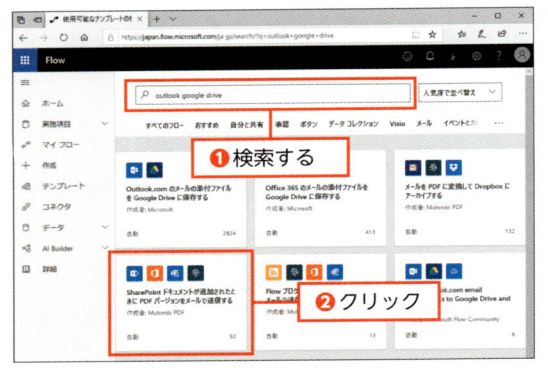

検索ボックスに「outlook google drive」などとキーワードを入力して、フローを検索する（❶）。「Outlook.comのメールの添付ファイルをGoogle Driveに保存する」というフローが見つかったら、クリックする（❷）

● GoogleアカウントとOutlook.comでサインイン

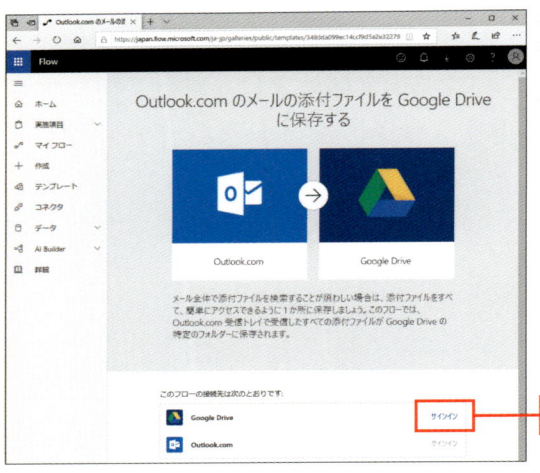

添付ファイルを保存したいGoogleアカウントと接続する。[サインイン]をクリックし（❶）、Googleアカウントでサインインする。次にOutlook.comでもサインインする

 **Point**

ここではGoogleドライブに保存するFlowを紹介しましたが、OneDriveに保存するものもあります。

 ATTENTION !

このフローは、リアルタイムに動作するわけではありません。つまり、添付ファイルを受信しても即時にGoogleドライブに保存されるわけではなく、かなり時間がかかってしまうこともあります。運用時はその点に注意が必要です。

● 保存場所を指定する

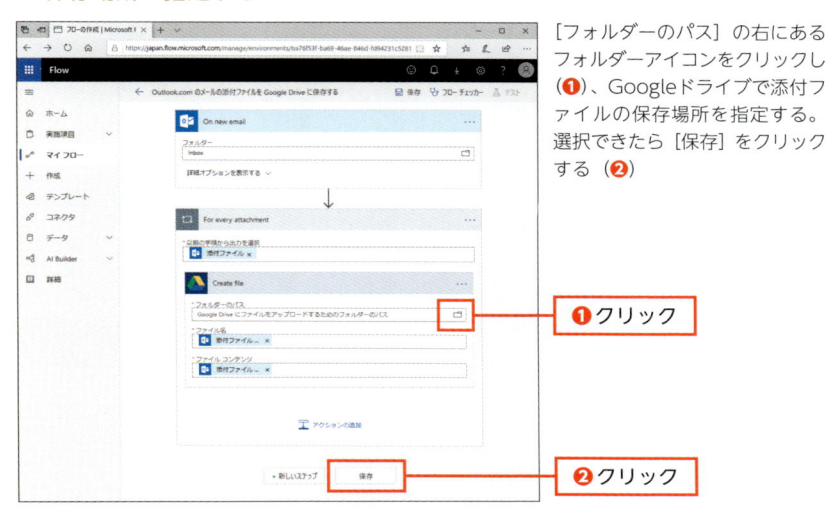

[フォルダーのパス]の右にあるフォルダーアイコンをクリックし（❶）、Googleドライブで添付ファイルの保存場所を指定する。選択できたら［保存］をクリックする（❷）

❶クリック

❷クリック

● Googleドライブに保存された

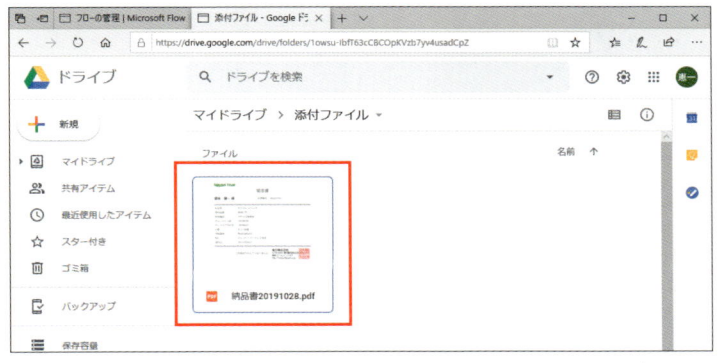

添付ファイル付きのメールを受信して数分から数時間すると、添付ファイルがGoogleドライブの所定の場所に保存される

✉ ATTENTION !

Flowはマクロよりずっと安全です。なぜなら、単純な操作の組み合わせでできているため、マルウェアの入り込む余地が少ないからです。ただし、本格的に使う前に添付ファイルの保存先が正しいものかどうかを確認し、連携するGoogleアカウントに2段階認証を導入するなど、最低限の注意は必要です。

時短
60分

同じ文面のメールに宛名を挿入して一斉送信する

同じ文面を一斉送信したいとき、CCやBCCでは不都合が生じてしまいます。そうかといって1通ずつアウトルックでメールを書いていたのでは、大変な手間がかかります。どうすればいいのでしょうか。

✉ マクロを利用する

　同じ文面を一斉送信する際、TOやCCに送信先のアドレスを並べたのでは、互いに誰に送ったのかがわかってしまいます。それではマズい場合、BCCを使いたくなりますが、それでは一斉送信したのが丸わかりです。相手によっては、望ましくない場合もあるでしょう。

　そんなときに使いたいのがマクロです。**マクロとは、複数の操作をまとめて実行できるようにしたかんたんなプログラムのことです**。コードを書かなくても使える場合もありますが、アウトルックでマクロを作成するにはコードを書くプログラミングのスキルが必要です。ただし、利用するだけなら、それほど難しくはありません。

　マクロはうまく利用すれば、作業効率を飛躍的に向上させられます。同じ操作を1000回やれといわれたら、人間なら時間も気力も大きく消耗してしまいますが、パソコンならそんなことはありません。非常に高速に、指定した操作を寸分違わず実行してくれます。

　ただし、マクロに限らずプログラム全体にいえることですが、指示しないことはできません。また、指示が誤っていれば、結果も誤ったものになります。さらに、マクロはプログラムなので、悪質なマクロに侵入されると、勝手に迷惑メールを送信されたり、パソコン内部のデータを外部に漏らされたりする危険もあります。

　そういった危険もふまえて、正しくマクロを利用すれば、これほど心強いものはありません。ここで紹介するマクロでは、**エクセルに本文と宛先のメールアドレスを入力してマクロを実行するだけで、数百、数千の相手に宛名付きでメール送信が可能です**。

なお、ここでは本書のサポートサイトから、マクロ入りのエクセルファイルをダウンロードして操作をおこなうことを前提としています。

● ［開発］タブを表示する

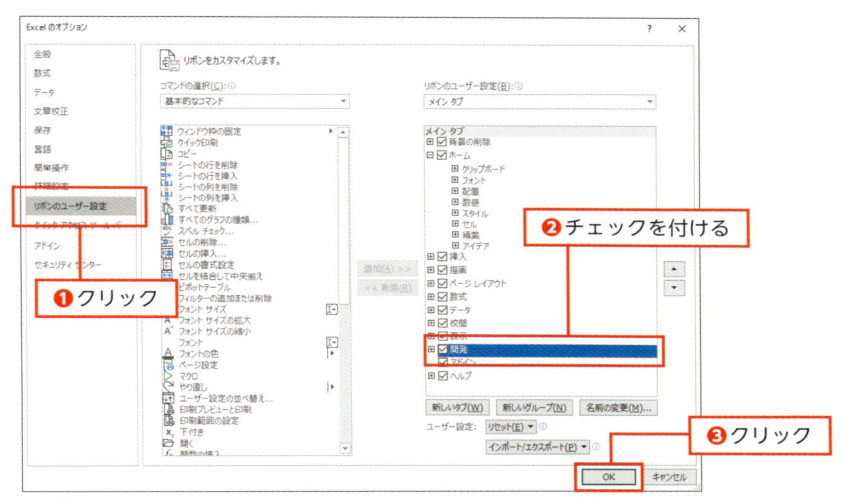

まず［開発］タブを表示する設定に変更する。本書のサポートページよりダウンロードしたエクセルファイルを開いて、［ファイル］タブ→［オプション］をクリックし、［Excelのオプション］ダイアログを開く。左側の項目から［リボンのユーザー設定］をクリックし（❶）、［リボンのユーザー設定］で［開発］にチェックを付けて（❷）、［OK］をクリックする（❸）

● メール内容を入力する

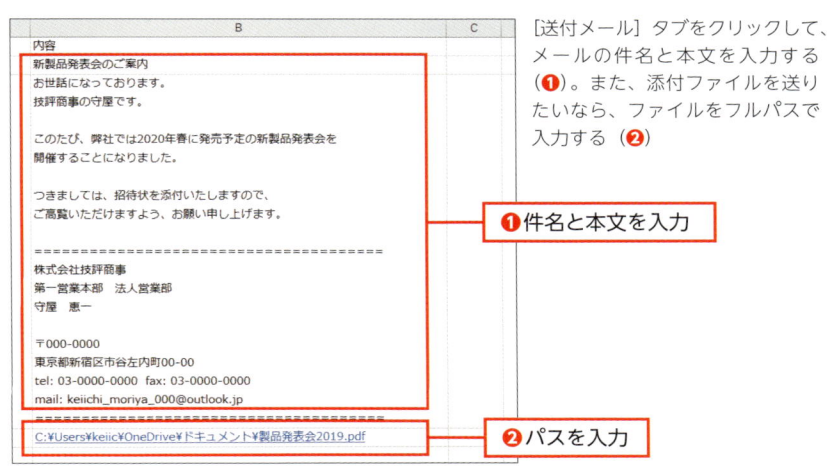

［送付メール］タブをクリックして、メールの件名と本文を入力する（❶）。また、添付ファイルを送りたいなら、ファイルをフルパスで入力する（❷）

● 宛先のリストを作成する

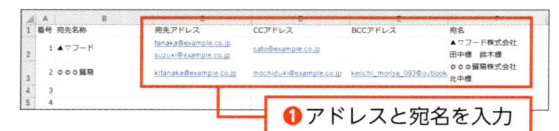

❶アドレスと宛名を入力

[送付先リスト] タブをクリック
して、宛先（TO）、CC、BCC
のアドレス、そして本文の先頭
に配置する宛名を入力する（❶）

● マクロを起動する

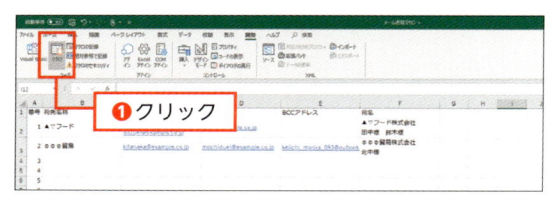

❶クリック

[開発] タブに切り替えて、[マ
クロ] アイコンをクリックする
（❶）

● 実行するマクロを選択する

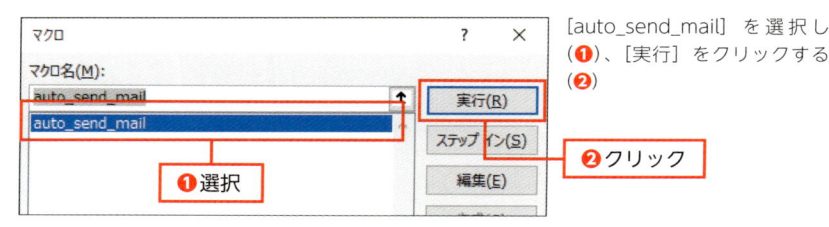

❶選択 **❷クリック**

[auto_send_mail] を選択し
（❶）、[実行] をクリックする
（❷）

● アウトルックの送信メールが表示される

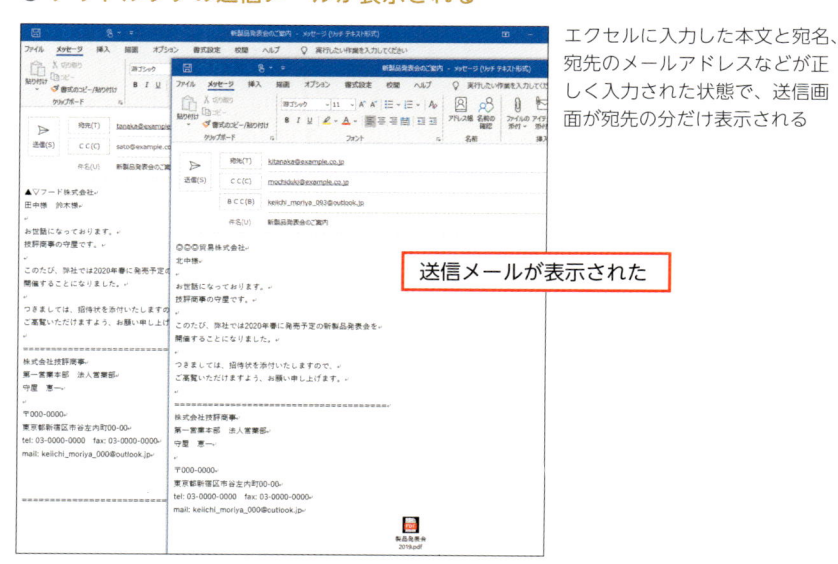

送信メールが表示された

エクセルに入力した本文と宛名、
宛先のメールアドレスなどが正
しく入力された状態で、送信画
面が宛先の分だけ表示される

あとは、通常の手順で送信すればよいのですが、もし自動的に送信したい場合は次に紹介する手順で、コードの一部を修正します。ただし、当然ながら、**送信した後に取り消すことはできないので、ここまでの手順が正しく実行されることを確認したうえで、自動送信するようにしてください。**

● VBAエディターでコードを修正する

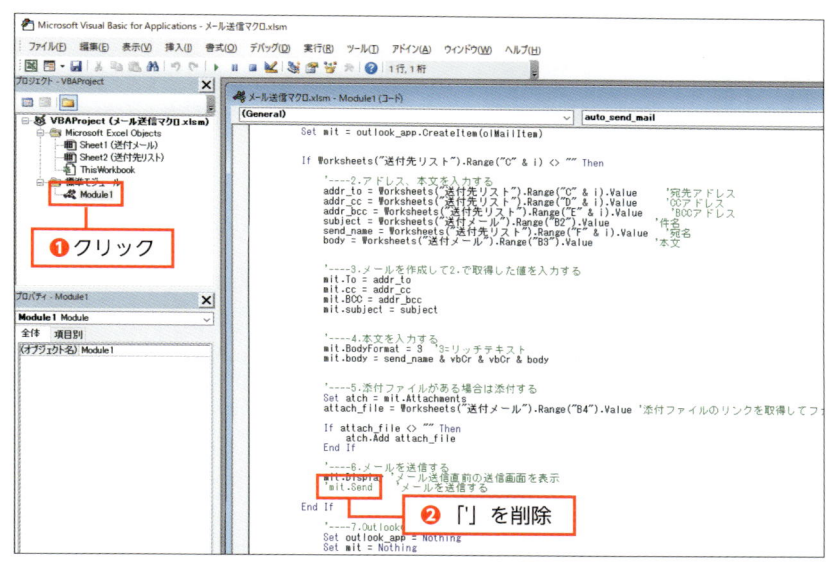

 `Alt` + `F11` を押してVBAエディターを表示する。[Module1] をクリックして（❶）、コードの末尾近くにある「mit.Send」から「'」を削除する（❷）

Point

このように、時短に役立つマクロは積極的に取り入れていくべきでしょう。ただし、マクロには悪質なコードが含まれていたり、バグが含まれていたりするものもあるので、信頼のおけるサイトから入手したものしか実行しないようにすべきです。もし可能なら、自分で作成できるように勉強するのが望ましいでしょう。

 ATTENTION !

ストア版のアウトルックでは、マクロは利用できません。また、会社によっては、セキュリティポリシーによってマクロの利用を禁止している場合もあります。

時短
10分

動作がおかしいときは
アドインを無効にする

アドインをいろいろとインストールしていると、アウトルックの調子が悪くなることがあります。ここでは、アドインを無効にする方法を解説します。

✉ アドインを無効にしてアウトルックを再起動する

　アウトルックのアドインには、実は2種類あります。アプリをインストールしたときにアウトルックに勝手に追加される「COMアドイン」と、すでに説明したように自分で選択してインストールする「Officeアドイン」です。この2つのうち、**不調の原因になりやすいのが前者のCOMアドインです**。もし、何かインストールした後に不調になったのなら、インストール時にアウトルックに潜り込んだCOMアドインを無効にして、動作を確認してみましょう。

● [Outlookのオプション] ダイアログを表示する

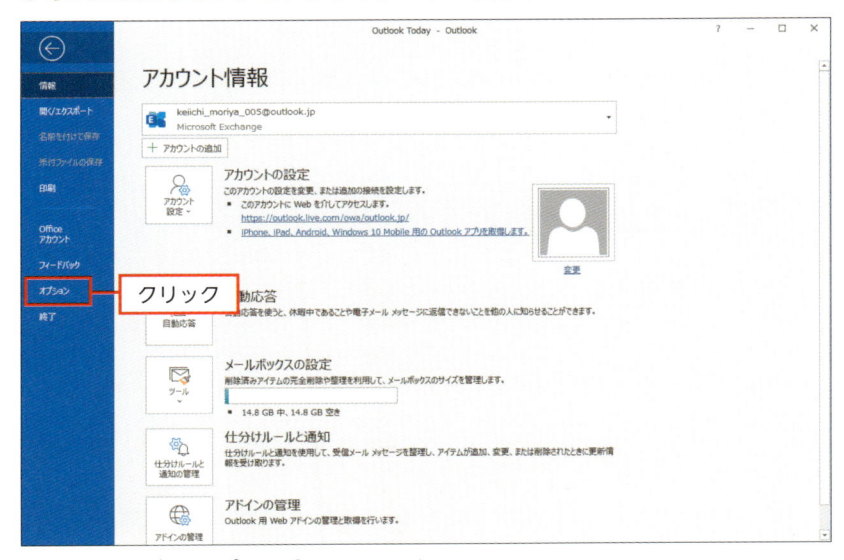

[ファイル] タブ→ [オプション] をクリックする

● ［COMアドイン］ダイアログを表示する

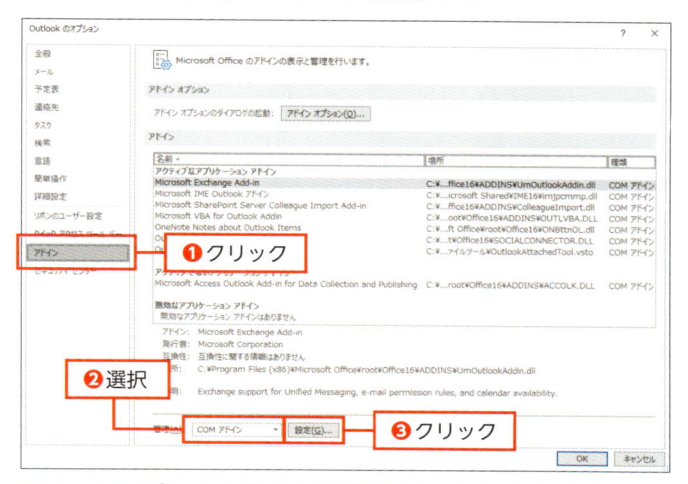

[Outlookのオプション] ダイアログが表示されるので、[アドイン] をクリックする（**❶**）。[管理] で [COMアドイン] を選択し（**❷**）、[設定] をクリックする（**❸**）

● アドインを無効にする

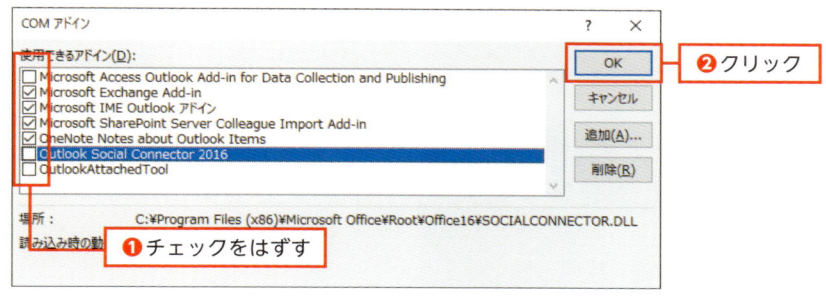

直前にインストールしたアドインのチェックからはずし（**❶**）、[OK] をクリックする（**❷**）。改善しない場合は、別のアドインを1つずつ無効にし、症状が改善するか確認する

Point　アウトルック起動時にエラーが発生して起動できない場合、[Ctrl] を押しながらアウトルックのアイコンをクリックして、「セーフモード」でアウトルックを起動してみます。セーフモードでは、起動時にアドインは読み込まれません。無事、起動できれば、ここで紹介した手順でアドインを無効にしてみます。

〔 著者プロフィール 〕

守屋 恵一（もりや けいいち）

岡山県出身。テクニカルライター。塾講師を経て、パソコンやネット関係の雑誌記事執筆をきっかけに出版に関わるようになる。これまでパソコン・スマホ・ネット関係だけで300冊近いムックや書籍を構成・編集・執筆し、関わった本の総ページ数は数万に及ぶ。裏方として50冊を超えるパソコン活用本を構成・執筆する中で、メールなどITツールによる業務の最適化に目覚め、オフィス環境改善に励む日々を送る。

● **本書サポートページ**

https://gihyo.jp/book/2019/978-4-297-11007-9/support
本書記載の情報の修正／補足については、当該Webページで行います。

■ お問い合わせについて

　本書に関するご質問は記載内容についてのみとさせていただきます。本書の内容以外のご質問には一切応じられませんので、あらかじめご了承ください。なお、お電話でのご質問は受け付けておりませんので、書面またはFAX、弊社Webサイトのお問い合わせフォームをご利用ください。

〒162-0846
東京都新宿区市谷左内町21-13
株式会社技術評論社
『アウトルック［最強］時短仕事術』係
FAX：03-3513-6173
URL：https://gihyo.jp

　ご質問の際に記載いただいた個人情報は回答以外の目的に使用することはありません。使用後は速やかに個人情報を廃棄します。

● **装丁デザイン**　　　　　ナカミツデザイン
● **本文デザイン・DTP**　KuwaDesign
● **編集**　　　　　　　　　クライス・ネッツ
● **担当**　　　　　　　　　西原 康智

アウトルック ［最強］ 時短仕事術
メール処理をスグに片付けるテクニック

2019年12月19日　初版　第1刷発行

著　　者　守屋 恵一
発 行 者　片岡 巖
発 行 所　株式会社技術評論社
　　　　　東京都新宿区市谷左内町21-13
　　　　　TEL：03-3513-6150　販売促進部
　　　　　TEL：03-3513-6177　雑誌編集部
印刷／製本　日経印刷株式会社
